氢冶金技术进展及关键问题

中国金属学会 组织编写

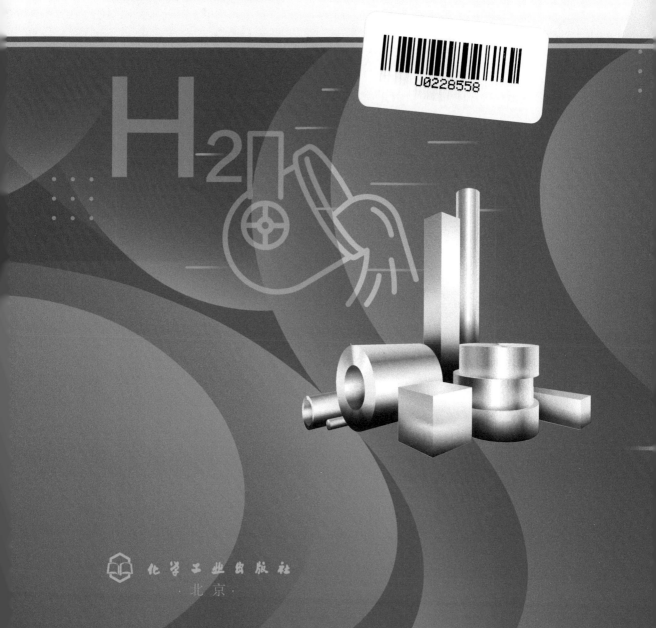

化学工业出版社
·北京·

内容简介

《氢冶金技术进展及关键问题》主要阐述碳达峰、碳中和政策背景下我国钢铁行业在氢冶金这一低碳发展领域的既有成果和未来路径。本书针对氢冶金在我国推广应用存在的大规模低成本制氢、高品位氧化球团等关键技术问题，跟踪分析和比较研究了国内外氢能制备、高品位球团生产、氢冶炼技术在基础研究、制造技术、产业应用、实际评价等方面出现的新技术、新发现、新趋势，提出相关的建议，为我国氢冶金领域的科研院所、生产企业和应用企业提供技术参考和方向性指导，引导相关产业实施结构调整和产业升级，促进提高相关科研领域的科学预见性和我国在氢冶金领域的整体国际竞争力。

本书可供钢铁行业的科研工作者，尤其是氢冶金开发相关技术人员、管理人员参考。

图书在版编目（CIP）数据

氢冶金技术进展及关键问题/中国金属学会组织编写.—北京：
化学工业出版社，2023.1
ISBN 978-7-122-42390-0

Ⅰ.①氢… Ⅱ.①中… Ⅲ.①氢还原-应用-化学冶金
Ⅳ.①TF111.13

中国版本图书馆CIP数据核字（2022）第195238号

责任编辑：李玉晖 文字编辑：王丽娜 师明远
责任校对：李 爽 装帧设计：张 辉

出版发行：化学工业出版社（北京市东城区青年湖南街13号 邮政编码100011）
印 装：北京建宏印刷有限公司
787mm×1092mm 1/16 印张17¼ 字数421千字 2023年5月北京第1版第1次印刷

购书咨询：010-64518888 售后服务：010-64518899
网 址：http://www.cip.com.cn
凡购买本书，如有缺损质量问题，本社销售中心负责调换。

定 价：128.00元 版权所有 违者必究

《氢冶金技术进展及关键问题》编写组

顾　　　问：干　勇　　翁宇庆　　赵　沛　　戴厚良　　李春龙
　　　　　　　贾明星　　裴文国

主　　　编：王新江　　王天义　　储满生

副　主　编：毛宗强　　王新东　　蒋荣兴

参加编写人员：（按姓名笔画排序）

卜二军	丁　波	王　锋	王明华
王明登	王彭涛	王镇武	牛京考
毛晓明	石　杰	刘　义	刘征建
刘金哲	李星国	李晓兵	杨永强
吴志军	张　勇	张小兵	张红军
张建良	陈　健	陈　煜	李爱兵
金永龙	周和敏	周渝生	郑亚杰
单春华	孟翔宇	赵　晶	郝　鹏
郝晓东	柳政根	侯长江	姜周华
洪及鄙	洪定一	顾阿伦	徐万仁
唐　珏	黄世平	曹莉霞	韩　冬
管英富	樊　波	戴国庆	

前 言

2020 年，习近平总书记在第七十五届联合国大会一般性辩论上提出："中国将提高国家自主贡献力度，采取更加有力的政策和措施，二氧化碳排放力争于 2030 年前达到峰值，努力争取 2060 年前实现碳中和"。我国钢铁产量占世界产量的一半以上，是名副其实的钢铁大国。钢铁行业也是重碳排放行业，目前其碳排放约占我国总碳排放 16% 左右，肩负重大的减碳责任。这既是我国钢铁行业面临的巨大发展挑战，同时也是低碳绿色转型的重大机遇，需要在能源结构、工艺流程、产品结构等多个方面实现创新变革，以顺应未来全球产业低碳发展的主旋律。

钢铁行业大量的碳排放源于对以煤炭为还原剂和燃料的工业生产的高度依赖，炼铁工序碳排放占钢铁冶炼总碳排放的 70% 左右。而氢能被认为是 21 世纪最清洁的能源，氢气兼具高热值和还原性，冶金过程以氢代碳完全可行。氢冶金是以氢气部分或者全部代替焦炭提供能源、参与还原反应的一种冶金方式，是从能源结构角度实现源头降碳的重要途径，也是未来钢铁工业发展的主攻方向之一。

我国氢冶金发展基础薄弱，目前仍处于起步阶段，当下，我国氢冶金的从业人员仍然有限，知识储备欠缺，对氢冶金发展缺乏全方位的认识。在此背景下，本书详细介绍了碳达峰、碳中和的基本概念和我国钢铁冶金行业在双碳背景下面临的发展路径选择，归纳总结了氢冶金技术发展的关键问题，包括国内外发展历史、应用现状、发展前景等，对国内外典型的氢冶金技术类型进行剖析解读，对我国氢冶金技术发展路径进行了展望，以使读者对氢冶金技术应用和发展有全面和深层次的了解。

本书是氢冶金这一钢铁冶金绿色低碳发展新技术的专业性图书，主要面向钢铁行业的科研工作者，尤其是氢冶金开发相关技术人员、管理人员，有助于相关人员更好地把握氢冶金技术的总体发展情况和发展方向，加深对氢冶金技术的全面了解。本书的编写出版对加快培养产业人才队伍、推动氢冶金在我国的发展具有重要意义。希望通过本书，为我国氢冶金领域的科研院所、生产企业和应用企业提供技术参考和方向性指导，引导相关产业实施结构调整和产业升级，提高相关科研领域的科学预见性和我国在氢冶金领域的整体国际竞争力。

本书是在中国科协"学会联合体品牌建设项目"的支持下，中国金属学会依托中国科协先进材料学会联合体，发挥中国化工学会、中国稀土学会、中国有色金属学会以及中国废钢铁应用协会、中国煤炭学会等跨行业学会的组织优势，联合东北大学、清华大学、西南化工研究院、中石化设计工程公司等国内氢冶金领域的相关院校及研究设计单位，对钢铁行业在氢冶金领域开展探索实践的有关企业（包括河钢集团、宝武集团、中晋冶金、建龙集团、中国钢研、中冶焦耐等）开展了大范围的技术研究和调研后形成的成果，感谢以上各单位及有关专家为本书提供的大力支持！

由于编写人员水平有限，书中不妥之处，敬请读者批评指正。

本书编写组

2022 年 6 月

目 录

第1章
国内外碳交易市场政策及钢铁行业低碳发展路径

1.1 全球二氧化碳排放情况

全球正在经历气候变暖已是不争的事实（见图1.1）。20世纪80年代以来，每个连续十年都比前一个十年更暖。2019年，全球平均气温较工业化前高出1.1℃[1]。1951～2019年，中国年平均气温每10年升高0.24℃，升温速率明显高于同期全球的平均水平；2000～2020年是21世纪初以来最暖时期（见图1.2）。全球气候变暖带来的负面影响日益显著，诸如冰川融化、海平面上升、极端气候加剧等[2]。

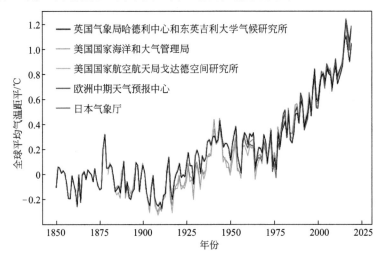

图1.1 全球温升距平变化趋势

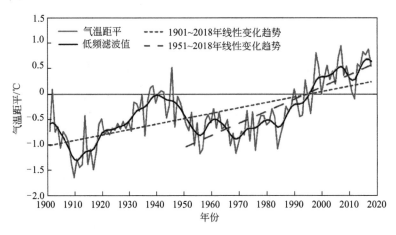

图1.2 近百年来中国气温距平变化趋势

联合国政府间气候变化专门委员会（Intergovernmental Panel on Climate Change，IPCC）的相关报告指出，人类活动带来的温室气体排放（主要是二氧化碳）是造成全球气候变暖的主要因素[3]。人类活动引起的温室气体排放（主要包括CO_2、CH_4、N_2O、HFCs、CFCs等），造成大气中温室气体浓度上升、温室效应增强，导致全球气候变暖。据研究，各类温室气体的增温效应中，CO_2 占 63%、CH_4 占 18%、N_2O 占 6%、CFCs 占 12%、其他 <1%[4]。另外，温室气体在大气中停留的时间相当长，其中 CO_2 为 50 ～ 230 年、CH_4 约 10 年、N_2O 为 150 年。图 1.3 给出了 1970 ～ 2017 年全球不同来源温室气体排放量变化。2019 年全球 CO_2 排放达 336 亿 t。图 1.4 给出了 2019 年全球温室气体排放结构，全球温室气体排放中 CO_2 占 77%，其次是甲烷占 14%。

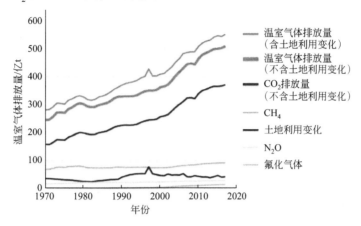

图 1.3 1970 ～ 2017 年全球不同来源温室气体排放量

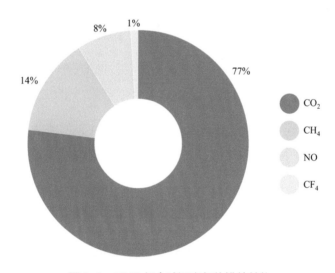

图 1.4 2019 年全球温室气体排放结构

从世界范围来看，二氧化碳排放与能源生产和消费密切相关。总体而言，能源消耗的增加与二氧化碳的增加存在线性正相关关系。2019 年，化石能源（煤、石油、天然气等）占全球一次能源消耗的 84%[5]。全球 95% 的 CO_2 排放源自化石能源消耗。中国的能源结构以煤炭化石能源为主，2019 年，煤炭在能源消费结构中的占比，中国为 57.7%，而全球为 27%（见图 1.5）。中国是最大的发展中国家，人口多，经济体量大，处于工业化发展进程中。中国的二氧化碳排放量目前居世界第一[6]。基于《BP 世界能源统计 2020》和刘中民院士的报告《实现"碳达峰、碳中和"目标的挑战与机遇》可知，2019 年中国二氧化碳排放总量达到 98.4 亿 t，仍处于增长阶段；人均二氧化碳排放量达 6.8t/ 人，已超世界平均水平（见图 1.6）。

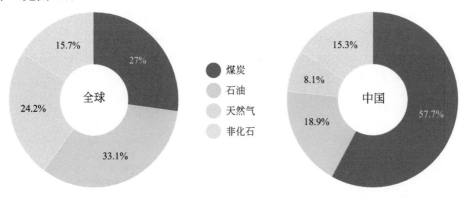

图 1.5 2019 年中国与全球的能源结构比较

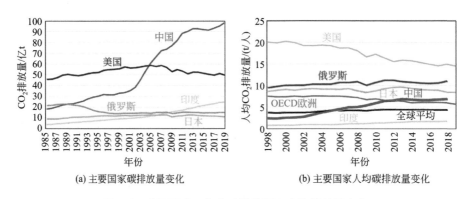

(a) 主要国家碳排放量变化　　　　　(b) 主要国家人均碳排放量变化

图 1.6 主要国家二氧化碳排放量和人均排放量变化

　　研究发现，二氧化碳与全球气温升高存在明显的线性正相关关系。1880 年第二次工业革命至 2018 年间，人类活动造成大气中温室气体浓度明显增加，远远超出工业化前几千年的平均水平，同一时间全球温升达到 1.2℃，而且在过去几十年内，二氧化碳排放上升速率快速增长[7]。如果不加以控制，到 21 世纪末，气温上升将达到 3℃。研究结论指出，当全球温升超过 2℃时，将会出现海平面上升、冰川融化，整个自然生态系统都将遭受不可修复的破坏。因此，控制二氧化碳排放是应对全球气候变暖的主要方向。

　　1992 年，《联合国气候变化框架公约》制定了促使可持续发展框架。1997 年，制定了温室气体减排目标及相应计划（自身减排 + 帮助发展中国家减排），并签署了《京都议定书》，形成了一种自上而下的减排机制[8]。2015 年，《巴黎协定》制定了努力促使全球平均温升不超过工业革命前 2℃，并力争达到 1.5℃的目标，该协定的签订表明未来全球经济的发展格局将逐渐向低碳过渡转型，且形成了自下而上的减排机制，即由缔约国制定自主减排计划，并进行国际监督。《巴黎协定》带来的影响主要体现在三个方面：第一，碳排放零成本时代终结，这意味着各国需要竞争排放空间，即发展空间；第二，从产业结构来讲，高排放产业要向低排放产业转型；第三，从能源结构来讲，非化石能源要加速发展。

　　《巴黎协定》也给中国的经济社会发展带来了很大的影响。中国在应对气候变化上展现了充分的决心。习近平于 2020 年 9 月 22 日在第七十五届联合国大会一般性辩论上发表讲话，承诺中国将提高国家自主贡献力度，采取更加有力的政策和措施，二氧化碳排放力争于 2030 年前达到峰值，努力争取 2060 年前实现碳中和 [9]。这反映了中国作为一个负责任大国的国际使命和担当，为未来中国发展确立了目标导向。中国目前仍处于工业化、城镇化进程中，一次能源消费仍呈现增长趋势，而且，与欧盟、美国、日本相比，中国从碳达峰到碳中和的时间要短得多，只有 30 年，因此，要付出更加艰苦的努力 [10]。

1.2 碳排放权交易市场政策概述

中国目前有多种碳减排政策工具，例如，设立行业标准、设定强制减排目标、增收碳税、发放补贴以及碳排放权交易机制和抵消机制等，分别适用于不同的情境，应综合协同应用 [11]。市场政策因其成本效益、全面性和灵活性兴起，属于政府搭建框架的类型，但实施起来非常困难。碳排放权交易（简称碳交易）就是一种市场型政策工具，着力于实现整体社会碳减排成本的最小化。

碳排放权交易系统（Carbon Emissions Trading System，ETS）是一个基于市场的节能减排政策工具，用于减少温室气体的排放。遵循"总量控制与交易"原则，政府对一个或多个行业的碳排放实施总量控制。纳入碳交易体系的企业每排放 1t 温室气体（通常是二氧化碳），就需要有一个单位的碳排放配额。企业可以获取或购买这些配额，也可以和其他企业进行配额交易。这就是"总体控制与交易"中的"交易"部分 [12]。

当前全球共有 61 项碳定价机制，其中包括 31 项交易机制，30 项碳税计划。目前，从地方到国家，有 27 个不同级别的司法管辖区正在运行 20 个大大小小的碳市场。这些拥有碳市场的司法管辖区占全球 GDP 的 37%；覆盖排放量 120 亿 t 当量，占全球温室气体（GHG）总量的 22%，全球碳市场覆盖的行业情况见表 1.1。

表1.1　全球碳市场覆盖行业情况

行业	电力	工业	国内航空	交通	建筑	废弃物	林业
中国北京市	✓	✓		✓	✓		
中国重庆市	✓	✓					
中国福建省	✓	✓	✓				
中国广东省	✓	✓	✓				
中国湖北省	✓	✓					
中国上海市	✓	✓			✓		
中国深圳市	✓	✓		✓	✓		
中国天津市	✓	✓					
欧盟碳排放权交易体系	✓	✓	✓				
瑞士							
哈萨克斯坦	✓	✓					
美国加州	✓	✓		✓	✓		
加拿大魁北克省	✓	✓		✓	✓		
区域温室气体倡议	✓						
美国马萨诸塞州	✓						

行业	电力	工业	国内航空	交通	建筑	废弃物	林业
加拿大新斯科舍省	√	√		√	√		
新西兰	√	√	√	√	√	√	√
韩国	√	√	√	√		√	
日本东京市		√			√		
日本埼玉县	√	√			√		

数据来源：IPAC。

由表1.1可知，全球各地区碳市场覆盖的行业不同，这是由于各地区经济发展水平、能源结构与产业结构有差异。尽管如此，大多数地区都将电力与工业行业包含在碳市场的覆盖范围中。这表明，电力和工业作为社会经济的支柱性产业，同时也是温室气体的主要排放行业，其ETS的建立受到政府的广泛关注。全球碳市场覆盖量变化情况见图1.7。

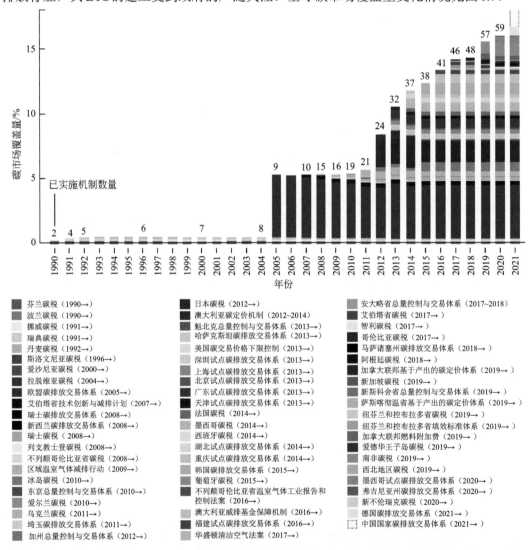

图1.7 全球碳市场覆盖量变化情况（数据来源：世界银行）

自 2005 年欧盟碳市场启动以来，新的体系纷纷建立，碳排放交易体系所覆盖的全球排放份额翻了一番 [13]。2017 年是《巴黎协定》生效后的第一年，也是见证党的十九大将生态文明建设和绿色发展提升到前所未有高度的一年。这一年中，全球碳市场的发展如火如荼，截止到 2018 年年底，共有 21 个碳排放权交易系统（ETS）在全球各级政府投入运行。随着 2017 年年底中国全国碳市场的启动，碳市场所覆盖的全球碳排放份额增至 2005 年的三倍，达到近 15%。已设立碳市场的司法管辖区 GDP 占全球比重超过 50%，人口占世界人口总数的近 1/3。随着未来几年更多碳市场投入运行，预计 2021 年碳市场所覆盖的排放总量将增加近 70%。这一动态过程还受到现有碳市场扩大覆盖范围，以及总量趋于逐步收紧等因素的交互影响。

国际合作、区域合作甚至是部门之间的合作是未来全球碳市场发展的趋势。多样的国际合作方式将推动碳定价机制的发展，在国际层面扩大碳定价机制实施范围，并形成更加广泛的应对气候变化政策。全球碳价（包括碳税和碳市场）的分布情况见图 1.8。

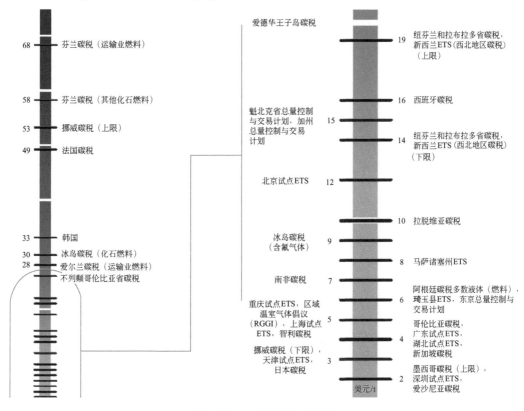

图 1.8 全球碳价分布情况

据国际货币基金组织（International Monetary Fund，IMF）估算，目前全球平均碳价格仅为 2 美元 /t。全球碳价范围为 1 ～ 119 美元 /t 当量，其中近一半的定价低于 10 美元 /t 当量。当前的碳价水平还不足以实现《巴黎协定》温控目标，目前全球碳定价机制约束下的 GHG 中仅有不到 5% 的碳价达到了预期水平。碳定价高级别委员会认为，要低成本、高效益地实现《巴黎协定》温控目标，则需在 2020 年前，碳价至少达到 40 ～ 80 美元 /t；在 2030 年前，达到 50 ～ 100 美元 /t[14]。根据国际能源署（International Energy Agency，IEA）的判断，在可持续发展情景下，为确保与《巴黎协定》一致，碳价需设定在 75～100 美元 /t。可以预见，在不久的将来碳排放成本将会成为各行业组织生产时必须考虑的重要经济因素。

中国是世界上最大的发展中国家，区域发展差异大，当前面临着消除贫困、改善民生的艰巨任务。同时，作为世界第二大经济体，在建设碳市场方面缺乏先例和经验可借鉴，无成功模式可循，且市场体系尚不健全，市场化改革已经进入深水区和攻坚期。这些因素导致中国的碳市场建设必须在探索中前进。

中国碳市场建设需要考虑的问题主要体现在两个方面：一是对制造业竞争力的影响，二是责任分摊的公平性问题。目前，中国的碳排放呈现如下特点：①超出 70% 能源相关的碳排放来自能源和制造业工业部门；②超出 70% 的碳排放来自 7500 家左右高能耗企业；③超过 70% 电力用在工业部门；④约 50% 的煤用在发电供热部门[15]。

为了推进中国碳排放权交易市场建设，探索碳市场建设规律、总结经验，国家发改委于 2011 年年底启动碳排放权交易试点。明确了工作机制、法律法规、核算和报告及核查体系、配额分配方法、市场交易规则、监管体系、能力建设等内容。中国碳市场覆盖了 8 大高能耗和高排放行业中的 20 个主要子行业，排放类型是 CO_2（包括直接排放和间接排放）。加入碳市场的门槛是年 10000t 标准煤（2.6 万 t CO_2 排放）的企业，大约 7500 家，碳市场控制的碳排放总量约为 45 亿 t。有关碳排放配额的分配主要基于碳排放强度和产品实际产量的免费配额分配（主要方法），并积极探索有偿分配方法。在碳市场支撑平台建设上，主要应有全国统一数据报送系统（标准和规范统一）、统一的第三方核查标准和规范、统一的注册登记系统、全国互联互通的交易系统。

我国碳市场建设的评判标准主要体现在以下四个方面：①在效果方面，要有足够的碳减排量，以确保完成国际承诺和国家碳减排目标，并助力供给侧结构性改革；②在效率方面，应能够提高能效，降低行业的碳排放强度，并能够实现最低的碳减排成本；③在公平性方面，应体现行业内、行业间和地区间的公平；④在透明性方面，行业和企业应参与制订配额分配方案，配额分配方法、标准、程序要公开透明[16]。

在配额分配方面，已基本完成的工作包括：两种配额免费分配方法（基准法/历史强度下降法），发电、水泥、电解铝三个重点子行业配额方案论证和技术指南编制。正在进行的工作包括：剩余子行业的配额分配方案论证和技术指南编制。未来在配额分配方面要开展的工作包括：试点地区没有被国家碳市场覆盖行业的配额分配方法升级问题、创新性的配额拍卖。

在中国碳排放权交易机制建设方面，2018 年，完成了四大支撑系统建设、深化能力建设，并完成了碳市场管理制度建设。在 2019 年，进行了发电行业配额模拟交易，强化了风险预警与防控机制，完善了管理制度与支撑体系[17-18]。在 2020 年，进行了发电行业配额现货交易，并逐步扩大覆盖范围，在此基础上丰富交易品种与方式，并尽早纳入减排量（国家核实的自愿减排量，CCER）。

1.3 钢铁产业与 CO_2 排放的关系

根据国际能源署（IEA）相关数据，2019 年中国主要行业的 CO_2 排放占比见图 1.9。2019 年我国粗钢产量 9.96 亿 t，碳排放量约 15 亿 t，占我国碳总排放量 16.02%。针对国家制定的 2030 年碳达峰、2060 年碳中和的碳减排目标，我国钢铁产业的低碳减排形势相当严峻。

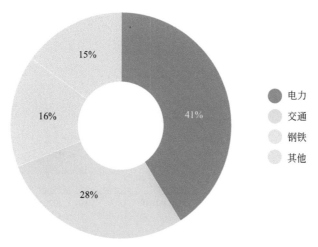

图 1.9 2019 年中国主要行业的 CO_2 排放占比

我国钢铁产业以依赖煤炭化石能源的高炉-转炉长流程为主，整个生产过程中均伴有 CO_2 排放。烧结过程中烧结原料时燃料燃烧和点火煤气燃烧产生 CO_2 排放；氧化球团生产过程中球团焙烧产生 CO_2 排放；焦化过程加热用燃料燃烧产生 CO_2 排放；高炉炼铁过程生成的 CO 还原含铁炉料后产生 CO_2 排放；炼钢过程吹氧脱碳造成 CO_2 排放；轧钢过程热处理消耗燃料产生 CO_2 排放。整个流程中，炼铁是能耗最高、CO_2 排放最多的环节。以国内长流程钢铁生产为例，炼铁过程能耗和 CO_2 排放分别占整个钢铁生产流程的 69.7% 和 73.1%，见图 1.10。

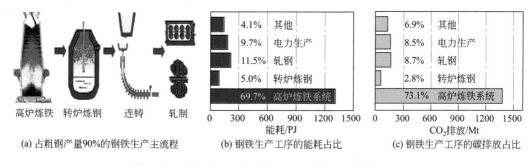

图 1.10 钢铁生产主流程及各工序能耗和碳排放占比

钢铁行业 CO_2 排放量与钢铁产量及能源效率密切相关。图 1.11 为 1860 ~ 2018 年全球粗钢、高炉铁水以及直接还原铁（DRI）产量变化趋势。19 世纪初，世界钢铁年产量只有几百万吨。随着钢铁新技术的不断产生以及转炉和平炉工艺的突破，钢铁产量成倍增加，1900 年超过 3000 万 t。1927 年，粗钢年产量达到 1.0 亿 t，1951 年达到 2.0 亿 t。钢铁产业的碳排放也随着产量的增加而增多。第二次世界大战结束后的 30 年是"新工业革命"时期，新工艺不断出现。以日本、苏联、美国和韩国为首的国家对钢铁工业进行了大量投资。粗钢年产量在 20 世纪 70 年代就达到了 7.0 亿 t（1979 年创下了 7.49 亿 t 的纪录）。然后，由于经济危机和政治变化，增长停滞。相应的碳排放也稳定在相对低的水平，直到世纪之交。2000 年，世界粗钢产量进一步增加，年产量达到 8.50 亿 t。这是以中国钢铁为首的钢铁产业"繁荣"的序曲。从此之后，世界粗钢年产量翻了一番，迄今为止的纪录是 2019 年达到的 18.69 亿 t，其中中国的占比超过 50%。

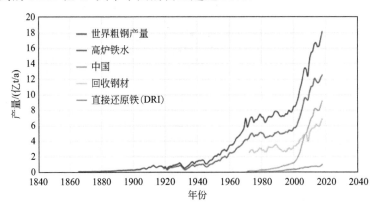

图 1.11 1860 ~ 2018 年全球粗钢、高炉铁水、DRI 产量

随着世界工业的整体兴起，加之发达国家将部分重工业转移到资源和劳动力既丰富又廉价的发展中国家进行生产，以发展中国家工业碳排放为主的温室气体排放量快速增加 [19—20]。图 1.12 给出了世界各国家和地区温室气体排放趋势，其中钢铁产业的直接碳排放同样呈现快速增加的趋势（见图 1.13）。

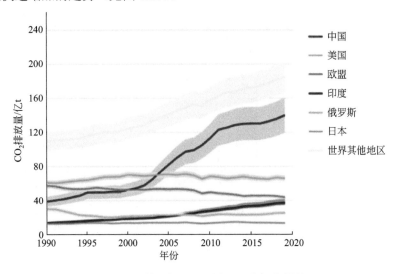

图 1.12 世界各国家和地区温室气体排放

钢铁工业利用一次能源煤炭作为主要的生产能源。在全球使用化石燃料的直接碳排放中，钢铁生产占到 7% ~ 9%，具体排放量约 1.85t(CO_2)/t（钢）。在 18 亿 t/a 的生产速度下，相当于每年有 33 亿 t CO_2 产生。如今，中国国内钢铁需求已接近"既定水平"，最终增长将直接转向出口。与此同时，印度大力提高钢铁产量，产量上升到全球第二，为 1.11 亿 t。在不久的将来，发展中国家的消费可能还会增长，世界钢铁产量还会继续逐年增加。考虑到世界经济形势以及中国响应"低碳经济发展"理念而降低钢铁产量，到 2050 年保守预测的世界钢铁年产量也将会达到 25.0 亿 t（见图 1.14）。届时，钢铁工业将会有 45 亿 ~ 50

亿 t 二氧化碳直接排放，这将对全球气候变化造成极为不利的影响。所以尽管工业的能源效率逐年提高，但钢铁产业的碳排放压力仍然巨大。

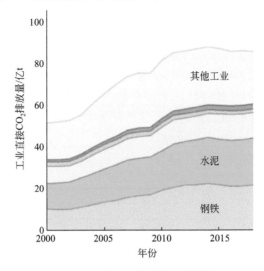

图 1.13　世界工业直接碳排放量

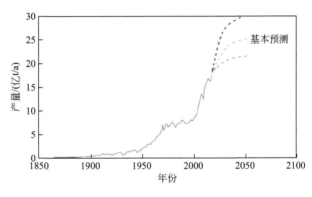

图 1.14　世界钢铁产量趋势预测

1.4　钢铁产业节能减排的努力

在确定钢铁产业节能减排关键因素的基础上，为减少二氧化碳排放，钢铁产业进行了诸多努力，包括提升能源供应和使用效率，改进生产工艺流程，研发 CO_2 收集、储存和利用技术，发展氢经济以及能源循环经济等创新性、突破性的关键技术和方法 [21]。

（1）提高能源利用效率

提高现有工艺的能源利用效率，以适度的代价阻止碳排放的增长，是解决问题的最快方法。中国做了大量努力，2006 ~ 2017 年，单位能源消耗下降了 15%。在高炉 - 转炉炼钢过程中，总能耗和各环节能耗强度各不相同，尽管世界钢铁工业取得了巨大的进步，但能源消耗仍然可以减少 10% ～ 15%，通过应用现有的最佳技术来满足最佳可行技术（BAT）值，转向低碳能源，减少二氧化碳排放。

图 1.15 给出了当前不同国家的钢铁能源效率比较[22—23]。BAT 线范围是根据不同的二氧化碳排放量划定的发电排放（BAT 线和范围是根据发布的数据进行估算得到的），低线指的是低排放的电力（水电/核电），高线以煤/石油/天然气为主要能源。目前全世界范围再生废钢率（REC）为 35%。REC 值主要考虑转炉废钢部分，因此，REC 明显高于电炉产量的百分比（如中国）。此外，日本、欧盟、德国、法国、加拿大、美国和意大利的情形同样见图 1.15。全球平均二氧化碳排放量从 1.8t（CO_2）/t 下降到 BAT 水平，意味着能耗将减少 15% ～ 20%。这样可以通过工厂现代化，采用最佳技术和利用现有技术，以及关闭在中国和其他国家的老式工厂进行一定"低碳改造"，达到提高能源利用效率、实现节能减排的目标。

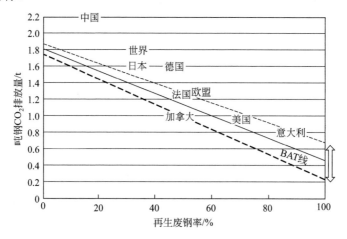

图 1.15　吨钢二氧化碳排放量与再生废钢率（REC）之间的关系

图 1.15 中的世界、欧盟和不同国家的位置只是一个近似值，都是以二氧化碳排放量和估计的 REC 值来定位的。如前所述，REC 也包含在转换器中使用的废料，而 DRI 被视为"矿基"铁原料。图中位置与技术水平也可纳入其他因素，如加拿大的突出地位，部分原因是以天然气为主要的能源来源。相比之下，德国的煤炭价值相对较高，这是煤在炼铁和电力中发挥重要作用的结果。从 BAT 范围的扩大可以看出，在电弧炉（EAF）份额高的情况下，发电排放有很大的影响。

（2）通过改进钢铁冶炼技术降低 CO_2 排放

在过去的 10 ～ 15 年中，已经开展或正进行许多研发计划和项目，用于改进现有钢铁冶炼技术，包括欧洲 ULCOS 项目、日本 COURSE50 项目、韩国 POSCO 项目、澳大利亚二氧化碳捕获计划（CO_2 BTP，ISP）、北美 AISI 二氧化碳捕获计划等。此外，中国和印度等也在开发减少钢铁生产过程中二氧化碳排放的技术，主要包括：①干熄焦技术；②生产高反应性高强度碳铁复合新炉料，为高炉富氢还原奠定基础；③高炉煤气余压回收透平发电装置（TRT）发电以及高炉煤气、转炉煤气干式除尘技术；④在热风炉中采用富氧燃烧技术；⑤炉顶煤气循环 - 氧气高炉（TGR-OBF）技术；⑥提高钢铁厂余热利用（烧结、焦化烟气、热风炉、转炉、加热炉等）；⑦炉渣显热回收等[24—28]。

这些技术的适用性已经在中试规模上进行了试验，其中一些已经成为代表性的成熟技术（如干熄焦技术、TRT）。从本质上讲，节约能源，从而间接减少二氧化碳排放是技术进步的结果，在全球范围内意义重大。总的来看，通过加强余热回收、优化内部循环、用氧代替空气、增加氢作为燃料和还原剂等技术来减少 CO_2 排放在钢铁行业中的应用效果十分显著。

① 干熄焦技术。

最早的干熄焦装置是 1917 年瑞士舒尔查公司在丘里赫市炼焦制气厂采用的。20 世纪 30 年代起，瑞士、德国、英国、法国、比利时、日本和苏联等都采用过构造各异的干熄焦装置[29]。干熄焦装置经历了罐室式、多室式、地下槽式、地上槽式的发展过程。在初期，各种装置的处理能力都比较小，发生蒸汽不稳定，加上投资大等因素，这一技术长期未得到发展[30]。60 年代初，苏联切列波维茨钢铁厂建造了带预存室的地上槽式干熄焦工业试验装置，解决了过去干熄焦装置发生蒸汽不稳定的问题，实现了连续而稳定的热交换操作，为焦化工业广泛采用干熄焦技术奠定了基础。1963～1965 年，该厂建造了处理能力为 52～56t/h 的生产装置。这种带预存室的地上槽式干熄焦工业装置得到了世界公认。日本于 1973 年引进了苏联的干熄焦技术，并在大型化、自动化和环境保护措施等方面有所发展，形成了有自己特色的干熄焦技术。到 80 年代末期，日本已建设了单槽处理能力为 56～200t/h 的多种规模干熄焦装置。80 年代，除苏联式的干熄焦装置以外，还有德国卡尔·斯蒂尔公司开发的水冷壁式干熄焦装置、日本东邦煤气公司和三菱重工开发的环形床式（环形炉箅式）干熄焦装置、德国萨茨吉特厂开发的干熄焦与煤预热（见煤预热工艺）联合的半工业装置等。到 1987 年，苏联已投产了 97 个干熄焦槽，年熄焦量达 2000 万 t 以上，回收的能量相当于 120 万 t 标准煤；日本投产了 30 套干熄焦槽，年处理焦炭近 2000 万 t，相当于日本高炉焦产量的约 55%。此外，德国、巴西和罗马尼亚等也都投产了干熄焦装置。这项技术在世界上已得到广泛应用。

② 生产高反应性高强度碳铁复合新炉料。

复合铁焦是将含铁物料作为催化剂添加至配煤中，利用传统室式焦炉炼焦工艺或矿煤压块竖炉炭化工艺制得的[31—32]。制备铁焦的含铁物料包括高炉灰、转炉烟尘、金属废渣和铁矿粉等，其可以部分代替配煤中的低挥发分组分，在结焦过程中起到瘦化作用。含铁物料的添加量取决于煤料性质，一般为 5%～20%。在炭化过程中，铁氧化物还原生成的金属铁弥散分布于碳基质内，对碳气化反应起良好催化作用，使得铁焦具有高反应性，其气化反应在较低温度下即可进行。高炉使用适量复合铁焦代替焦炭后，会使热储备区温度降低，从而增大了煤气中 CO 实际浓度与平衡浓度的差值，提高了铁氧化物还原反应驱动力[33—34]。进而提高了高炉炉身工作效率，降低了焦比，减少了高炉 CO_2 排放，实现了高炉低碳炼铁。同时，复合铁焦可增量使用含铁二次资源和非主焦煤，显著扩大了炼铁原料的来源和适应性。

早期的铁焦生产多采用传统焦炉工艺。德国在 1865 年首先提出了在炼焦配煤中添加铁矿粉的设想，随后 20 世纪初在鲁尔地区以传统焦炉进行了配煤中添加 7%～10% 黄铁矿的炼焦试验，结果所得焦炭机械强度得到提高。苏联在 20 世纪 30 年代用顿巴斯煤和库兹涅茨克煤生产了大量铁焦，并用于高炉冶炼试验。在随后的 50 年代，美国也开始了铁焦的试验研究，试验生产的铁焦是以 20% 高炉灰和 80% 的炼焦煤在传统焦炉中炼制的。在同一时期德国、苏联、英国、法国、波兰、保加利亚和罗马尼亚在所进行的高炉铁焦冶炼试验研究中均肯定了铁焦用于炼铁的节能降耗效果，并证明了使用铁焦能充分利用各种含铁废渣。60 年代以后，苏联、罗马尼亚和中国都进行过以气煤为主要原料生产成型铁焦的试验研究。中国所用原料主要为淮南气肥煤、凹山重选和磁选精矿粉。虽然铁焦的生产试验取得了有益的结果，但工业生产上并没有得到推广。

近年来，由于世界范围内优质焦煤资源的匮乏，人们不得不为提高高炉冶炼效率、降低焦比、减少 CO_2 排放，而重新考虑和研究铁焦在高炉中的应用。

新日本钢铁公司（简称新日铁）将高钙煤中添加至少 50% 主焦煤的混合煤作为配煤，并在室式焦炉中成功生产出铁焦，高钙煤的加入量在 5% ～ 8%，并将其用于室兰 2 号高炉（容积 2902m³）。通过在高炉中对这种铁焦进行的应用试验发现，高炉热空区温度降低，还原剂用量减少，利用系数由 1.89t/(d·m³) 提高到 2.08t/(d·m³)，燃料比降低 10kg/t(HM)，透气性没有明显改变[35]。

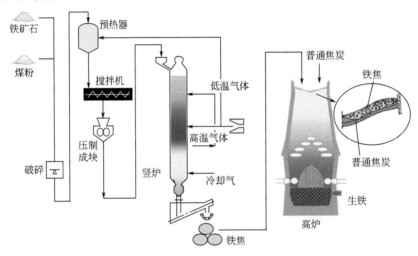

图 1.16 JFE 铁焦生产工艺和高炉布料技术

日本 JFE 公司将 70% 煤粉与 30% 铁精矿粉，经过混合、预热、热压、竖炉炭化，制得铁焦（工艺见图 1.16）[36—39]。铁焦抗压强度达到 4000N，金属化率达 76%，焦炭反应性（CRI）达 53%。2011 年成功开发铁焦中试技术（日产 30t），在京滨厂中型高炉中代替 10% 焦炭，经过多次连续使用后，取得了炉况正常、节约焦炭的显著效果。2013 年，在千叶厂 5153m³ 高炉中进行了工业化试验，铁焦用量 43kg/t(HM)，高炉操作稳定，燃料比降低 13 ～ 15kg/t(HM)。为了使革新性铁焦炉料技术实用化，2016 ～ 2017 年 3 月底正式进入实证研究阶段。JFE、新日铁住金、神户制钢联合在 JFE 西日本制铁所福山厂建设了一座日产能 300t 的实证设备，产能是 2011 年中试设备的 10 倍，目的是扩大生产规模、确立可长期应用的操作技术。日本经产省认识到铁焦在节能效果方面的优异表现，且认为实用化可能性很高，将其列为战略性节能技术革新项目，预期 2030 年将以日产 1500t 规模投入实际应用。届时，铁焦将成为日本钢铁业主要节能减排技术之一。

新日铁将研发的铁焦应用于实际的高炉生产，达到了降低还原剂使用比例的目的，但该技术存在以下不足：在配煤时需配加高钙煤，对焦炭反应性提高有限。而且，高钙煤来源有限；铁焦的热强度低，在高炉内大量使用时可能会影响高炉的透气性；煤粉与铁矿粉混合比例和焦炉温度控制等因素会使得铁焦生产工艺变得相对更为复杂；由于对原料煤的要求较高，会增加生产成本。相比较而言，JFE开发的含碳复合炉料制备技术具有较大的潜力，可使用低级煤作原料，使用独立的竖炉生产且生产产量可灵活控制，生产出的产品反应性相对更高，强度比普通焦炭约高一倍[40]，具有较好的应用前景。但将含碳复合炉料应用于实际高炉炼铁生产还需解决复合炉料的结构、成分优化、炭化、还原、高炉布料和操作制度优化等关键性问题。

东北大学基于国内原燃料条件，系统进行了复合铁焦制备和应用技术的研发，得到了复合铁焦的优化制备工艺参数。复合铁焦抗压强度达3977N，反应性69.7%（国标法），反应后强度69.1%（JFE方法），满足高炉使用要求。研究表明，在模拟高炉条件下，高炉综合炉料中配加适量的复合铁焦，其气化反应开始温度比传统焦炭低约150℃，高炉在使用复合铁焦后，产量明显提高，整个炼铁系统碳消耗量约可降低6.1%[41—42]。

③ 高炉煤气余压回收透平发电装置（TRT）发电以及高炉煤气、转炉煤气干式除尘技术。

高炉煤气余压回收透平发电装置（top gas pressure recovery turbine，TRT），是世界上公认的用于钢铁企业能量回收很有价值的装置[43]。利用高炉炉顶煤气的压力能和热能，使煤气通过透平膨胀机做功，将其转化为机械能，再将机械能转化为电能，驱动发电机发电。此装置回收了原来在减压阀组白白泄放的能量，大大改善了高炉炉顶压力的控制品质。这种二次能源回收方式，不消耗燃料，没有原料运输的中间环节，由于TRT在运行中不产生环境污染，发电成本低，因此回收能源及环保效果显著。这对于降低冶炼生产的耗能大户——炼铁工序的能耗，有着十分重要的现实意义。

攀钢在2005年建设新3号高炉时，煤气净化采用全干式大布袋反吹除尘工艺。该工程于2005年12月10日建成投产，TRT系统于2006年5月10日（因设备不能及时到货，未能与干式除尘系统同步投运）并网发电一次成功。小时发电量创钒钛磁铁矿冶炼高炉之最，比同类高炉湿式TRT多发电35%以上，给企业带来巨大的经济效益和社会效益，成为企业节能降耗及循环经济的增长点[44]。

④ 在热风炉中采用富氧燃烧技术。

燃料燃烧通常以空气作为助燃剂，而空气中参与燃烧反应的氧含量仅为21%，不参与燃烧反应的氮含量却高达78%，这些氮气吸收了大量的燃烧反应热，最终随烟气排入大气中，造成了很大的能源浪费[45]。为了克服能源利用率偏低和生产、消费中污染物大量排放等问题，在常规燃烧的基础上，又开发出了富氧燃烧技术[46]。热风温度（简称风温）是高炉的一项重要技术经济指标，能够体现高炉的生产和管理水平，也是我国高炉炼铁技术与国外先进水平差距最大的地方。国外先进水平的风温已经达到1300℃，国内风温先进水平也已经达到1250℃，但中小型高炉风温水平仍然在1200℃以下。经验数据表明：热风温度每提高100℃可降低焦比25kg/t，提高产量3%～4%[47]。为获取这样高的风温，需要经济地解决两个方面的问题：提高能使火焰燃烧温度达到1550～1650℃甚至1700℃以上的高温热量；热风炉结构要能在这样的高温下稳定持久地工作，并且所有热风管道（包括直接吹管和热风阀）都能承受这样高的温度，并维持这样高的温度将热风送入炉内。从热工角度分析，要获得高风温，重要的是将热风炉蓄热室拱顶温度提高到高于风温150～250℃，如果要获得这样高温的热量，单纯采用现有工艺燃烧高炉煤气或焦炉煤气是不行的，即使采用干式除尘，降低煤气含水量，利用净煤气显热（150～200℃时为210～270kJ/m³）也达不到上述要求。研究热风炉富氧燃烧不仅能够解决高炉风温低的问题，还可以采用低热值的高炉煤气替代高热值煤气富化高炉煤气，这也就解决了钢厂里高热值煤气使用紧张的问题。总之，采用热风炉富氧燃烧技术有重大的意义。研究同时认为富氧燃烧可以提高燃烧温度[48]。在均热炉上将空气中的氧含量由21%富化到23.5%，就可以提高24%的加热速度以及6%的产量。在加热炉上采用2%～4%的富氧燃烧，可以节约燃料10%～15%。日本的浅川等人进行的以煤气为燃料的富氧燃烧试验表明，随着氧浓度的增加，火焰温度上升，其上升趋势是在氧浓度开始增加阶段燃烧温度上升快，随着氧浓度的继续增加，燃烧温度上升变缓[49]。使燃料在富氧状态燃烧的最佳氧气浓度约为30%，过分提高氧的浓度也会使火焰温度趋于饱和，这也正是富氧膜的适用领域。

⑤ 炉顶煤气循环 - 氧气高炉（TGR-OBF）。

在传统的炼铁工艺中，氢作为挥发分留在高炉炉底，煤制焦过程中的富氢物质在焦炉煤气（COG）中被脱除，这是一个钢铁厂热源和储能的重要综合过程。焦炉煤气降低了焦炭消耗和高炉内的二氧化碳排放量，同时也切断了集成电路的总能量供应。另一种降低焦炭消耗的有效方法是使用煤粉通过高炉风口喷吹。这个想法可以追溯到20世纪80年代初，因油价上涨在日本出现石油替代品的投入使用。煤粉喷吹现在已经得到了实践证明，可代替高达30%的焦炭，也可代替更高数量的焦炭，但要保证焦炭在高炉冶炼过程中的平稳运行。以煤代焦降低焦炭的火焰温度，其影响可通过热风中的富氧来补偿。一般来说，典型的焦炭替代品替代率 [kg（焦炭）/kg(替代品)] 小于1.0（通常为0.7～0.9）。在高喷煤比下，替代率趋于降低，这意味着总喷煤量会增加能源消耗，对二氧化碳排放的积极影响就会消失，因此，改进和改造矿石的生产技术也是钢铁行业的发展趋势。

炉顶煤气循环与氧气高炉相结合（TGR-OBF），是欧洲超低二氧化碳炼钢（ULCOS）项目最核心的概念[50]。这个想法是在20世纪70年代初提出的，与鼓风富氧相比，将导致高炉内煤气流量、热分布和反应区发生很大变化。炉顶煤气循环 - 氧气高炉技术采用纯氧鼓风，并将炉顶煤气脱水、脱 CO_2 后喷入高炉循环使用，具有高生产率、高产量、高煤气热值、炉顶煤气分离成本低等技术优势，是最有可能实现工业化的低碳高炉炼铁工艺之一。欧盟、日本等地区和国家均提出了各自的炉顶煤气循环 - 氧气高炉路线，并进行相应的模拟分析与工业试验[51]。欧盟 ULCOS 项目（见图1.17）最终采用炉缸、炉身同时喷吹热循环煤气，在炉缸纯氧喷吹温度为25℃、炉缸循环煤气喷吹温度为1200℃、炉身循环煤气喷吹温度为900℃的条件下，CO_2 排放量减少25%[52]。

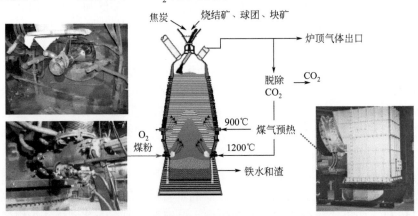

图1.17 LKAB 炉顶煤气循环 – 氧气高炉工艺

⑥ 提高钢铁厂余热利用。

在钢铁厂过去的生产过程中，大量的高温烟气、煤气等生产尾气直接对空排放，周围环境火光冲天、臭味刺鼻。在去产能及环保核查的双重压力下，钢铁企业纷纷开始节能减排降耗，同时也使得余热余压发电成为影响吨钢能源成本的重要因素。

焦化工序现阶段已回收利用的余热余能资源包括焦炭显热、焦炉煤气潜热、烟道气显热和初冷水显热。焦炭显热主要是采用干熄焦技术回收利用，产生蒸汽用于发电，目前干熄焦发电技术在国内钢铁联合企业的应用普及率已很高。由于焦炉煤气热值高，是一种优质燃料，目前已得到充分利用，放散率很低，主要利用途径是供各生产用户使用，富余资源用于驱动锅炉发电[53]。

同时，焦炉煤气富含氢气和甲烷，提升利用品位，将其作为化工原料生产甲醇、合成氨等化工产品及天然气资源的利用方式近年来得到了更多的关注[54]。烟道气显热的温度一般在 250～300℃，目前主要采用余热回收设备回收蒸汽，供生产、生活用户或作为煤调湿热源。焦化初冷水显热温度一般在 60～70℃，主要采用换热器回收热量，用于北方地区冬季采暖。

烧结工序现阶段已回收利用的余热余能资源包括烧结矿显热及烧结烟气显热。烧结矿显热的回收主要在环冷机部分，按烟气温度分高、中、低三部分[55]。目前高温段烟气余热回收利用较为充分，主要采用余热锅炉产生蒸汽，用于发电或者供生产用户；中、低温烟气余热一般采用直接利用方式，用于预热混料或热风烧结等。烧结烟气显热的回收利用近几年开始起步，在部分企业已有应用，主要集中在烧结大烟道高温区（300～400℃）的回收，采用余热锅炉或热管换热器回收热量，产生蒸汽。

球团工序现阶段已回收利用的余热余能资源包括球团矿显热、烟气显热及冷却水显热。其中球团矿显热主要通过获取热风回用于生产，作为烘干、预热等热源；烟气显热温度较低（约 120℃），少数企业采用热管换热器回收热量，用于职工洗浴等生活用户；竖炉大水梁冷却水显热通常采用汽化冷却方式替代水冷方式，避免循环冷却水消耗，并回收产生蒸汽。

炼铁工序作为主要耗能大户，同时也是余热余能资源较为丰富的工序，现阶段已回收利用的余热余能资源包括高炉煤气潜热和余压、热风炉烟气显热及高炉渣显热。高炉煤气热值虽然不高，但产生量大，目前已得到较为充分的利用。由于放散率较低，主要供各生产用户使用，富余资源用于驱动锅炉发电。随着高炉冶炼技术的发展，目前炼铁高炉基本为高压操作，高炉炉顶余压的利用方式主要是通过 TRT 发电装置回收发电，或采用高炉能量回收机组（BPRT）方式回收能量减少高炉鼓风电耗[56]。热风炉烟气显热主要利用换热器从烟气中回收热能，预热助燃空气和煤气，从而提高风温，降低焦比，实现节能降耗。对于高炉渣自身显热的回收尚处于研究阶段，目前的回收利用主要是针对 80～90℃高炉冲渣水，采用换热器换热后用于采暖或煤气、空气预热等。

炼钢工序现阶段已回收利用的余热余能资源包括连铸坯显热、转炉烟气显热、转炉煤气潜热。连铸坯显热通过热装热送技术回收利用，目前该技术在钢铁企业的普及率较高，但各企业热装热送率和热装温度的差别较大。转炉烟气显热温度约 1400℃，主要采用汽化冷却装置将高温烟气降温以满足后续除尘要求，并进行蒸汽回收。转炉煤气热值介于高炉煤气和焦炉煤气之间，已得到较为充分的回收利用，目前行业重点统计企业转炉煤气平均钢回收量约 90m³/t，回收的转炉煤气主要供各生产用户使用，富余资源用于驱动锅炉发电[57]。

轧钢工序现阶段已回收利用的余热余能资源包括加热炉烟气显热和加热炉冷却水显热。加热炉烟气显热主要通过蓄热式燃烧装置及换热器回收利用，实现最大限度回收高温烟气的显热，降低加热炉燃料消耗。加热炉冷却水用于冷却工业炉金属构件，目前主要通过采用汽化冷却替代水冷却方式，避免冷却水消耗，并回收产生蒸汽。

动力系统是企业重要的能源加工转换环节，负责各类能源介质的供配，同时其在能源加工转换过程中也产生大量余热余能资源，这部分余热余能资源的回收利用往往被钢铁企业所忽视。现阶段，除锅炉排烟余热回收利用普及率较高外，其他余热余能资源，如动力锅炉排烟余热、空压机余热、循环冷却水余热及余压等，仍未得到广泛的回收利用，具有很大的发展潜力和空间。

综上分析，按余热余能资源回收利用的应用普及程度和成熟性，钢铁企业余热余能资源可分为三类：一是品质较高且稳定、回收利用可行性高的余热余能资源，如各类煤气、高温烟气余热等，目前已得到较为充分的回收利用，进一步提高能效是其未来发展的主要方向。二是品质略低但技术成熟、具有回收利用可行性的余热余压资源，如焦化烟道余热、烧结大烟道余热、高炉冲渣水余热、空压机余热、循环冷却水余压等。目前应用普及率仍较低，因此，进一步推广普及，同时不断提高能源利用效率是其未来发展的主要方向。三是现阶段仍处于研究阶段、回收利用尚有一定障碍的余热余压资源。进一步加强研发力量，实现回收利用的经济性和可行性是其未来发展的主要方向。

钢铁行业的发展历程中取得的节能，一半是直接节能，另一半是间接节能。由此可见加强煤气综合利用，开展余热资源回收，是今后钢铁行业节能发展的方向。但是节能措施不能仅仅针对单个设备，或单项技术，应该从企业整体出发，进行全流程综合考虑利用，这样才能实现最少的投资、达到最大的效果、产生最大经济效益。

⑦ 炉渣显热回收。

随着全球能源的日趋紧张，各国对液态渣的显热回收技术开展了大量科学研究。由于回收液态渣显热在技术、经济、实用等方面存在诸多难题，至今国内外尚未发现能大规模推广且完善的液态渣显热回收技术[58]。提高液态渣显热回收技术层次，增加附加值，提高工艺装备自动化技术水平，是液态渣显热回收技术开发的方向。目前，水冲渣工艺取暖余热回收率很低。在夏季和无取暖设备的地区，这部分能量只能浪费。在已有和正在开发的回收技术中，回收高温气体温度最高能达到 $400 \sim 600 ℃$，温度低将必然增大设备投资。因此，对于金属回收率低的液态渣，只有提高气体回收温度，才能降低设备造价。根据液态渣的物理和化学性质，液态渣高附加值的主要利用方向是作为建筑材料、冶金炉料、农业肥料的原料，因此，液态渣处理后含水率要低。

按照含水率的定义，显热回收技术分为湿法显热回收技术、半干法显热回收技术、干法显热回收技术。湿法显热回收技术是液态渣直接与水接触的水淬工艺；半干法显热回收技术是空气与水同时冷却液态渣的显热回收工艺，其产生的热风湿度较大；干法显热回收技术是空气冷却液态渣的显热回收工艺，产生的热风湿度可以满足建筑材料原料的水分要求[59]。日本等国家进行的液态钢渣风淬处理工艺试验存在设备庞大、投资较高等问题。特别是以机械为核心的回收技术，设备维修量较大。在降低投资、运行成本的前提下，进行液态渣显热回收，同时要兼顾副产品是否符合市场需求，以提高经济效益规模。显热回收技术要以适合冶炼工艺为前提，从自动化生产线的角度来设计工艺，使核心技术与设备通用化、标准化、系列化。综上所述，冶金行业产生的工业废渣，在其资源化的基础上，进行液态状态下显热回收，符合当下国家节能减排的要求。同时，通过进一步的显热回收技术研究，可以加速冶金行业工艺流程的技术进步。

国内外已经高度重视对液态渣显热回收技术的开发，目前已开发出多种液态渣显热回收工艺，主要有：

利用高炉液态渣显热生产渣棉技术。该技术具有以下基本特点：a. 高炉液态渣显热回收率高达 70% 以上；b. 对比冲天炉工艺，生产粒状棉具有可观的经济效益；c. 有利于生态环境的改善。

俄罗斯通过滚筒法进行钢渣的显热回收开发。钢渣通过渣罐进入滚筒内，生成的蒸汽混合气体温度为 90～170℃，可直接用于生活设施或将其加热至 600℃ 用于发电，经测试，热利用系数可达到 50%[60]。宝山钢铁（简称宝钢）引进俄罗斯滚筒法处理液态钢渣技术，并进行了改进，开发出了滚筒法处理液态钢渣技术。该技术属于目前最先进的液态钢渣处理工艺。使用滚筒法处理钢渣具有以下优点：取代了目前投资大、占地多、污染重、处理效果差的热泼法、箱泼法、风淬法和水淬法等钢渣处理方法；使得处理后的钢渣稳定性好，可以直接回收利用，有效改善了液态渣处理过程中对环境的污染；由于技术流程短，可节省大量投资。当前该项目形成的工艺技术和设备具有广泛的推广应用价值，目前已在宣钢（宣化钢铁集团有限责任公司）得到应用。

风淬处理液态渣。无锡市东方环境工程设计研究所（简称东方环境）申请了相关工艺专利，随后在多个钢铁厂进行了长期试验，使得技术日趋成熟。该技术具有以下基本特点：高炉液态渣显热回收率高达 70% 以上；液态渣处理后为干渣；封闭式处理，没有环境污染。俄罗斯乌拉尔钢铁研究院研制了一套附有热能回收的风淬钢渣处理工艺。在液态钢渣倾倒过程中，由于钢渣与空气流接触产生辐射热，可通过专用设备收集并转换为热水、蒸汽和热空气，用于回收利用。

采用自然陈化法消除钢渣中 CaO 技术。该技术占地面积大，陈化时间长。为了缩短陈化时间，日本开发了温水陈化、蒸汽陈化和蒸汽加压陈化法，同时可实现液态渣显热回收。在显热回收技术方面，我国先后引进日本、俄罗斯、德国、美国等国家的不同工艺及装备，并且已经投入使用或正在开发之中。目前在传统处理工艺的基础上，出现了许多新颖的工艺方法。对于冶金渣的综合利用，利用量最大的是建筑材料领域，而液态渣的淬冷是建筑材料高附加值的首道工序。多年来，经过各方面的努力，液态渣水淬工艺等技术已非常成熟，在此基础上，结合冶金原料的品种、成分及冶炼工艺，进一步开发新一代的液态渣显热回收技术。如对热泼法、箱泼法、风淬法和水淬法等方法进行改进。英国克凡纳公司研制了转碟法的干渣处理技术，使高温气流温度达到 400～600℃。近年来，东方环境根据 1986 年德聂伯彼得洛夫斯克冶金学院开发的炉渣干式粒化方案，对其工艺进行了改造，开发出一种干式急冷炉渣回收系统[61]。

（3）钢铁行业碳捕集利用与封存（CCUS）

碳捕获与封存技术（carbon capture and storage，CCS）是指将 CO_2 从工业或相关排放源中分离出来，输送到封存地点，并长期与大气隔绝。日本 COURSE50 与欧盟 ULCOS 项目均对高炉煤气 CO_2 捕集和封存技术进行了研究[62]。COURSE50 项目预期通过分离回收高炉煤气中 CO_2 并封存而实现的碳减排目标为 20%，工艺流程见图 1.18[63]。为此，在 JFE 福山厂建设了处理能力 3t(CO_2)/d 的试验装置，开发 PSA 物理吸附技术；同时开发新型化学吸附剂，在新日铁君津厂建造了捕集能力 1t(CO_2)/d 的试验装置，研发 COCS 化学吸附技术，以期获得经济可行的 CO_2 分离回收新技术，并将成本控制在 2000 日元 /t 以下，相关的研发工作还在进一步展开中。另外，塔塔钢铁公司 2020 年 11 月宣布已经启动了 Everest 项目计划，该计划是从位于荷兰艾默伊登的高炉煤气中捕获二氧化碳并将其运输和存储在北海下枯竭的气田中。预计该项目将使钢铁厂的二氧化碳排放减少 30%。CCS 技术被一些人士认为是大规模减少温室气体排放、缓解全球变暖问题的有效方法，但如何成功、安全、长期、无次生灾害地封存 CO_2 仍是尚待深入研究的重要课题。而且，封存的 CO_2 并未得到有效利用，造成资源浪费。

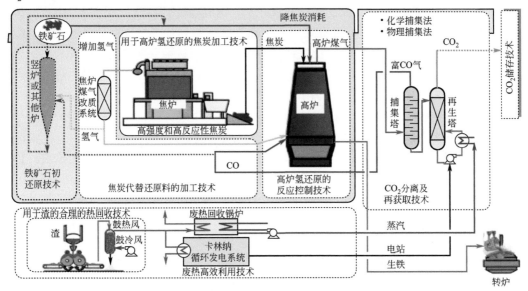

图 1.18　COURSE50 项目工艺流程

碳捕集利用技术（carbon capture and usage，CCU）是指利用钢铁厂捕获的 CO_2 或直接将钢铁厂冶炼过程产生的含 CO/CO_2 气体，作为生产有价值的化工产品（如燃料、基础化学品、聚合物或矿物）的原料，需跨行业合作，包括碳捕获、生物 / 化工 / 矿物碳化、辅助等工艺环节。欧洲钢铁行业基于热催化化学转化的碳利用项目有 Carbon2Chem、Carbon4PUR、FReSMe 等；基于生物催化的碳利用项目有 Steelanol 等；基于矿物碳化的碳利用项目主要有 CO2Min、Carbon8 等。德国教育与科技部立项 Carbon2Chem 项目，执行期间为 2016 年 3 月～ 2026 年 12 月 31 日，由蒂森克虏伯与弗劳恩霍夫协会、马克斯•普朗克研究所以及其他 15 家研究机构和合作伙伴承担，探索利用钢铁生产的副产煤气为燃料，为塑料或化肥行业创造有价值的初级产品，项目工艺方案见图 1.19[64]。预计该项目成功后，未来将使德国钢铁工业每年排放量为 2000 万 t 的 CO_2 得到经济利用，这占德国整个工业和制造业每年二氧化碳排放量的 10%。2018 年 9 月，蒂森克虏伯 Carbon2Chem 项目成功将钢铁厂副产煤气中的 CO_2 加氢催化转化，生产出第一批甲醇。2019 年 1 月，蒂森克虏伯成功利用钢厂副产煤气生产氨，这在全球范围内尚属首次。蒂森克虏伯宣布全世界约有 50 家钢厂符合引进 Carbon2Chem 项目的条件，已开始与各意向方建立联系，同时探讨将该技术运用于其他 CO_2 密集型行业。安赛乐米塔尔公司在其比利时根特工厂实施 Steelanol 项目，旨在有效捕获高炉副产煤气中的二氧化碳，并利用生物催化技术将其转化为可再生的生物乙醇，用作液体燃料。该技术由 LanzaTech、安米、普锐特科技和 E4tech

共同开发[65]。预计于 2022 年建成，每年生产 8000 万升的生物乙醇。

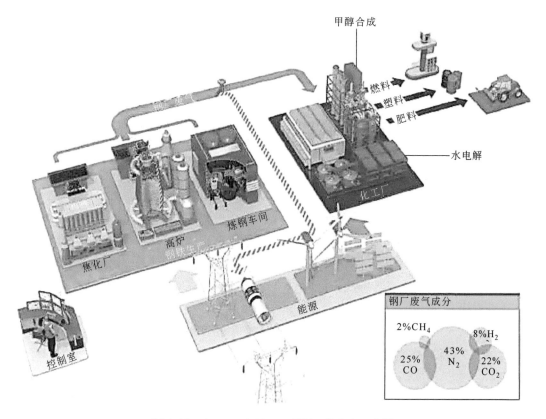

图 1.19 Carbon2Chem 项目工艺方案示意图

我国钢铁企业聚焦钢铁流程副产煤气的高效循环利用，一直在积极探索钢铁＋化工绿色发展新模式。2009 年 5 月四川达州钢铁集团公司在国内首次投产了以转炉煤气（经变温吸附法净化处理）和焦炉煤气为原料年产 10 万 t 甲醇装置，2010 年 4 月该公司年产 20 万 t 甲醇的装置再次顺利投产，填补了国内转炉煤气制甲醇的空白，标志着国内转炉煤气制甲醇技术走向成熟，在全国钢铁行业副产煤气循环利用方面跨出了重要一步。2012 年 1 月，黑龙江建龙钢铁有限公司的转炉煤气和焦炉煤气变温吸附和变压吸附处理制备 20 万 t/ 年甲醇项目正式投产，将钢铁产业链延伸至化工领域，强化了节能环保。2010 年 6 月，宝钢与新西兰朗泽公司合作，引进新微生物气体发酵技术，同时结合中科院膜分离和发酵工艺技术，在宝钢罗泾开展 COREX 煤气制备乙醇项目。2012 年 4 月 10 日，宝钢年产 300t 乙醇示范项目正式投产，成功生产无水乙醇样品，随后由于罗泾 COREX 停产而试验中止。2012 年，首钢京唐公司与朗泽公司合资成立北京首钢朗泽新能源科技有限公司，将宝钢 300t 燃料乙醇示范装置整体搬迁至首钢，进行工艺优化和技术改造，以高炉煤气、转炉煤气、焦炉煤气及其混合气为原料，通过微生物发酵工艺，生产汽车及航空用燃料乙醇产品。2012 年 12 月竣工运行，产出浓度为 99.5% 以上的合格燃料乙醇。在此基础上，2017 年 12 月首朗公司在京唐建成全球首套 4.5 万 t/a 钢厂尾气生物发酵法制清洁能源商业化装置，设备国产化率 97% 以上。目前，首朗公司在宁夏的 6 万 t 矿热炉煤气制乙醇项目正在进行中。2017 年 11 月，山西立恒钢铁公司利用北大先锋的钢铁厂副产煤气创新利用

4.0 技术，采用转炉煤气和焦炉煤气作为生产原料，建设 30 万 t/a 乙二醇的钢化联产项目。另外，石横特钢集团阿斯德科技有限公司利用北大先锋技术，建成世界首套转炉煤气制甲酸生产装置，以转炉煤气为基础原料，年产甲酸 20 万 t 和草酸 5 万 t。每年可减少碳排放 32 万 t，节约原料煤消耗 100 万 t。2018 年 4 月投产以来，该生产线一直稳定运行。以上这些项目为我国钢铁行业发展钢铁 - 化工联产、实现低碳减排奠定了良好基础。

中国近年在钢化联合方面的有益探索和巨大进展，以及德国钢铁巨头蒂森克虏伯牵头的 Carbon2Chem 项目取得的成果都表明，通过钢铁、化工、能源三大行业的跨工业生产网络协作，可以为钢铁行业 CO_2 减排提供有效解决方案。

（4）发展氢经济是走向碳中和社会的决定性解决方案

上述改进现有高炉炼铁的技术措施可将碳排放量最大减少 50%，即达到 1.0t(CO_2)/t（钢）的排放水平，但在全球范围内考虑，这还远远不够。用氢气代替煤 / 焦炭在炼铁和能源领域广泛应用是一个潜在的解决方案。目前制氢的主要技术是二氧化碳和水蒸气重整天然气或石油，其产量约占当前全球 H_2 产量的 95%（约为 70Mt/a）。为了通过天然气 / 石油重整或煤气化生产低碳氢气，必须采用碳捕集与封存（CCS，"蓝 H_2"）技术。这些技术在工业规模上已经成熟，未来发展应包括必不可少的运输、存储和分配基础设施，这将极大地促进新兴氢经济的发展，实现碳中和社会。生物制氢也正在成为关注的焦点，各种农工废渣和市政垃圾废物可作为制氢的原料，相继产生了热化学方法和生物化学过程（基于藻类、发酵）的研究。

氢气对钢铁生产中 CO_2 排放的影响很大程度上取决于氢的"纯度"，伴随产生的 CO_2 处理方式 [CCS、碳捕集与利用（CCU）]，以及电力（电网）的碳足迹，最终目标是从原材料开始的所有阶段使用的能量全部转化为最终的钢铁。

欧洲研究计划 ULCOS 于 2004 年开始，并有几个项目将氢能应用于钢铁生产。奥地利 H_2Future 项目使用质子交换膜电解槽制氢 [66]，德国萨尔茨基特公司 GrinHy 2.0 项目通过固体氧化物电解（SOEC）技术利用余热的蒸汽制氢 [67]，瑞典 HYBRIT（氢能突破性炼铁技术）项目开发完全无化石能源的钢铁生产链 [68]。

（5）废钢循环利用

减量化、再利用、再制造和回收利用是当前的趋势和必然，在过去的几十年里取得了阶段性突破。减少浪费，降低原材料资源使用量是主要任务。回收既涉及短寿命材料，也涉及长寿命材料。历史上，在工业化之前的整个铁器时代，钢铁的回收利用受到了极大的重视。钢曾经是一种稀有而昂贵的材料，传统的铁匠过去常常把废弃的钢制品存放起来再制造二次产品。当钢材批量生产导致价格下降后，再制造几乎消失。在工业生产中废钢主要用于电炉炼钢。在转炉中，废钢作为冷却剂，通常占铁装量的 15% ～ 25%，比例较小，其中工厂内部来自不同工艺阶段的废钢占很大一部分。电炉的全球份额平稳增长，2001 年达到 34%。在中国，基于高炉 + 转炉路线的增长使这一比例下降，电炉炼钢的份额未满 28%，而转炉为 72%。不同国家的电炉份额不同，近些年炼钢中废钢使用量变化趋势见图 1.20。

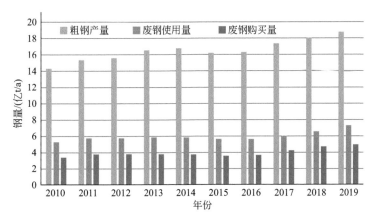

图 1.20 2010 ~ 2019 年用于钢铁生产的废钢使用量、废钢购买量以及世界粗钢产量

"循环经济"已深入人心。强化废钢利用是一个重要的课题和目标。"废钢年龄"从生产和使用到回收的寿命从几年到几十年不等，在一些建筑中，通常是 30 ~ 40 年。2020 ~ 2050 年，废钢的数量将大幅增加，这意味着电炉炼钢量的大幅增长。中国的废钢可利用率将增加，电炉路线将从目前的 10% 显著增长到 2050 年部分替换高炉 - 转炉路线。

图 1.21 给出了炼钢过程中废钢使用的数据[69]。图中"废钢"是指利用通常的回收法，"废钢 +"指采用提高回收率后的方法。根据预计可知，2050 年可用废钢约为 14 亿 t，这与世界钢铁协会（World Steel Association）估计的 1300Mt 相当一致。这两个预估值显示 2050 年废钢率将上升 50%，因此，发展循环经济，对降低二氧化碳排放起到十分重要的导向作用。

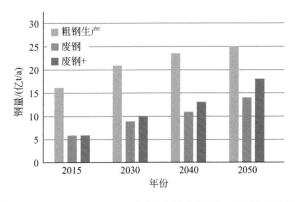

图 1.21 2015 ~ 2050 年世界废钢产生量与粗钢产量预测

1.5 我国钢铁工业低碳发展路径

从长远发展来看，中国钢铁要加快做好行业低碳转型发展的顶层设计，提前谋划与布局碳减排工作，完善碳排放管理支撑体系建设，从自身实际出发，加强科技创新，用碳排

放管理的抓手有效推动化解过剩产能、推广电炉短流程炼钢、研发先进低碳技术等工作的开展，让低碳转型真正成为钢铁工业实现高质量发展、提高竞争力的重要引擎[70]。

（1）优化完善产业布局，创新驱动行业升级

优化产业布局。中国作为全球最大的钢铁生产国，钢铁工业应该走高质量、减量化的高效发展道路。切实推进钢铁行业兼并重组，提高产业集中度，解决行业长期存在的同质化竞争严重、资源配置不合理、研发创新协同能力不强等问题。

合理配置产能。科学合理化解过剩产能、压缩粗钢产量、严控新增产能，构建更高水平的供需动态平衡，在满足国内外钢材消费需求的前提下降低增速。

发展绿色产品。基于全生命周期理念开展生态产品设计，开发优质、高强、长寿命、可循环的绿色钢铁产品，推广绿色物流和全生命周期绿色产品，推动钢铁全产业链、全供应链、全价值链跨入低碳发展新循环。

（2）调整能源及流程结构，有效促进低碳转型

推广先进的清洁能源技术。大力发展清洁能源，降低化石能源尤其是煤炭的消费占比。鼓励企业积极采用光电、风电、水电等可再生能源，加大清洁能源使用比例，研发非化石能源替代技术、生物质能技术、储能技术等，并在行业推广使用，促进能源结构整体清洁低碳化[71]。

优化现有能源结构。由于资源禀赋特点，我国能源供给体系以化石能源为主，而二氧化碳排放主要来自化石能源消费，其中煤炭排放占 76.6%，石油排放占 17.0%，天然气排放占 6.4%[72]。减少碳排放的重点之一是减少化石能源尤其是煤炭消费占比。鼓励钢铁企业优化原燃料结构，加强智能化技术、数字化技术、余热余能自发电、高比例球团矿冶炼、低高炉燃料比冶炼、喷吹富氢煤气冶炼、提高转炉废钢比等技术研究和应用。

加强废钢利用。高效回收利用废钢资源，以废钢（或直接还原铁）电炉流程逐步替代部分高炉 - 转炉长流程，有序引导建设电炉短流程工艺。

工艺流程结构低碳转型。加快设备换代升级，推广应用铁钢界面衔接、钢轧界面衔接等先进工艺技术，加大力度研究直接还原、氢冶金等新工艺，实现工艺流程结构的低碳转型。

（3）加强能效提升及能耗监控，科学助力减排降碳

加快技术研发。强化节能低碳意识，积极推广和应用成熟技术、先进设备，鼓励高能效转化工艺和装备的创新开发及应用，推动工艺技术改造，提升能效利用水平[73]。

提高智能化水平。建立并不断优化能源管控体系，利用信息化、数字化和智能化加强能耗监管，提高智慧能源管理水平，实现对能源产生和消耗的精细化管理，及时排查生产过程中碳排放总量和可控量，持续提升节能降碳空间。

推进协同管控。建立并完善碳排放和污染物排放协同治理体系，注重采用源头减排降碳和过程控制减碳的技术措施，综合利用二次能源和资源，实现减排降碳协同治理。

（4）研发突破性低碳技术，引领新型低碳发展

注重科技创新，自主研发或借鉴国外先进的低碳技术。

攻关关键技术。重点围绕"以氢代煤"关键冶炼技术的突破、温室气体的排放控制与处置利用技术，开发生物与工程固碳技术，煤炭、石油和天然气的清洁、高效开发和利用技术，CO_2 捕获、封存及利用技术等[74]。

推进技术应用。加快建立相关标准体系，实现知识产权保护，鼓励有条件的企业及科

研单位合作开展低碳冶金工业化试验，加快推动先进低碳技术在钢铁工业的应用，形成示范工程，引领中国钢铁向新型低碳发展。

（5）协同行业及区域合作，共同打造低碳经济圈

协同区域资源。发挥钢铁生产的加工转化功能，延伸以钢铁生产为核心的上下游产业链，以"两业融合"为抓手发展循环经济园区，整合区域能源，利用固体废物资源，以适当的布局发展城市钢厂、利用城市矿山，推动钢铁 - 化工联产，打造循环经济产业链，实现能源、资源的协同优化。

开展社会研究。根据钢铁工业的碳排放贡献，与各行业发展合作关系，在全社会共同参与的情况下，增加生态碳汇的开发，研究不同情景下减碳效益及实现可能性，为实现碳中和提供方向。

加强国际合作。推进碳交易领域国际合作，积极拓展国际合作渠道，构建国际合作平台，将中国碳交易市场与全球接轨，实现低成本、高效率减少温室气体排放的目标[75]。

1.6 我国钢铁工业低碳发展实施建议

作为世界上最大的发展中国家，碳达峰、碳中和目标不仅彰显了我国应对气候变化的大国担当，也是我国实现高质量发展、构建人类命运共同体的重要举措。在碳达峰、碳中和目标驱动下，以煤炭为主的化石能源占比将逐步下降，光伏、风电等非化石能源有望加快发展，占比进一步提升，同时，碳技术和碳市场在政策、需求推动下也将逐步得到重视。在国内外应对气候变化行动快速推进的大环境下，国内大型钢铁企业积极规划、主动承担，表现出很强的低碳转型决心。中国宝武钢铁集团（简称中国宝武）率先提出 2023年力争实现碳达峰，2050 年力争实现碳中和的目标，正在推动成立全球绿色低碳冶金联盟并建立相应基金，加大资金投入，研究开发多项低碳技术；河钢集团（简称河钢）正在实施氢冶金示范项目，等等。另外，全国碳市场在发电行业正式启动后，碳排放权交易作为控制温室气体排放的一种市场化手段，相对于行政手段具有全社会减排成本较低、能够为企业减排提供灵活选择等优势，待时机成熟后，钢铁行业必将纳入全国碳交易市场。因此，低碳发展已成为钢铁企业发展的主旋律，企业应尽快完善碳数据监控与披露，加强碳排放管控能力，提升碳资产管理水平，加速推进企业的低碳转型，在提升企业竞争力的同时为实现碳达峰和碳中和的目标做好准备[76]。

（1）成立碳排放管理机构，摸清碳排放家底及碳减排潜力

成立碳排放管理机构。企业碳排放管理机构是企业碳减排及碳资产管理的执行主体，可以有效贯彻企业低碳战略并实现企业低碳目标。碳排放和碳资产的经营管理是一项专业性很强的工作，涉及碳排放核算、碳资产管理和交易等专业技术工作，因而要实现企业碳资产的集中有效管理，应建立企业专业化的碳资产和碳排放统一管理机构。统筹低碳发展工作，成立工作领导小组和下属企业碳排放管理与执行机构，建立自上而下的部门协调机制和反馈机制[77]。分工明确、权责清晰、协调配合是保障碳排放管理体制高效运行的关键。企业积极参与研究钢铁工业碳排放计算、碳基准值确定、碳配额分配等相关标准和规

范指南的制定，以期碳排放目标的实施更具有可行性。

评估企业碳排放。准确摸清企业的碳排放总量和碳排放强度，分析企业碳减排的潜力，研究制定碳管理相关制度和发展战略；加强外部沟通，积极与政府相关主管部门沟通，争取获得更多配额；开展企业碳盘查试点及普查管理工作，制定企业配额分配方案，研究碳资产管理模式；积极推进企业碳排放权的交易，密切跟踪国际和国内碳交易市场进展的情况；建立企业碳管理信息系统并维护运行。对未来碳约束及碳市场做到心中有数，从容应对，并制定实现碳达峰的不同路径和情景。

（2）持续优化产品结构，提升质量，降低成本，增强碳减排市场竞争力

优化产品结构。深入研究分析企业钢铁产品结构、成本构成、能耗及排放指标，充分考虑未来销售半径放大化的区域市场竞争格局，积极应对未来可能出现的低端产品生产转移、高端产品零碳流程要求等压力和挑战。持续优化产品，提升产品质量，降低成本和增强碳减排竞争力是未来较长一段时间的主要工作。

发展低碳产品。从产品设计角度研究绿色低碳产品，从全生命周期角度考虑产品的碳足迹，推动建立全供应链、全生命周期的碳中和管理。

（3）提前布局工艺流程和能源结构调整

推进生产流程优化。导入大型、紧凑、高效的生产模式，尽可能将钢铁生产能耗降至最低。大力淘汰落后产能，创新探索多元化发展，推动先进制造业与现代服务业融合发展[78]。为减少化石能源消耗，未来短流程炼钢、直接还原、氢冶金等工艺流程结构改革将大有可为。

建立能源智慧控制平台。建立绿色智能一体化控制平台，对企业进行信息化管理，实施计量网络化。建立科学的资源数据库，对钢铁生产全过程的各类能源介质进行全面监视，进行分析并及时调度处理，及时进行能源使用情况分析、能源平衡预测、系统运行优化、高效数据采集和反馈，实现全系统的集中管理控制。

调整能源结构。随着能源体系清洁低碳化发展，可再生能源的应用比例将大幅增加，风电、光电、水电、核电和生物质能等清洁能源将替代化石能源，应尽早布局可再生能源电解水制氢发展氢冶金，通过钢铁生产的工艺流程优化实现低碳或无涉碳钢铁生产。

（4）跟踪关注前沿技术，深入融合社会生活

关注低碳前沿技术。完善能源消费双控机制，严格控制能耗强度，推动能源高效利用，跟踪关注全球钢铁工业及相关产业链的降碳策略和技术进展，包括氢冶金、全氧高炉、液态低温炼铁、铁矿熔融电解、熔融还原、带等离子加热装置的高炉冶炼等低碳工艺革新，企业能源结构改革，风能、太阳能、核能等清洁能源利用，焦炉荒煤气显热回收、烧结矿显热回收、余热驱动高炉鼓风脱湿、废弃转化合成燃料等能效提升先进技术研发，以及 CO_2 捕获利用与封存（CCUS）技术研发等。

加快钢厂与社会生活的融合。未来中国钢厂将分成两类布局，一类是以高炉-转炉流程和生产板材为主的大型联合企业，主要布置在沿海深水港地区；另一类是以生产特钢或建筑用长材为主的废钢（或基于氢冶金的直接还原铁）电炉短流程钢厂，主要是布置在城市周边。企业可依托周边社会环境，充分与各行业互动，努力成为社会生活的能源中心、固体废物消纳中心。因此，要制定适合钢铁企业的低碳发展路线，研发应用并推广先进技术，在考虑经济成本的同时采用全生命周期评价方法分析碳足迹。

（5）研究碳资产管理，关注国内外碳市场运行

关注国内外碳交易市场。研究国内试点碳交易市场和全球碳交易体系及碳市场的管理经验和运行情况，为钢企进入碳交易市场安全稳定运行提供支撑。

引入优质资本。碳交易市场的最终目的是实现碳减排，直至碳中和，但减碳过程中需要花费大量资金，因此可通过资本运作在碳交易市场中获得一定的资金支持，或者通过绿色采购、绿色供应链、绿色金融、资产托管、质押授信等方式创新发展，降低投入成本。

气候变化是当今人类面临的重大全球性挑战，钢铁工业低碳发展是应对全球气候变化的客观需要，也是实现高质量发展的内在要求。低碳转型已经成为钢铁工业高质量发展的重要抓手，在政府统筹规划和政策引导下，进一步完善低碳发展制度和体系，加快制定低碳发展标准体系，加大先进低碳技术的研发力度，建立碳排放及监管刚性约束制度，完善绿色金融市场体系，推动钢铁行业尽快被纳入全国统一碳市场[79—80]。钢铁企业应加强与业内权威咨询机构交流合作，及时掌握政策发展方向，制定务实的低碳发展战略规划，同时把握绿色低碳经济发展下的新机遇，通过低碳转型，为钢铁企业赢得更广阔的发展空间。

参考文献

[1] 郝静，宛霞. 过去五年史上最热《2019年全球气候状况声明》发布 [J]. 科学大观园，2020（08）：18-19.

[2] 王慧. 全球持续变暖-海平面上升不可逆转 [N]. 中国自然资源报，2021-08-24.

[3] 曹卫东. 面向低碳耗的多品种小批量生产模式下数控加工工艺参数优化方法 [D]. 重庆：重庆大学，2018.

[4] 吴海东，崔丽娟，王金枝，等. 若尔盖高原泥炭地碳收支特征及固碳价值评价研究 [J]. 湿地科学与管理，2018，14（01）：16-19.

[5] 张新江. 资源约束下低碳经济发展路径研究 [J]. 环境科学与管理，2019，44（05）：168-172.

[6] 张志元，李兆友. 我国制造业低碳化转型探讨 [J]. 理论探索，2013（06）：97-101.

[7] 林明，张石伟，李京军，等. 机械加工过程产生含油污水的组合处理技术研究 [J]. 环境工程，2010，28（05）：1-4.

[8] 吕丽江. 商用建筑碳排放量化诊断及减排研究 [D]. 济南：山东建筑大学，2014.

[9] 柴麒敏，郭虹宇，刘昌义，等. 全球气候变化与中国行动方案——"十四五"规划期间中国气候治理（笔谈）[J]. 阅江学刊，2020，12（06）：36-58.

[10] 刘博涵. 钢铁行业"碳中和"的问题与破题 [J]. 冶金管理，2021（15）：170-171.

[11] 李继峰，郭焦锋，高世楫，等. 我国实现2060年前碳中和目标的路径分析 [J]. 发展研究，2021，38（04）：37-47.

[12] 张修凡. 我国碳排放权交易市场运行现状及交易机制分析 [J]. 科学发展，2021（09）：82-91.

[13] 董雪丽，杨乐超，徐波. 国外碳市场研究进展的知识图谱分析 [J]. 宝鸡文理学院学报（社会科学版），2019，39（01）：63-71.

[14] 王晓菁. 2021年碳定价机制发展现状及未来趋势 [N]. 中国财经报，2021-06-08.

[15] 梅德文. 全国碳市场构想 [J]. 中国投资，2013（02）：73-75.

[16] 张希良，张达，余润心. 中国特色全国碳市场设计理论与实践 [J]. 管理世界，2021，37（08）：

80-95.

[17] 王文文，孙文静，孙慧，等. 我国碳排放管控现状与未来展望 [J]. 现代化工，2021，41（02）：19-22.

[18] 王遥，崔莹，洪睿晨. 气候融资国际国内进展及对中国的政策建议 [J]. 环境保护，2019，47（24）：11-14.

[19] 邓杰敏. 低碳背景下钢铁产业碳排放情况的实证研究 [J]. 长沙大学学报，2011，25（03）：20-21.

[20] Nuber D, Eichberger H, Rollinger B. Circored fine ore direct reduction-The future of modern electric steelmaking [J]. Stahl und Eisen, 2006, 126: 47-51.

[21] 许立松，张琦. 中国重点区域钢铁产业能耗和CO$_2$排放趋势分析 [J]. 中国冶金，2021，31（09）：36-45.

[22] 杨阳. 转炉炼钢工序能耗计算与分析 [J]. 山东工业技术，2018（15）：26.

[23] 富志生. 转炉炼钢工序能耗计算与分析 [J]. 冶金能源，2010，29（04）：15-17，33.

[24] 严红燕，罗超，胡晓军，等. CO$_2$在钢铁工业资源利用现状 [J]. 有色金属科学与工程，2018，9（06）：26-30.

[25] 杨婷. 全球钢铁业降低二氧化碳排放的途径 [J]. 冶金信息导刊，2008（03）：11-13.

[26] 冉锐，翁端. 中国钢铁生产过程中的CO$_2$排放现状及减排措施 [J]. 科技导报，2006（10）：55-58.

[27] 徐文青，李寅蛟，朱廷钰，等. 中国钢铁工业CO$_2$排放现状与减排展望 [J]. 过程工程学报，2013，13（01）：175-180.

[28] 曾先喜，郭豪. 降低高炉炼铁碳排放技术的发展 [J]. 钢铁研究，2011，39（5）：45-48.

[29] 陈永军. 干熄焦工艺及干熄炉 [J]. 工业炉，2018，40（04）：43-45.

[30] 王思薇. 国内外干熄焦技术现状及发展趋势 [J]. 冶金管理，2006（05）：46-49.

[31] 鲍继伟，储满生，柳政根，等. 炭化工艺参数对铁焦冶金性能的影响 [J]. 钢铁研究学报，2020，32（07）：532-541.

[32] 王宏涛，储满生，应自伟，等. 铁焦新型碳铁复合炉料研发现状 [J]. 烧结球团，2017，42（04）：44-53.

[33] Wang H T, Chu M S, Zhao W, et al. Influence of iron ore addition on metallurgical reaction behavior of iron coke hot briquette [J]. Metallurgical and Materials Transactions B, 2019, 50（1）：324-336.

[34] 兰臣臣，张淑会，吕庆，等. 焦炭高温冶金性能的认识及展望 [J]. 矿产综合利用，2018（01）：6-11.

[35] Nomura S, Ayukawa H, Kitaguchi H, et al. Improvement in blast furnace reaction efficiency through the use of highly reactive calcium rich coke [J]. ISIJ International, 2006, 45（3）：316-324.

[36] Sato M, Yamamoto T, Sakurai M. Recent progress in ironmaking technology for CO$_2$ mitigation at JFE steel [J]. JFE technical report, 2014（19）：1-7.

[37] Takashi A, Kiyoshi F, Hidekazu F. Development of carbon iron composite process [J]. JFE Technical Report, 2009（13）：1-6.

[38] Yamamoto T, Sato T, Fujimoto H, et al. Reaction behavior of ferro coke and its evaluation in blast furnace [J]. Tetsu-to-Hagané, 2011, 97（10）：501-509.

[39] Takeda K, Anyashiki T, Sato T, et al. Recent developments and mid-and long-term CO$_2$ mitigation projects in ironmaking [J]. Steel Research International, 2011, 82（5）：512-520.

[40] 储满生，赵伟，柳政根，等. 高炉使用含碳复合炉料的原理 [J]. 钢铁，2015，50（03）：9-18.

[41] 王宏涛，储满生，鲍继伟，等. 碳铁复合低碳炼铁炉料制备与应用研究 [J]. 钢铁研究学报，2019，

31（02）：103-111.

[42] Wang H T, Zhao W, Chu M S, et al. Effects of coal and iron ore blending on metallurgical properties of iron coke hot briquette [J]. Powder Technology, 2018, 328: 318-328.

[43] 肖志军. 攀钢新三号高炉煤气全干式除尘及余压发电工艺研究 [D]. 重庆：重庆大学，2006.

[44] 蔡富良. 干式TRT在韶钢2500m³高炉的应用 [J]. 炼铁，2007（05）：50-52.

[45] 毕洪伟，李云辉，潘妮. 热风炉富氧燃烧技术 [J]. 工业炉，2019，41（01）：5-11.

[46] 杨勇，张义华，蔡律律，等. 富氧燃烧的工业应用进展分析[J]. 能源与节能，2021（07）：179-181，205.

[47] 翟国营. 热风炉富氧燃烧的经济性分析 [J]. 工业炉，2008（03）：30-33.

[48] 孟凡双，周振龙. 富氧燃烧对热风炉操作的影响及评价 [J]. 工业加热，2011，40（03）：15-18.

[49] 黄飞，林向东，陈新海，等.膜法富氧试验及富氧燃烧 [J]. 锅炉技术，2000（03）：21-23.

[50] Zhang W, Dai J, Li C Z, et al. A review on explorations of the oxygen blast furnace process [J]. Steel Research International, 2021, 92（1）: 2000326.

[51] Stel J V D, Louwerse G, Sert D, et al. Top gas recycling blast furnace developments for 'green' and sustainable ironmaking [J]. Ironmaking & Steelmaking, 2013, 40（7）: 483-489.

[52] Danloy G, Berthelemot A, Grant M, et al. ULCOS-pilot testing of the low-CO_2 blast furnace process at the experimental BF in Lule [J]. Revue de Métallurgie, 2009, 106（1）: 1-8.

[53] 饶以廷，黄云铭. 钢铁企业余热余能综合利用分析 [J]. 科技风，2021（15）：183-184.

[54] 黄志伟. 焦炉煤气制LNG工艺研究[D]. 青岛：青岛科技大学，2019.

[55] 李冰. 钢铁工业余热余能资源利用途径及潜力分析 [J]. 节能与环保，2015（11）：56-58.

[56] 柯菲，高雅萱，张倩，等. 钢铁企业余热资源回收利用技术现状综述 [J]. 机电信息，2021（19）：62-65.

[57] 石峥，周华鑫，覃皓，等. 钢铁工业余热回收技术现状研究 [J]. 科技风，2019（25）：152.

[58] 王晓曦，邹汉伟. 液态渣显热回收技术现状及前景分析 [J]. 铁合金，2007（05）：34-36.

[59] 张建国. 浅谈液态渣的显热利用和工艺技术 [J]. 资源再生，2017（03）：60-62.

[60] 吴文斌. 钢铁熔融渣余热利用技术发展现状与展望 [J]. 企业科技与发展，2019（04）：66-67.

[61] 龚尚富. 高炉炉渣热能利用浅析 [J]. 冶金动力，2001（03）：55-56.

[62] Ding H, Zheng H R, Liang X, et al. Getting ready for carbon capture and storage in the iron and steel sector in China: Assessing the value of capture readiness [J]. Journal of Cleaner Production, 2020, 244: 1.

[63] 魏侦凯，谢全安，郭瑞. 日本环保炼铁新工艺COURSE50技术研究 [C]// 2017焦化行业节能环保及新工艺新技术交流会论文集. 2017：38-41.

[64] Teresa W, Lüke W, Büker K, et al. Carbon2Chem®-Technical center in Duisburg [J]. Chemie Ingenieur Technik, 2018, 90（10）: 1369.

[65] ArcelorMittal Belgium lifts bioreactors into place at its groundbreaking Steel and plant for carbon-neutral steelmaking [EB/OL]. https://belgium.arcelormittal.com/en/lifting-bioreactors -steeland/.

[66] Jin Y, Gao B, Bian X X, et al. Elevated-temperature H_2 separation using a dense electron and proton mixed conducting polybenzimidazole-based membrane with 2D sulfonated grapheme [J]. Green Chemistry, 2021, 23（9）: 3374-3385.

[67] GrinHy project demos high-temp electrolysis in steel production [J]. Fuel Cells Bulletin, 2016, 2016（8）: 10.

[68] 何琴琴. 瑞典钢铁工业 HYBRIT 无化石冶炼技术进展 [J]. 冶金经济与管理，2021（01）：52-56.

[69] 杨文远，张先贵，杨勇，等. 转炉炼钢利用废钢的研究综述 [J]. 中国冶金，2012，22（02）：1-6，13.

[70] 冯超. 以绿色低碳引领钢铁工业高质量发展 [N]. 河北经济日报，2021-06-12（003）.

[71] 左前明. 能源结构调整是碳中和重中之重 [N]. 中国能源报，2021-06-07（004）.

[72] 李创. 基于CGE模型的碳税政策模拟分析 [J]. 工业技术经济，2014，33（01）：146-153.

[73] 陈德荣. 坚定不移走绿色发展道路，率先实现碳达峰、碳中和目标 [N]. 人民日报，2021-04-02（010）.

[74] 李卓谦.《中国应对气候变化的政策与行动2020年度报告》发布 [N]. 民主与法制时报，2021-07-16（001）.

[75] 李铮. 碳交易概况及碳排放权价格影响因素的实证分析 [J]. 商业经济，2015（10）：101-102.

[76] 齐力. 中国企业加快履行"碳"责任 [J]. 中国对外贸易，2021（04）：40-41.

[77] 薛忠斌，信超，赵云山，等. 提前布局，迎接碳交易 [J]. 中国电力企业管理，2017（07）：54-55.

[78] 张培轩. 基于低碳经济条件下建立绿色炼钢管理平台的措施 [J]. 长江技术经济，2020，4（04）：64-66.

[79] 郭建峰，傅一玮. 构建全国统一碳市场定价机制的理论探索——基于区域碳交易试点市场数据的分析 [J]. 价格理论与实践，2019（03）：60-64.

[80] Yilmaz C, Wendelstorf J, Turek T. Modeling and simulation of hydrogen injection into a blast furnace to reduce carbon dioxide emissions [J]. Journal of Cleaner Production, 2017, 154: 488-501.

第 2 章
国内外氢冶金发展
历史及现状

2.1 氢冶金技术发展历史概述

在导致气候变暖的各种温室气体中，CO_2 的"贡献率"达一半以上，而人类活动排放的 CO_2 有 70% 来自化石燃料使用。因此，各国都将交通运输、冶金等行业采用氢气代替 CO 的低碳绿色能源取得技术突破作为主要目标。在我国能源转型中，氢能扮演"高效低碳的二次能源，灵活智慧的能源载体，绿色清洁的工业原料"角色，将氢能应用于钢铁生产是钢铁行业低碳绿色化转型的有效途径之一。

作为一种理想的绿色冶金模式，氢冶金工艺一般是指在入炉还原气含氢量大于 55%、H_2/CO 高于 1.5 的条件下，还原铁矿石生产直接还原铁（DRI）的，以气基竖炉直接还原为主要代表的非高炉炼铁工艺。氢冶金具有以下优势：①反应速率大。H_2 作为还原气，具有传质速率快、抗黏结性良好、速率常数大和还原产物绿色的优势。在高温条件下，H_2 的还原能力高于 CO，且反应平衡浓度低于 CO。在相同温度下，还原气氛中 H_2 含量越高，还原反应速率越大。②产品纯净。从热力学角度看，除铁之外其他元素很难被氢还原，这为纯净钢生产奠定了基础。且氢还原不使用固体还原剂，带入的 P、S 等少，炼钢过程杂质少。③环境负荷小。氢冶金的产物为水，不仅可减少甚至避免 CO_2 对大气污染，且还原产物易脱除，能源和水资源可循环利用。

发展氢冶金是 21 世纪世界钢铁工业 CO_2 减排工艺选择的必然趋势，而我国钢铁工业的产能占世界一半以上，钢铁生产的 CO_2 排放量占世界比重较大，对于氢冶金的需求比其他国家更迫切。

氢冶金按反应器不同，主要分为竖炉法、流化床法和熔融还原法。下面将简述各种氢冶金技术起源、发展和工业应用等。

2.1.1 竖炉法

20 世纪 40 年代末美国建成的 Maddras 直接还原铁生产装置是目前已知最早的富氢 HYL 固定床还原装置。后经过改进，于 1955 年在墨西哥蒙特利尔镀锌板和薄板公司，建成了一座设备可靠并稳定作业的直接还原铁生产厂。该直接还原铁厂拥有 5 个 HYL 反应罐，生产的入炉煤气含 75% H_2、14% CO、8% CO_2、3% CH_4、1% H_2O，H_2/CO 为 5.36。由于其作业稳定、设备可靠，HYL 竖炉迅速推广应用。而后逐步实现大型化。2013 年美国纽柯钢铁公司在 Convent Louisiana，建成单台产能达到 250 万 t（DRI）/a 的 HYL-Ⅲ 竖炉。HYL-Ⅲ 竖炉工艺成熟、生产率高，产能达到年产数千万吨还原铁，已经成为最成熟、应用最广泛的氢冶金工艺之一[1—2]。

经过 30 年的长期试验，1966 年，美国表面燃烧公司在天然气重整制取还原气和气-固相逆流热交换还原竖炉两项关键技术方面取得了突破性进展，使得 MIDREX 气基直接还原技术趋于成熟，并于俄勒冈钢厂建立了一座直径 450mm、1.5t/d 的试验装置。试验成功后，1969 年在该厂建成两套年产 15 万 t DRI 的生产装置，1971 年该公司为联邦德国科夫公司建立年产 40 万 t 的直接还原铁生产厂。自此，MIDREX 法竖炉在世界上迅速发展，最大产能可达 250 万 t（在阿尔及利亚投产 2 套）。MIDREX 竖炉的操作压力为 0.15 ～ 0.4MPa，工艺煤气中 $H_2+CO \geqslant 90\%$，$H_2/CO=1.5 \sim 1.8$，入炉温度 900℃。由于 MIDREX 竖炉具备技术成熟、生产率高等优点，现已在全球广泛推广应用[3]。

我国于 20 世纪 70 年代开始研究氢冶金竖炉工艺。1975 年，广东韶关钢铁厂建成了一套 5t/d 的水煤气 - 竖炉直接还原铁试验装置，工艺流程如图 2.1 所示。该工艺以无烟煤为原料，在水煤气发生炉中通入氧气通过燃烧制造水煤气，净化后得到 $CO+H_2 \geqslant 86\%$、$H_2 \geqslant 48\%$ 的净煤气用于 DRI 生产，竖炉日产量 5t，产品金属化率 > 92%，含硫 < 0.08%，运行两个月共进行了 8 次试验，生产了 760t 直接还原铁。虽然试验成功，但因原料适应性差、水煤气制气单机生产能力过小等问题，未得到推广[4—5]。

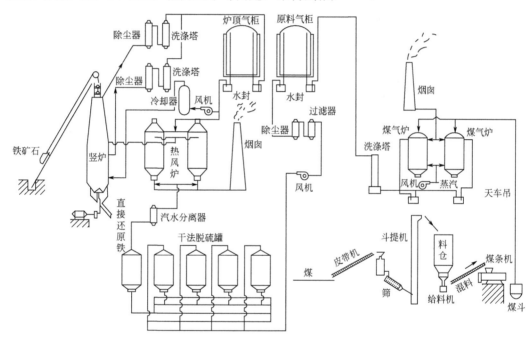

图 2.1 广东韶关 5t/d 的水煤气 - 竖炉直接还原工艺流程

1979 年，我国国家科委、冶金部攻关组在成都完成了 5m³ 竖炉用重整天然气还原攀枝花钒钛磁铁矿的试验研究，试验装置见图 2.2。根据攀枝花钒钛磁铁矿氧化球团特点，还原气由天然气与水蒸气重整获得，其 $CO+H_2 \geqslant 70\%$，$CO/H_2 \geqslant 1.46$，含 27% N_2，入炉温度 > 1150℃，炉顶煤气温度 400℃。虽然试验取得成功，但是由于我国天然气资源缺乏，运行成本高，没有推广应用[6]。

1998 年宝山钢铁与鲁南化肥厂合作，在世界上首次完成了用 GE 水煤浆加压气化生产富氢还原气，与日产能 5t DRI 规模的直接还原竖炉串联组合生产 DRI 的半工业试验。该工艺被命名为 BL 法直接还原工艺，工艺流程见图 2.3，典型工艺参数见表 2.1[7—8]。

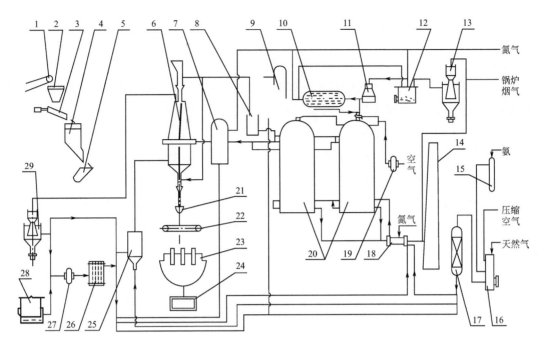

图 2.2 攀枝花 5m³ 天然气 – 竖炉直接还原试验装置

1—原料皮带；2—料仓；3—电报筛；4—称量漏斗；5—料车；6—竖炉；7—调温炉；8—副烟囱；9—密封气储气罐；
10—冷却器；11—密封气压缩机；12—脱水器；13—密封气洗涤器；14—烟囱；15—氨瓶；16—增湿器；17—脱硫器；
18—预热混合器；19—空压机；20—转化炉；21—排料机；22—成品皮带机；23—电炉；24—钢锭；25—冷却气混合器；
26—冷却器；27—炉顶气加压机；28—煤气罐；29—炉顶气洗涤器

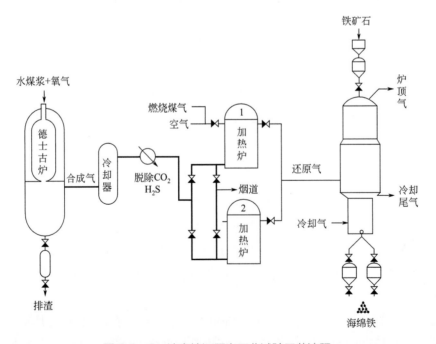

图 2.3 BL 法直接还原半工业试验工艺流程

表2.1 BL法直接还原半工业试验竖炉的工艺参数

编号	H₂/CO	还原气流量 /(m³/h)	温度 /℃	压力 /MPa	矿种	煤气循环量 /[m³/t(DRI)]	利用系数 /[t/(m³·d)]
1	0.72	342	777	0.06	巴西球团	2322	6.82
2	0.72	387	783	0.06	巴西球团	2160	7.01
3	0.83	342	823	0.11	巴西球团	1974	7.91
4	0.83	281	829	0.15	巴西球团	1465	8.77
5	0.83	266	821	0.15	巴西球团	1330	7.91
6	1.26	386	845	0.15	巴西球团	1853	8.50
7	1.47	329	842	0.15	巴西球团	1518	9.52
8	1.58	326	844	0.15	巴西球团	1423	8.50
9	1.79	346	842	0.15	巴西球团	1675	8.91
10	7.56	462	850	0.15	巴西球团	2053	8.91
11	8.10	427	841	0.15	巴西球团	1863	8.95
12	2.86	345	844	0.15	瑞典球团	1562	8.99
13	1.68	337	846	0.15	瑞典球团	1419	9.87
14	1.26	323	826	0.10	瑞典球团	1491	8.52

经过1998年6月、8月两次共33天连续生产试验,用兖州高硫煤(含3.96% S、63.9% C、20.1% Ash)及进口铁矿原料生产了132t优质DRI(平均金属化率为93.04%,含硫低于0.014%)。试验竖炉还原带平均工作容积利用系数达9.15t/(m³·d)。试验结果表明,扣除输出煤气,每吨直接还原铁耗煤560kg、耗氧气371m³,同时副产硫黄12kg。这项首创的煤基氢冶金竖炉直接还原炼铁法对煤种的适应性很广,比其他煤基炼铁法减少排放40% CO₂、86% NO$_x$以及81% SO₂。期间还进行了一系列变更原料及工艺参数的试验,进行了澳大利亚和巴西5种高品位铁矿球团、巴西和南非精块矿还原,并试用了四种粉矿冷固结球团。无论将还原煤气成分从德士古原始煤气成分点(H₂/CO 0.85)调整到MIDREX竖炉还原气成分点(H₂/CO=1.2~1.8),还是调整到HYL-Ⅲ竖炉还原气成分点(还原气含H₂达81%,H₂/CO达7.9),均能长时间顺行生产。

2017年8月,中晋冶金年产30万t焦炉煤气制直接还原铁项目在左权县开建。该项目将与中国石油大学合作开发的焦炉煤气干重整制还原气工艺与PERED竖炉结合,形成了CSDRI气基竖炉还原铁技术方案,其工艺流程见图2.4[9—10]。PERED气基竖炉技术是伊朗MME GmbH公司开发的,实际上是MIDREX工艺的分支或变种,因为它的工艺流程、原料条件、工艺参数与MIDREX基本相同,但在竖炉高径比、还原气入口结构、炉内物料均匀分布、耐火材料、炉顶气洗涤及压缩等方面进行了多项工艺改进,具有能耗低、投资省、运行费用低等优势。该项目以左权当地丰富优质的煤、铁矿资源为原料,采用先进的球团工艺生产高品位球团矿后由炉顶装入竖炉。而焦炉煤气经净化重整后送入竖炉,与炉内球团矿直接还原生产出高质量的直接还原铁,预计投产后CO₂排放减少20%。该项目是我国第一个气基竖炉产业化项目,也是世界上第一个以焦炉煤气为气源的直接还原铁工业化生产项目。2020年12月20日,中晋冶金30万t/a焦炉煤气制直接还原铁项目全面竣工,正式点火试产。

目前,河钢集团宣钢公司已经完成了年产60万t DRI的基于焦炉煤气的HYL-ZR竖炉初步设计。宝钢湛江等也在计划筹建氢基竖炉直接还原生产线,我国在氢冶金领域的研究与世界钢铁强国的差距正在逐步缩小。

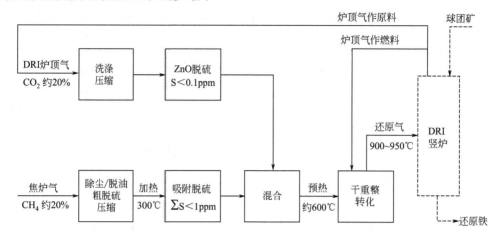

图2.4 中晋冶金焦炉煤气生产直接还原铁工艺流程

$1ppm=10^{-6}$

2.1.2 流化床法

1951年Hydro Carbon Research Inc.和Bethlehom Steel Co.联合开发了H_2-IRON工艺,并于1962年投入运行120t/d工业装置,其工艺流程如图2.5所示。该工艺还原装置为单管三段式沸腾流化床反应器,流化床中的铁粉矿在2.75MPa、540℃下被还原,还原气采用天然气或焦炉煤气为原料,用部分氧化法制取,其中含H_2 96%、N_2 4%。各段床均设有还原气分布板,床段之间用带阀门的管路连通。作业时,小于20目的干矿粉以连续或间断方式,被浓相输送入三段还原流化床中共停留45h,各段还原度分别为47%、57%和98%。为避免N_2的积累,需先放出部分尾气,再补充新H_2后返回系统循环使用。由于氢气还原的铁粉极易氧化自燃,排出的铁粉需在N_2保护下加热到810～850℃进行钝化处理,所得产品可用于粉末冶金,或热压制成团块用于炼钢[11—12]。

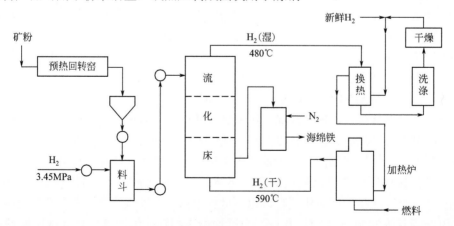

图2.5 H_2-IRON工艺流程

1953 年美国钢铁公司开发了 HIB 工艺，生产还原度 75% 的高铁团块用于高炉或炼铁电炉，工艺流程见图 2.6。1968 年 Minorca 公司在委内瑞拉 Puerto 奥尔达斯港建造了 HIB 工业装置。1979 年三台设计能力为 100 万 t(HBI)/a（HBI 即热压块铁）的设备投产。该工艺将天然气与过热蒸汽按 3∶1 比例混合，送入重整转化炉，在 850℃ 下催化转化，经冷却脱水后制成 H_2 含量 85%～97% 还原气，并重新加热到 800℃，送入末段鼓泡流化床。经 300℃ 烘干、破碎、筛分处理后的小于 10 目的矿粉，用惰性气体送入两段预热流化床。矿粉在第一段预热流化床内被加热到 315～350℃，除去结晶水，然后在第二段预热流化床内被加热到 870℃（高于还原温度 150℃）。然后将预热矿粉送入两段还原流化床，矿粉在第三段流化床被还原成 FeO，在第四段还原床进一步进行终还原。终还原在 0.2MPa 和 700～750℃ 条件下完成，还原度为 75%，700℃ 的还原铁粉被惰性载气输送到中间料仓，再热压成团块，最终用作高炉炼铁或电炉炼钢的原料。其产品 TFe 88.5%、53.4% MFe、32.1% FeO、4.04% 脉石、0.19% C、0.02% S[11,13,14]。

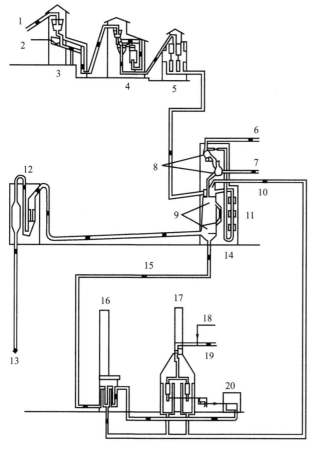

1—矿石；2—天然气；
3—干燥；4—破碎；
5—矿仓；6—预热废气；
7—天然气；8—矿粉预热；
9—还原流化床；10—还原尾气；
11—矿粉喷吹；12—热压；
13—压块产品；14—还原；
15—还原气；16—加热；
17—转化；18—蒸汽；
19—天然气；20—冷凝

图 2.6 HIB 工艺流程

1962 年埃克森公司在美国建成了一套产能为 5t/d 的 FIOR 氢气流化床中试生产装置，并于 1965 年建成产能为 10 万 t/d 的示范装置。在此基础上，1976 年由持有专利的英国戴维麦基公司投资，在委内瑞拉奥尔达斯港建成投产了年产 40 万 t HBI 产品的氢气流化床直接还原炼铁厂。FIOR 工艺流程见图 2.7，使用由天然气转化产生的 H_2+CO+N_2 混合煤气还原。FIOR 工艺由 5 个流化反应器串联，第 1 级反应器用于矿石预热，第 2～4 级反应器用于还原，第 5 级反应器用于冷却部分煤气，煤气经净化处理后返回使用。FIOR 法还原煤气由天然气转化产生，主要成分为 H_2、CO 和 N_2（H_2/CO ≥ 10），入炉煤气温度 880℃，压力 1.05MPa。FIOR 法的操作指标为，矿石粒度 ≤ 4.76mm，产品 TFe > 92.4%、85% MFe、0.7% C、0.02% S、3%（SiO_2+Al_2O_3），吨铁耗天然气 4.0Gcal($1.67×10^7$kJ)、耗电 180kW•h、耗水 5.5m³[15—16]。

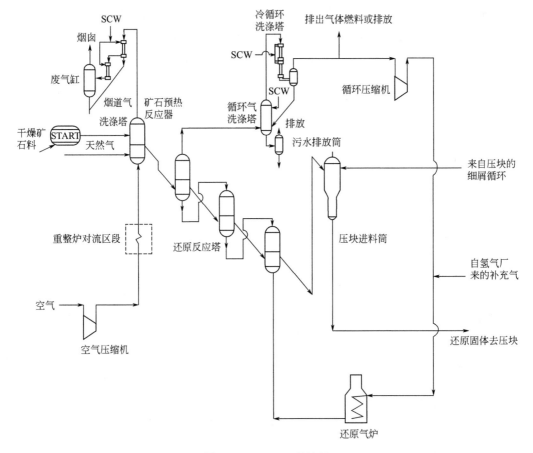

图 2.7 FIOR 工艺流程

1973 年起，中国科学院化工冶金研究所先后在沧州、枣庄进行了攀枝花钒钛磁铁矿氢气流态化炼铁半工业试验研究，建造了吨级间歇式氢气还原炼铁试验装置。该试验装置为单管三段式还原鼓泡流化床，床层直径 600mm、全高 16.2m，分上、中、下三段，如图 2.8 所示[5]。试验以 –200 目（0.074mm）、含铁 65% 的钒钛磁铁矿为原料，以化工富氢释放气为还原气，日投料量 2～8t。还原气进入流化床流经一旋，还原温度 700～900℃（视还原气成分而定），所得铁粉的金属化率 > 90%。床层气流经二旋，到达文氏管时速度为 0.48～0.58m/s，煤气洗涤塔放散率为 90%。还原料经溢流管从上一段床层转入下一段床层，每段床层都装有载风帽的分布板。矿粉在高温下迅速被还原，但直接还原铁粉极易聚集和黏结，引起流化床失流。为解决失流黏结问题，曾尝试过加入抑制剂、改变矿粉表面性能和反应速度等措施，收到了一定效果，但是试验之后没有开展工业示范应用。

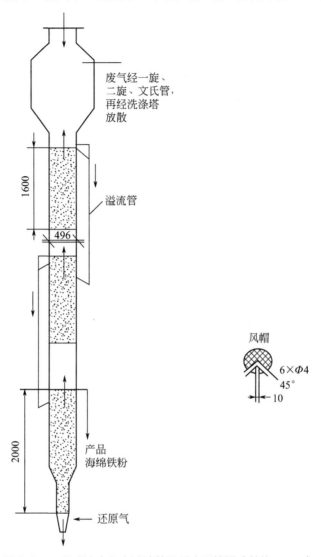

图2.8 三段式流态化床试验装置反应器简图（单位：mm）

1980年，广西流态化钒钛磁铁矿直接还原设计试验组，采用含氢70%的氢氮混合气在广西藤县完成了间歇式沸腾流化床直接还原试验，由于铁矿粉含氧化钛很高，其还原温度达1000℃。

1995年奥钢联工程技术公司（VAI）和FIOR公司合作，将FIOR工艺改进为FINMET粉矿流化床还原工艺，并在澳大利亚黑德兰港及委内瑞拉奥尔达斯港建成生产。FINMET系统包括4个串联的直径4.5m流化床反应器，彼此间通过气体和固体输送管路相连，工艺流程见图2.9。该工艺可直接用粒度小于12mm的铁粉矿为原料，粉矿在重力作用下从较高的反应器流向较低的反应器，而还原气体则以相反方向自下而上逆流通过。由于FINMET工艺设备不够成熟，技术问题多、故障率高，最高年产160万t HBI（热压块铁），一直未达到设计产能。2004年年底发生爆炸事故后，2005年BHP关闭了黑德兰港厂，而委内瑞拉 200 万 t FINMET 粉矿流化床工厂一直在生产 [17—18]。该厂使用由天然气与水蒸气转化产生的 H_2+CO 的混合煤气进行还原生产，入炉煤气成分为 H_2/CO ≥ 10，含 H_2 ≥ 85%，操作压力 1.1 ~ 1.3MPa，最低位置流化床的入炉煤气温度为 850℃，最高位置反应器入口温度约为 550℃。该工厂的特点是附设了一个高等级铁精矿粉（TFe ≥ 68%）选矿车间，保证入炉粉矿原料含铁均能够达到 68% 以上，生产的 HBI 密度 ≥ 5g/m³。

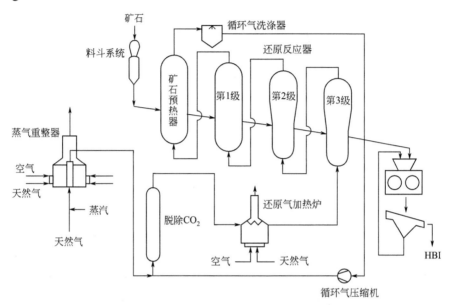

图 2.9 FINMET 粉矿流化床还原工艺流程

2001 年，鲁奇冶金公司在特立尼达和多巴哥建成了年产能 50 万 t HBI 的 CIRCORED 工厂。该厂以纯 H_2 为还原剂，采用两级循环流化床反应器和一个多级水平沸腾流化床反应器的组合配置，见图 2.10。铁粉矿首先在循环流化床中干燥预热到 850 ~ 900℃，然后经气力输送到一级预还原循环流化床反应器中，用 0.4MPa、750℃ 的氢气还原 30min，达到 75% 的预还原度；预还原粉矿再被输送至操作压力为 0.4MPa、温度 650℃ 的二级终还原沸腾流化床还原反应器，并停留 240min，达到 93% 的金属化率 [消耗氢气 700m³/t(DRI)]。最后，从二级沸腾流化床输出的 650℃ 直接还原铁粉，在加热炉内被快速加热到 700 ~ 715℃，加热后的直接还原铁粉输送到排料系统。在排料系统，氮气逐渐取代氢气，并将压力降至大气压，热压块机将还原铁粉压制成高密度热压块 HBI（密度 >5g/cm³），热压块过程的温度至少达 680℃。循环流化床预还原反应器出来的尾气经热交换、除尘脱水、加压、加热后，返回还原气系统循环使用。此工厂于 1999 年投入生产，到 2000 年产出 45000t 直接还原铁，但由于卸料系统的问题，生产一度终止。之后采取改进卸料装置、预热环节添加 MgO 粉等措施后，于 2001 年 3 月重新开工生产，到 2002 年生产了 13 万 t HBI，产能可达到 63t/h，但仍未达到设计指标。CIRCORED 工艺设备较为先进，但生产率低，能耗较高，对操作维修人员素质要求高，仅适合天然气价格非常低廉的地区 [19—20]。

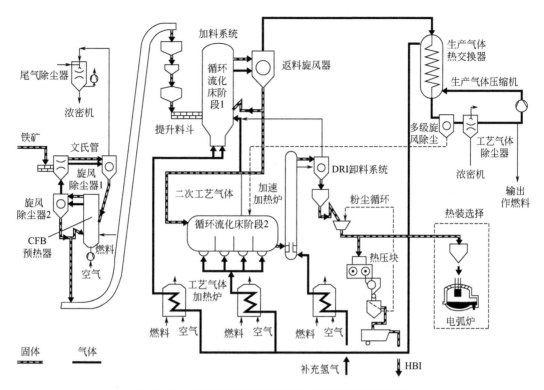

图 2.10 CIRCORED 粉矿流化床直接还原工艺流程

2.1.3 熔融还原法

（1）美国 AISI 项目——氢气闪速熔炼

氢气闪速熔炼法（novel flash ironmaking process）是使铁精矿粉在悬浮状态下，被热还原气体还原成金属化率较高的还原铁的工艺[21]。热还原气体可以是 H_2，也可以是由煤、重油等经过不完全燃烧产生的还原气体 CO，或者是 H_2 和 CO 的混合气体。该工艺是美国 AISI 协会针对美国铁矿资源和世界上粉矿资源情况而开发的。美国产的铁矿有 60% 都是粒度为 −400 ～ −500 目的铁燧岩精矿粉 [（5000 ～ 5500）万 t/a]。氢气闪速熔炼法就是不经过烧结或者球团造块，直接用这些细精矿粉生产铁水。从环保和还原动力学观点来说，氢气非常适合作还原剂和燃料，氢气闪速熔炼法所生产的铁水可直接供后面炼钢工序使用。

目前，美国犹他大学已对安赛乐米塔尔公司和 Ternium 公司等提供的铁精矿粉进行了较大规模的试验，装置图如图 2.11 所示[22]。结果表明，在温度为 1200 ～ 1400℃ 时，1 ～ 7s 内可快速获得 90% ～ 99% 的还原率，还原率的大小取决于氢的过剩系数。高炉工艺（BF）与使用 H_2、CH_4、煤的闪速熔炼工艺能耗和物料消耗对比列于表 2.2 和表 2.3，可见，闪速熔炼技术的吨铁能耗远低于高炉流程。另外，新技术利用 H_2、CH_4 和煤作为燃料生产 1t 铁水（HM）时，对应的 CO_2 排放量分别为 71kg、650kg 和 1145kg，而常规高炉炼铁生产 1t 铁水对应的 CO_2 排放量高达 1671kg。因此，即使采用煤作燃料，新技术也比常规高炉炼铁工艺排放的 CO_2 量显著降低。

表2.2　高炉工艺与使用H₂、CH₄、煤的闪速熔炼工艺能耗对比

项目	BF /[GJ/t(HM)]	H₂闪速熔炼 /[GJ/t(HM)]	CH₄闪速熔炼 /[GJ/t(HM)]	煤闪速熔炼 /[GJ/t(HM)]
能量消耗（入料温度25℃）				
氧化铁还原焓变(25℃)	2.09	−0.31	−0.61	1.73
铁水显热(1600℃)	1.36	1.36	1.36	1.36
造渣	−0.21	−0.15	−0.15	−0.21
渣显热(1600℃)	0.46	0.32	0.32	0.46
SiO_2还原	0.09			
石灰石($CaCO_3$)分解	0.42	0.29	0.29	0.42
铁水中的碳	1.65			
热损失及不可统计部分（假设所有工艺相同）	2.60	2.60	2.60	2.60
废气显热	0.25	0.25	0.21	0.20
总计消耗	8.71	4.36	4.02	6.56
还原剂热量	5.37	7.70	8.00	5.67
氧化铁还原总消耗	14.08	12.06	12.02	12.23
准备工序				
造球	2.87			
烧结	0.62			
炼焦	1.93			
准备工序总计消耗	5.42	0	0	0
生产熔融铁水所需总能量	19.50	12.06	12.02	12.23

表2.3　使用H₂、CH₄、煤的闪速熔炼与传统高炉物料消耗对比

物料	高炉 /[kg/t(HM)]	H₂闪速熔炼 /[kg/t(HM)]	CH₄闪速熔炼 /[kg/t(HM)]	煤闪速熔炼 /[kg/t(HM)]
物料输入				
Fe_2O_3	1430	1430	1430	1430
SiO_2	151	100	100	125
$CaCO_3$	235	162	162	235
$O_2(g)$	705	227	411	463
$N_2(g)$	2321	749	1354	1525
C(焦炭)	428			
$H_2(g)$		83		
$CH_4(g)$			211	
煤($C_{14}H_{10}$)				301
共计	5270	2751	3668	4079

物料	高炉 /[kg/t(HM)]	H_2闪速熔炼 /[kg/t(HM)]	CH_4闪速熔炼 /[kg/t(HM)]	煤闪速熔炼 /[kg/t(HM)]
物料输出				
Fe	1000	1000	1000	1000
$CaSiO_3$	273	191	191	257
Si	5			
CO_2(g)[①]	1671	71	650	1145
H_2O		740	473	152
N_2(g)	2321	749	1354	1524
总计	5270	2751	3668	4078

① 炼焦和烧结CO_2计算率为7%。

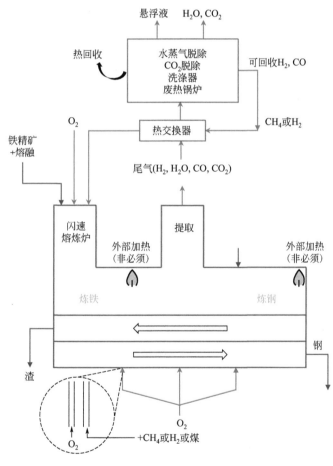

图2.11 犹他大学实验室闪速熔炼系统

（2）宝钢、钢铁研究总院和上海大学联合开展的氢冶金熔融还原新工艺

2006～2011年，宝钢、钢铁研究总院、上海大学联合开展"基于氢冶金的熔融还原炼铁新工艺"开发，其工艺原理如图2.12所示，项目主要内容包括：①粉矿流化床富氢

煤气预还原工艺；②冶金煤气制富氢还原气及其应用技术；③预还原粉状 DRI 终还原工艺技术研究；④预还原粉矿还原集成技术；⑤粉煤压型技术；⑥终还原炉煤粉喷吹技术。集成上述单元技术研究，构建使用粉煤和富氢还原粉矿的新工艺流程等，初衷是希望研发能够将 COREX 的炉料结构，由昂贵的球团矿改变为以低成本的粉矿为主，并将大量输出的 COREX 煤气变换为富氢还原气；采用氢冶金循环流化床技术将铁粉矿还原至 70% 的预还原度，压块后加入 COREX 预还原竖炉，最终取代原规划建设的 FINEX 工艺。但与 Outotec 公司（原鲁奇公司）谈判引进氢气循环流化床中试设备时，因装置规模发生分歧而放弃了流化床氢还原中试研究工作 [23—24]。

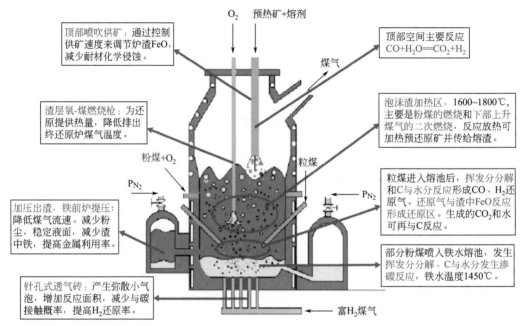

图 2.12 宝钢、钢铁研究总院、上海大学联合开发的氢冶金熔融还原新工艺

2.1.4 小结

纵观国内外近年来氢冶金前沿技术的研发热点，气基竖炉直接还原更适用于发展氢冶金，甚至实现碳中和。目前世界上正在运行的 MIDREX 和 HYL 竖炉装置，大多数入炉煤气中氢气含量已达到 55% ~ 80%。然而，目前世界上没有一台竖炉采用 100% H_2 冶炼，其技术经济合理性和存在的关键制约问题仍需要认真研究和思考。

在确定直接还原工艺必需的能量时，需要考虑的主要因素有三个，包括还原过程总显热所需能量（产品显热和废气显热，还原反应吸收的热量以及工艺热损失）、还原气和还原物料的潜热、加热工艺还原气所需的能量，而工艺生产过程所需的显热完全由预热的铁矿和还原气来供给。1980 年，美国钢铁协会主持编写和出版的《直接还原铁生产和应用的技术与经济》一书对氢冶金直接还原铁工艺的物料及能量平衡进行了分析。

纯氢流化床和纯氢气基竖炉的物料平衡见表 2.4。由表中数据可知，纯氢流化床和纯氢气基竖炉直接还原吨铁氢气需求量分别为 4000m³（标）和 2500m³（标），远远高于现行的富氢直接还原工艺煤气需求量。纯氢流化床工艺和纯氢竖炉工艺的显热平衡及能量平衡见表2.5～表2.8。预热后的 H_2 与铁矿石进入还原设备中，其显热及潜热提供还原所需能量及热量，剩余能量与热量由直接还原铁及废气带走，并伴随一部分损失[14]。

表2.4　纯氢流化床和纯氢气基竖炉工艺的物料平衡

纯氢流化床		纯氢气基竖炉	
固体输入量	气体输入量	固体输出量	气体输出量
铁矿石　1460kg Fe　68.5% Fe_2O_3　98.0% O　29.5% 脉石　2%	纯氢气 571m³(标) (51kg)	DRI　1052kg Fe　95% 金属化铁　88% Fe^{2+}　7% FeO　9% O　2% 脉石　3%	H_2O 459kg[571m³(标)] H　88.9% O　11.1%
脉石　30kg 铁　1000kg 氧　430kg	氢气　51kg	脉石　32kg 铁　1000kg 氧　21kg	氢气　51kg 氧气　408kg
408kg 氧转移		还原度：95%	金属化率：92.6%
流化床还原氢循环量	4000m³(标)	竖炉还原氢循环量	2500m³(标)

表2.5　纯氢流化床工艺的显热平衡

项目		热量 /[Gcal/t(Fe)]	项目		热量 /[Gcal/t(Fe)]
热消耗	还原度为95%的 1t 铁 827℃的 1.052t 直接还原铁的显热 700℃的 400m³(标) 废气 (H_2+H_2O) 显热 热损失	0.206 0.139 0.868 0.020	热来源	827℃的 400m³(标) 氢的显热 800℃的 1.460t 铁矿石显热	1.013 0.220
合　计		1.233	合　计		1.233

表2.6　纯氢竖炉工艺的显热平衡

项目		热量 /[Gcal/t(Fe)]	项目		热量 /[Gcal/t(Fe)]
热消耗	还原度为95%的 1t 铁 827℃的 1.052t 直接还原铁的显热 365℃的 400m³(标) 废气 (H_2+H_2O) 显热 热损失	0.206 0.139 0.268 0.020	热来源	827℃的 400m³(标) 氢的显热 室温的 1.460t 铁矿石显热	0.633 —
合　计		0.633	合　计		0.633

表2.7 纯氢流化床工艺的能量平衡

项目		热量/[Gcal/t(Fe)]	项目		热量/[Gcal/t(Fe)]
能量消耗	DRI 的潜热 827℃的 DRI 潜热 700℃的废气显热 热损失 循环煤气的潜热	1.679 0.139 0.868 0.020 8.848	能量来源	827℃的补给还原 气显热 补给还原气的潜热 800℃的铁矿石显热 循环煤气的潜热	1.013 1.473 0.220 8.848
合　计		11.554	合　计		11.554

表2.8 纯氢竖炉工艺的能量平衡

项目		热量/[Gcal/t(Fe)]	项目		热量/[Gcal/t(Fe)]
能量消耗	DRI 的潜热 827℃的 DRI 潜热 365℃的废气显热 热损失 循环煤气的潜热	1.679 0.139 0.268 0.020 4.977	能量来源	827℃的补给还原气 的显热 补给还原气的潜热 循环煤气的潜热	0.633 1.473 4.977
合　计		7.083	合　计		7.083

上述数据表明，纯氢竖炉直接还原的理论能耗几乎是现代广泛应用的 HYL-Ⅲ 或 MIDREX 竖炉直接还原工艺的近 3 倍。而且，自从美洲的氢气竖炉和 CIRCORED 全氢流化床直接还原炼铁生产装置停产后，罕有竖炉或流化床采用纯氢生产直接还原铁。即使是煤气含氢量达到 80% 以上的 HYL-Ⅲ 工艺，也未将竖炉入炉还原气的含氢量提高到 100%。1998 年，在国内专家与 HYL-Ⅲ 竖炉专家交流时，专家们均认为竖炉不能用 100% H_2 还原，主要原因有以下几点：①还原气为 100% H_2 时，无碳源很难实现顺行生产；②氢气密度仅为 CO 的 1/14，进入竖炉后会迅速向炉顶逃逸，与混合气体相比，氢气在炉内的路径方向迅速改变；③没有与碳之间的相互变换和循环反应，没有放热的碳热还原与强吸热的氢气还原温度场的互补，氢气在竖炉还原带很难高效、低耗地完成还原球团的任务。只有铁矿粉可以氧化预热到高温后入炉的流化床才可以采用 100% H_2 还原。

因此，目前看来，采用纯氢进行炼铁生产仍存在诸多未解决的技术问题，需要广大冶金工作者共同努力解决，为我国钢铁产业实现低碳绿色转型升级探索可行途径。

2.2　氢冶金主流技术发展及进展调研

2.2.1　MIDREX 气基竖炉直接还原工艺

2.2.1.1　MIDREX 工艺发展概述

美国表面燃烧公司从 1936 年开始研究天然气基直接还原生产工艺，经过长期试验，直至 1966 年天然气重整制取还原气和气 - 固相逆流热交换还原竖炉两项关键技术成功取得突破，该技术才趋于成熟。1966 年在俄勒冈钢厂建立了直径 450mm，日产 1.5t 的试验装置，试验成功后 1967 年美国 MIDREX-Ross 公司经多次试验改造后，建设和投产了两套天然气竖炉直接还原设备（2×20 万 t/a）。于 1969 年在该厂建成两套年产 15 万 t DRI、直径 3.7m 的生产装置。1971 年公司为联邦德国科夫公司建立起年产 40 万 t 的直接还原铁生产厂，同时形成了直接还原 - 电炉 - 连铸新工艺，引起人们极大关注，成为直接还原方法中发展最快的方法。目前已有单台年产能 200 万 t 的 MIDREX 工艺生产设备。到目前为止，MIDREX 工艺在直接还原炼铁工艺中仍占有举足轻重的地位，据统计在直接还原总生产能力中，其中 67% 左右的 DRI 是 MIDREX 竖炉生产的 [25—26]。

2.2.1.2 MIDREX 工艺原理及流程

MIDREX 流程适用于处理低硫矿石（S<0.01%）。还原气以天然气为原料时，在转化炉中用大约 1/3 的除尘脱水炉顶气中 CO_2 作转化剂，与新鲜天然气按反应化学当量混合，然后送入装有镍催化剂反应管的重整转化炉。转化炉内的原料气在加热炉中通过镍基催化剂催化重整，在 900～950℃下进行反应，使其中的甲烷全部分解，控制煤气中的 H_2/CO 达到 1.5～1.8，得到（H_2+CO）> 90% 的还原气。重整转化反应式为：$CO_2+CH_4 \Longrightarrow 2CO+2H_2$。转化后的还原温度（850～930℃）恰好符合竖炉还原的工艺要求，可直接送入竖炉使用。还原竖炉分为上下两部分，上部为预热带和还原带，炉料通过下料管进入炉内，被热还原气预热，进行还原反应。进入竖炉的还原气温度为 850～930℃，压力为 0.1～0.3MPa，流量为 1800m³(标)/t(产品)，其成分约为 H_2/CO 1.5～1.8。含（H_2+CO）95% 左右的热还原气从竖炉中部周边入口送入，经还原反应后的煤气从炉顶排出，称为炉顶煤气。

MIDREX 工艺的典型工艺过程是：原料在竖炉中的下降速度由竖炉底部的排料机构进行控制，原料入炉后靠重力下行至竖炉底部，即为成品排出。竖炉还原带高度约为 9m 时，停留时间约 5～6h，相当于每分钟下降 30mm。原料在炉内总停留时间约 5～6h。原料在预热还原带与上行的炉气相接触而被预热和还原。入炉原料在固体状态下还原成金属铁，金属化率达 92%，含碳量 0.5%～2.5%，可按要求进行控制。经过在竖炉中还原反应的还原气称为炉顶气，其温度为 400～450℃，压力为 0.05～0.20MPa，含尘量为 6000mg/m³(标)。

还原后的 DRI 在竖炉下部的冷却带被单独循环的冷却气冷却到 50℃左右，冷却段是炉内构造最复杂的区域，主要装置是一套冷却气系统，它由一个冷却气洗涤器、一个冷却气加压机、一个冷却气干燥器、一个冷却气分配器和一套复杂的管路组成，其结构如图 2.13 所示，冷却气入口温度为 40℃以下，压力为 0.1～0.3MPa，流量按约 1000m³(标)/t(产品) 控制。其成分与炉顶煤气接近，但是为了渗碳含有一定量 CH_4，离开竖炉的出口冷却气温度约为 450℃，含尘量为 6000mg/m³(标)；经过冷却洗涤后温度为 35℃，含尘量为 4mg/m³(标)，压力约为 0.05MPa，加压后可循环使用 [27—28]。

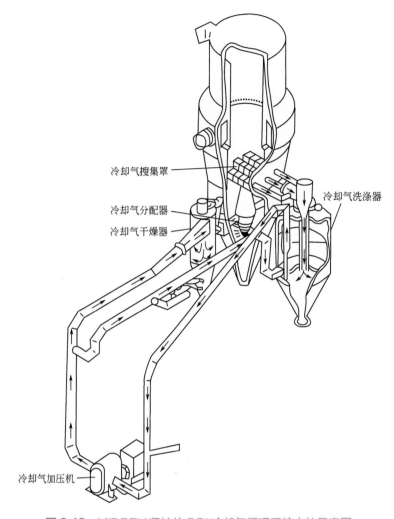

冷却气搜集罩

冷却气分配器

冷却气干燥器

冷却气洗涤器

冷却气加压机

图 2.13　MIDREX 竖炉的 DRI 冷却气循环系统立体示意图

竖炉的进排料均采用气体密封装置，密封气压力为 0.1 ～ 0.14MPa，流量为 1000 ～ 2000m³(标)/h，成分为：CO_2 14.5%、H_2O 20.3%、N_2 64.2%、O_2 1%。从竖炉排出的金属化产品（52℃以下），经皮带运输机输送到铁栅筛上（在皮带上取样和称量）进行筛分，筛上的黏结块经破碎后与成品一起进入成品仓。

MIDREX 竖炉在世界上迅速发展，已成为技术最成熟、生产量最大的直接还原炼铁法，目前大多数在生产的 MIDREX 天然气基竖炉的 DRI 产能均在（80 ～ 160）万 t 左右，MIDREX 竖炉工艺流程及炉内结构见图 2.14。2019 年 MIDREX 在阿尔及利亚建成了单台最大年产能达 250 万 t DRI 的竖炉 2 套，其中一台已经投产。MIDREX 竖炉的入炉工艺煤气压力为 0.15 ～ 0.4MPa，入炉温度为 840 ～ 900℃。第二代工艺使用一个热回收换热器依次对助燃空气和原料气进行预热，充分利用了烟气中的余热，使用第二代转化炉的 MIDREX 装置综合能量利用率，较第一代装置约高出 6.3%。由于技术成熟、生产率高，MIDREX 竖炉得到广泛推广应用，已经建成年产数千万吨产能的装置[29]。

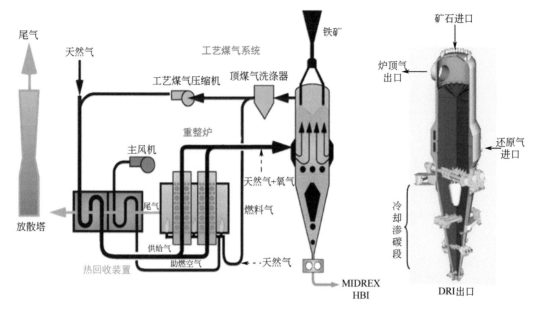

图 2.14 MIDREX 竖炉工艺流程及竖炉内部结构

2.2.1.3 MIDREX 竖炉原料要求

MIDREX 竖炉自 20 世纪 60 年代末建厂后发展迅速，已成为直接还原冶金生产的主要生产形式，其特点是设备紧凑、热能利用充分、生产率高，按还原带体积计利用系数为 9 ～ 12t。但其煤气重整设备十分昂贵而且容易损坏，因而对铁矿石和煤气的含硫量有严格的要求。

MIDREX 工艺对大多数块矿和精选的氧化球团都适用，一般要求如下[30—31]：

① 粒度。氧化球团或块矿约 10 ～ 30mm，小于 5mm 部分不应超过 5%。

② 机械强度。竖炉直接还原过程对原料机械强度的要求不像高炉那样高，但必须具有足够强度，保证在运输时不会产生大量粉末。

③ 还原性。必须具有较好的还原性，以保证直接还原竖炉的高产率。

④ 热爆裂性。块矿在加入竖炉中及还原过程中的热爆裂应尽可能少，否则将产生大量粉末，影响竖炉的生产能力。对于标准的 MIDREX 还原工厂，若使用易爆裂块矿而不用高质量的球团，竖炉产量将降低 5% ～ 15%，每吨还原产品的燃料消耗将增加 2% ～ 4%，电耗增加 10% ～ 15%。

⑤ 入炉原料化学成分的要求。对 MIDREX 直接还原过程来说，原料的化学成分是次要的，但对后步炼钢工序则是很重要的。电炉冶炼要求原料中含铁品位应 ≥ 67%，SiO_2 和 Al_2O_3 的总含量 ≤ 3%，（$SiO_2+Al_2O_3$）/Fe 的比例一般应不大于 5%，含 S ≤ 0.025%，P ≤ 0.03%，Cu ≤ 0.03%，TiO_2 ≤ 0.35%。

为了放宽对铁矿石中硫含量的要求，MIDREX 法提出另一种生产流程，其特点是改用炉顶气作为冷却气[32]，见图 2.15。冷却煤气在冷却带中用低硫的 DRI 进行脱硫反应，以降低煤气中硫含量，其反应为：$H_2S+Fe\!=\!\!FeS+H_2$。该流程虽使 DRI 产品中含硫量有所提高，但不超标。而脱硫的煤气与新天然气混合送入转化炉重整，由于煤气含硫量降低可延长触媒的寿命，这一流程允许使用含硫量为 0.02% 的铁矿石。若铁矿石或天然气含硫很高或波动大，则需在工艺流程中增加煤气脱硫单元，以便保护重整炉的催化剂，避免中毒失效而影响正常生产。

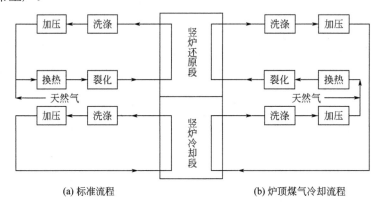

(a) 标准流程   (b) 炉顶煤气冷却流程

图 2.15 MIDREX 标准流程（a）及炉顶煤气作冷却气脱硫后再重整流程（b）

2.2.1.4 MIDREX 竖炉工艺特点

MIDREX 直接还原竖炉具有以下特点：①物料气流逆流接触，传热传质效率高，具有高作业率和高生产率；②炉顶煤气循环利用，能源利用率高；③生产稳定，没有竖炉黏结问题，竖炉内没有死区；④稳定的料流和均匀的气流分布保证了产品稳定的高金属化率；⑤产品含碳量可以根据需求调整，提高炼钢作业效率；⑥煤制气系统有脱硫工艺，产品含硫量非常低；⑦没有炉缸耐材侵蚀问题，炉龄 10 年以上，有些工厂已运行超过 40 年；⑧具有 70 多座 MIDREX 工厂设计、生产运行经验，能提供安全、高效、稳定的工厂。

2.2.1.5 MXCOL 煤制气工艺流程

MIDREX 竖炉也发展了 MXCOL 煤制气竖炉工艺流程。Jindal 公司在印度奥里萨邦用鲁奇煤气化工艺与 SPL MXCOL 项目，建设了一条使用南非鲁奇煤制气的竖炉，设计年产能 190 万 t 直接还原铁。由于鲁奇炉煤制气工艺环保问题难过关，原计划 2008 年投产，之后又不断推迟，至今一直未能正常生产。HYL 竖炉与鲁奇煤气化工艺连接时，设计竖炉工艺气入炉量为 1800m³，入炉煤气中 H_2/CO 为 1.5，温度 900℃，合成气消耗量为 849m³/t(DRI)[相当于 9.25GJ/t(DRI)]。鲁奇炉是采用加压气化技术的一种炉型，气化强度高，但需使用块煤或型煤，合成气温度为 40℃，压力为 2.75MPa，目前共有 200 多台工业装置运行。由于鲁奇炉的粗煤气带有大量含苯和酚的水分和煤焦油，冷凝和洗涤下来的污水处理系统比较复杂。粗煤气的组成为：H_2 37%～39%、CO 17%～18%、CO_2 32%、CH_4 8%～10%，经加工处理可用作城市煤气及合成气[33]。

MIDREX 煤制气竖炉工艺也包括，使用 COREX 2000 熔融气化炉的高 CO 含量煤气生产直接还原铁。印度安古尔有 2 座 MIDREX 竖炉于 2014 年投产，南非 Saldanah 有 1 座 MIDREX 竖炉于 1999 年投产，这 3 座年产 80 万 t DRI 的竖炉使用的入炉还原气 H_2/CO 约 0.3。因煤气含 CO 过高，加热到 400～750℃过程中特别容易发生严重的析碳反应：$2CO \rightleftharpoons CO_2 + C$，析碳反应不仅会严重堵塞煤气通道，而且会腐蚀损坏煤气管道。MIDREX 采用了一种快速升温的方法来避免析碳反应，净化并脱出 CO_2 至 5% 以下后，将其气体加热到400℃，同时在一个燃烧炉中用氧气将液化石油气（LPG）燃烧，输出1300℃的不完全燃烧煤气，将两种混合后温度调至840℃的混合煤气作为工艺煤气，输入MIDREX竖炉还原球团矿及精块矿，获得的优质DRI作为铁源炉料供炼钢使用。COREX-MIDREX联合工艺工艺流程见图2.16，煤气平衡见表2.9[34—35]。

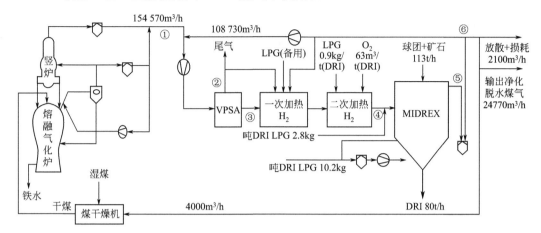

图2.16 COREX-MIDREX联合工艺的工艺流程图

表2.9 COREX-MIDREX联合工艺的煤气平衡表

项目	①	②	③	④	⑤	⑥
CO(体积分数)/%	48.9	21.55	63.9	59.2	42.8	42.8
CO_2(体积分数)/%	33.0	71.44	1.7	6.1	28.6	28.6
H_2(体积分数)/%	11.8	2.05	19.7	19.9	12.8	12.8
CH_4(体积分数)/%	0.43	0.04	0.5	0.51	0.17	0.17
N_2(体积分数)/%	5.29	4.91	13.91	14.37	15.57	15.57
煤气流量/[m³(标)/h]	154570	109600	153700	154870	156600	145600
吨DRI煤气流量/[(m³(标)/h]	1932	1370	1921	1936	1958	1820
吨DRI有效气量/[m³(标)/h]	1181	324	1616	1543	1091	1014
压力/kPa	142	18.3	264	119	38.8	29.1
温度/℃	—	40	40	819	376	—

　　还原煤气的加热装置由一次加热和二次加热组成，其中一次加热的主要燃料由变压吸附法（VPSA）的废气、MIDREX竖炉炉顶煤气、液化石油气（LPG）和压缩空气组成，二次加热的主要燃料由还原煤气、LPG和氧气组成。LPG在一次加热中仅是备用，当一次加热的温度低于最低值时，此时关闭VPSA的废气和MIDREX竖炉炉顶煤气，仅采用LPG和压缩空气进行快速升温。二次加热中的LPG所起到的作用与在一次加热中一致。MIDREX竖炉冷却段的冷却气体由冷还原煤气和LPG组成。

　　MIDREX工艺对于煤制合成气的要求见表2.10。MIDREX最近几年也在整合直接还原和煤制气的技术，已与U-gas流化床煤制气工艺设备供应商达成合作，开展中国煤制气-直接还原竖炉工程总承包业务。针对中国焦炉煤气资源，MIDREX与Praxair合作已开发出一种净化和重整焦炉煤气热反应系统，作为MIDREX工艺利用合成气的技术路线和相应的MXCOL工艺流程[36]。

表2.10　MIDREX工艺对于煤制合成气的要求

项　目	单　位	可行	推荐
煤气质量 (H_2+CO/CO_2+H_2O)	倍	>10	CO_2 < 3%
H_2/CO	倍	≥ 0.3	1 ~ 2
压力	MPa	< 0.5	< 0.5
硫含量 (体积比)	ppm[①]	约 100	约 100
粉尘含量	mg/m³(标)	<10	<10
N_2+Ar	%	<1 可行	<0.5%
甲烷含量	%	<15 可行	4% ~ 12%
消耗	Gcal/t(DRI)	约 2.25	

① $\times 10^{-6}$。

2.2.1.6　MIDREX H_2® 煤制气工艺流程

MIDREX H_2® 工艺是指 100% 采用氢气作为入炉还原气，技术路线如图 2.17（b）所示，该工艺由 MIDREX NG® 工艺即以天然气（NG）作为还原气的工艺，通过部分添加氢气逐渐过渡而来，根据氢气供给方式可分为外部喷氢和电解供氢两种。将外部生成的氢气引入常规 MIDREX 生产系统，无需重整装置，利用气体加热装置将氢气加热到所需温度。但为了控制炉温和增碳，实际生产时入炉还原气中的氢气含量约为 90%，其他为 CO、CO_2、H_2O 和 CH_4，这些成分是由于采用天然气进行炉温控制和 DRI 渗碳时引入的。此外，由于竖炉内存在水煤气反应，还原气中的 CO_2 和 CO 可保持平衡，因此系统内不需要 CO_2 脱除装置。根据计算，生产每吨 DRI 的氢气消耗量约为 550m³(标)，另外还需 250m³(标) 的 H_2 作为入炉煤气加热炉的燃料[37]。与高炉流程相比，该工艺可将 CO_2 排放量降低 80% 左右。

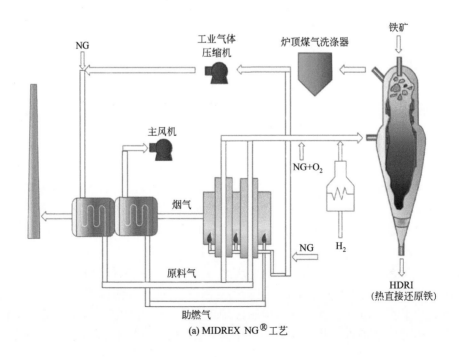

(a) MIDREX NG®工艺

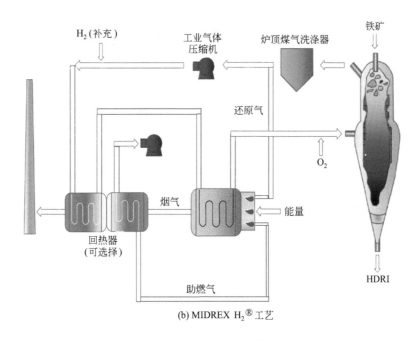

图 2.17 MIDREX 工艺流程图

2.2.2 HYL-Ⅲ气基竖炉直接还原工艺

2.2.2.1 HYL-Ⅲ工艺发展概述

HYL 工艺的开发始于 20 世纪 50 年代，1957 年第一座 HYL-Ⅰ间歇式反应器 HYL-Ⅰ工艺生产装置在 Monterrey 建成，年产 DRI 10 万 t。1979 年全世界已经建成十几座间歇式 HYL 直接还原铁生产装置，总产能达 600 万 t。间歇式 HYL 反应器的能耗相当高，约为 17 ～ 19GJ/t(DRI)[38]。

1980 年，HYLSA 公司在墨西哥 Monterrey 直接还原厂，成功开发 HYL-Ⅲ竖炉移动床工艺，1975 年建成第一座日产 25t 的中试装置，1980 年又改造建成年产 25 万 t 的 HYL-Ⅲ生产装置，1983 年又改造建成一座 50 万 t 竖炉。HYL-Ⅲ继承了 HYL-Ⅰ、HYL-Ⅱ的一些成功技术，如还原气发生装置、以氢气为主的还原气及高温和高压还原技术等，同时将间歇运行彻底改变为连续运行模式[39]。

此后，MAN GHH AG、Ferrostaal AG 和 HYLSA，联合建设了一个年产 200 万 t DRI 的直接还原生产厂 IMEXSA，这也是 HYL-Ⅲ工艺首次在 HYLSA 之外投入商业化生产，该厂于 1989 年 2 月顺利投产，其工艺流程见图 2.18[40]。

目前世界上采用 HYL-Ⅲ工艺生产 DRI 或 HBI 的工业装置 2019 年总产量达到 1426 万 t，工艺能耗也降低到 10.61GJ/t(DRI) 左右，见图 2.19。

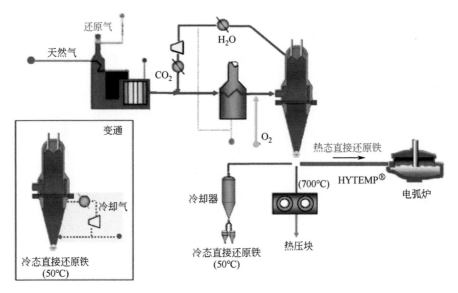

图 2.18 HYL-Ⅲ竖炉生产工艺流程

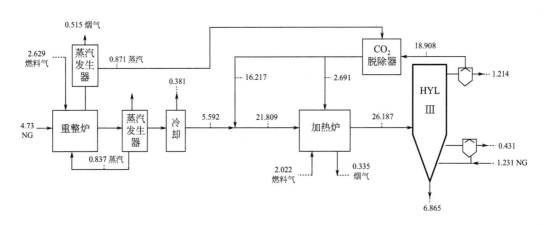

图 2.19 使用化学法脱除 CO_2 的 HYL-Ⅲ竖炉工艺的能量平衡（单位：GJ）

化学法脱除 CO_2 金属化率：92.0%，碳含量：1.5%，能耗：10.61GJ/t(DRI)

2.2.2.2 HYL-Ⅲ含铁原料选择

HYL-Ⅲ的含铁原料可以是球团矿或球团矿 / 块矿的混合物，原料的适用范围较宽。其对含铁原料的冶金性能要求见表 2.11，典型消耗指标见表 2.12[40]。

表 2.11 HYL-Ⅲ竖炉的原料成分、冶金性能及粒度分布标准

项目	球团	块矿
TFe[①]/%	≥ 67	≥ 66
Fe++/%	1.0	—
Na_2O+K_2O/%	0.1	≤ 0.1
TiO_2/%	0.2	≤ 0.2

项目		球团	块矿
LOI[②]/%		—	≤1.5
粒度分布/%	18~42mm	≤4	≤5
	6.3~18mm	≥94	≥85
	约6.3mm	≤2	≤8
	−3.2mm	0	≤2
气孔率/%		>28	
压溃强度/(N/个)		>2500	
转鼓指数(+6.3mm)/%		>93	>90
落下强度(+6.3mm)/%		>95	>90
还原指数	800℃	>3	>3
	950℃	>4	>4
膨胀指数/%		<10	
低温还原粉化	500℃,+6.3mm/%	>80	>70
	500℃,约3.2mm/%	<10	<20
未破损球团/%		>60	

①TFe为全铁含量。

②LOI为燃烧损失量。

表2.12 HYL-Ⅲ竖炉的典型消耗指标

项目	冷态DRI	热态DRI	HBI
金属化率/%	94.0	94.0	94.0
碳/%	4.3	4.3	2.0
出口温度/℃	40	700	700
铁矿[t/t(DRI)]	1.38	1.38	1.41
天然气/[Gcal/t(DRI)]	2.32	2.34	2.34
电耗/[kW·h/t(DRI)]	70	70	75
氧气/[m³(标)/t(DRI)]	42	46	54
氮气/[m³(标)/t(DRI)]	12	16	19
水/[m³/t(DRI)]	1.1	1.1	1.2
产能/[工时/t(DRI)]	0.11	0.11	0.13
维护存放/[美元/t(DRI)]	3.30	3.30	3.30

2.2.2.3　HYL-Ⅲ反应器及还原气流程

HYL-Ⅲ反应器的显著特点是工作压力在0.55MPa以上。所以其装料系统带有一组锁斗以维持竖炉的压力，含铁原料通过四根直立管加到料线上。

加热到930℃的还原气由环形布置的数十个耐材喷管喷入竖炉的还原区，与铁矿石逆流接触，将铁矿石还原成DRI。炉顶气的出口煤气温度为400～450℃。高温、高压及高浓度的氢气保证了很快的还原速度，竖炉横截面的还原效率达到3.5～5.0t(DRI)/(h·m²)。固相DRI下降经过还原区后进入一个等压过渡段。对于气相而言，上部是还原区，下部是冷却区。等压段保证了固相可以均匀地通过还原区，还原区与冷却区的煤气不掺混。在反应器下部的圆锥形区域，直接还原铁被底部通入的冷却气逆流冷却并进行渗碳。直接还原铁产品逐渐冷却到50℃左右后，再经一个旋转排料阀，按设定的速度排出，排出的DRI进入压力料仓，设两个可以交替使用的压力料仓，压力料仓的维压装置与炉顶加料仓类似。

离开反应器的炉顶煤气经回收余热及喷水洗涤器后温度降到40℃左右，通过水洗除去煤气中的粉尘和反应产生的水。净化后的煤气有三分之二左右被循环使用，另外三分之一作为尾气外排，以避免反应生成的CO_2或重整工艺带入的N_2循环累积。因为尾气中不仅含CO_2，还含一定量的CO和H_2，所以循环气中必须不断补充新的还原气，以保证循环气中的有效还原组分大于DRI还原所需的量。尾气可作为还原气加热或重整单元的燃料气。

冷却气循环。在竖炉反应器下部的圆锥形区域，DRI被逆流经过的气体冷却并进行渗碳反应。引出炉外冷却段气体的出口温度为500～550℃，经过直接喷水冷却除尘后，冷却气的温度降到40℃，这一过程与炉顶循环还原气处理过程类似。冷却气经过循环压缩机加压后再重新降温到40℃，补充部分天然气后再进入竖炉冷却段。补充部分天然气的目的是加强冷却效果，同时控制DRI的含碳量。除了起渗碳作用以外，补充天然气的混合气还能产生H_2和CO（炉内重整反应），因此可以减少还原所需的重整天然气消耗量[41]。

2.2.2.4　还原气制取

HYL-Ⅲ制取还原气的装置是一座天然气蒸汽重整炉，蒸汽重整技术被HYL-Ⅲ工艺证明是成功的，该技术也广泛应用于其他化工厂[42]。

净化后的天然气经过一个ZnO填充床的脱硫装置，与蒸汽一同进入管式反应炉，管内装填Ni基重整催化剂，水/碳比一般在2.4左右。重整反应的温度在800℃左右，反应压力为0.8MPa。重整反应方程为：$C_nH_{(2n+2)}+nH_2O \rightleftharpoons nCO+(2n+1)H_2$。水/碳比是大大过量的，这样可以抑制催化剂表面的积碳反应，特别当有长链烃存在时这一点尤为重要。

反应后生成的还原气经过换热、洗涤冷却到40℃，通过回收重整后还原气的显热可以预热、汽化重整所需的蒸汽，同时冷凝炉顶还原气中的水汽。冷却后的还原气作为新鲜气源补充到还原气循环系统。重整反应所需反应热可由一定量的天然气和竖炉尾气燃烧提供。燃烧后的高温烟气可以在烟囱的对流段和下部换热段预热天然气和水蒸气，见图2.20。

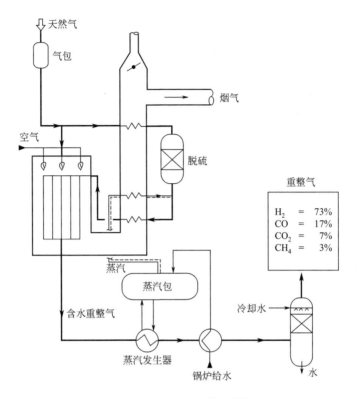

图 **2.20** HYL- Ⅲ 的重整炉

2.2.2.5　带 CO_2 脱除的 HYL- Ⅲ 工艺

为了进一步提高 HYL- Ⅲ 工艺的金属化率和产量，1986 年在 Monterrey 的 2 套 HYL- Ⅲ 装置上安装了 CO_2 脱除装置。脱除装置被集成在还原气循环系统中，位于压缩机和重整气加入点之间。炉顶循环气中的 CO_2 浓度从 10.5% 左右被脱除到 1.5%[43—44]。

安装 CO_2 脱除装置带来的不同和好处主要有：选择性脱除 CO_2 可以减少因尾气排放损失的 CO 和 H_2，可以增加 30% 的还原气量，因此使用相同的重整炉可以获得更高的产量。由于还原气的氧化度降低，在竖炉生产能力保持不变的情况下可以减少还原气消耗量。基于上述理由，Monterrey 的 HYL- Ⅲ 工厂安装了 CO_2 脱除装置后，在其他单元（重整炉、加热炉、竖炉及还原气循环系统）基本不变的情况下，产量提高了近 30%。现在，所有新的 HYL- Ⅲ 工厂都集成了 CO_2 脱除装置。在产量相当时，与原先相比这些工厂各单元都变小了，能耗和水耗也都略有降低（见表 2.13）。

表2.13 集成CO₂脱除装置后HYL-Ⅲ工艺指标的变化情况

名称	不带 CO₂ 脱除	带 CO₂ 脱除	单位
天然气消耗	10.89	10.61	GJ/t(DRI)
工艺用气	8.41	5.96	GJ/t(DRI)
燃烧用气	2.47	4.65	GJ/t(DRI)
重整气	870 ~ 900	480 ~ 560	m³(标)/t(DRI)
还原气	2100 ~ 2300	1700 ~ 1800	m³(标)/t(DRI)
H_2	57.0	74.1	(体积)%
CO	22.0	13.0	(体积)%
CO_2	15.0	3.3	(体积)%
H_2O	1.6	1.4	(体积)%
CH_4	4.4	7.0	(体积)%
N_2	—	1.2	(体积)%
冷却用补充天然气	30 ~ 50	30 ~ 50	m³(标)/t(DRI)
电耗	85	72	kW·h/t(DRI)
水耗	2.1	1.8	m³/t(DRI)

在不带 CO₂ 脱除的 HYL-Ⅲ工艺中，重整炉高温烟气用于预热还原气。而在带 CO₂ 脱除的 HYL-Ⅲ工艺中重整炉高温烟气用来产生蒸汽，因此后者的重整单元和还原气循环单元完全独立。

蒸汽除用于天然气重整，多余的蒸汽还可用于蒸汽轮机发电，废蒸汽再为 CO₂ 脱除单元提供热量。在重整炉中安装更多的燃烧器能够提供更多的蒸汽，这样即使在开车或紧急事故情况下也能提供充足的蒸汽。借助于优化的重整炉设计、蒸汽轮机和蒸汽发电机，HYL-Ⅲ可做到自供电。

HYL-Ⅲ的化学法脱除 CO₂ 是利用洗液，通过化学反应吸收气相中 CO₂ 的方法，脱除工艺通常包括 2 个反应塔：一个吸收塔和一个解吸塔，反应塔可以是填充塔，也可以是带有塔板的空塔。吸收液一般是碱液（K₂CO₃）、碳酸丙烯酯或乙醇胺等，工艺流程见图 2.21。

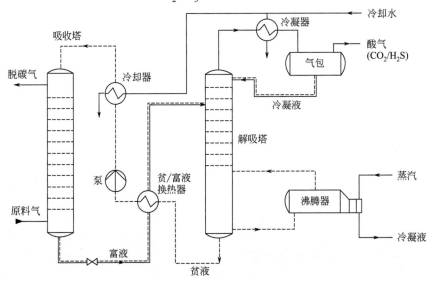

图 2.21 HYL-Ⅲ的化学法脱除 CO₂ 工艺

含 CO_2 的气体从塔底进入吸收塔，与从塔顶流下的吸收液在吸收塔内逆流接触。CO_2 与吸收液反应后进入液相，脱除了 CO_2 的净化气从塔顶离开，吸收了 CO_2 的吸收液（富液）从吸收塔的塔底流出后进入解吸塔的塔顶。富液在解吸塔内发生解吸反应，CO_2 从液相中解吸出来由塔顶排出，再生后的吸收液（贫液）从塔底排出，经换热后返回吸收塔顶循环吸收 CO_2。在采用碱液吸收 CO_2 的 Benfield 工艺中，气相中的 CO_2 浓度可由 10.5% 降到 1.5%，消耗的能量为 0.85GJ/t(DRI)。

2.2.2.6 HYL-Ⅲ向零重整（ZR）工艺的发展历程

上述 HYL-Ⅲ经典流程经受了时间的考验，成为工艺最先进、还原气含氢量最高、生产率最高、最受欢迎的直接还原工艺之一。表2.14、图2.22 和表2.15 列出了 HYL-Ⅲ典型工艺参数、主要化学反应以及部分工程业绩[45]。

表2.14　HYL-Ⅲ典型工艺参数

重整炉			
NG 脱硫装置	水 / 碳比	反应温度	冷却后温度
ZnO 填充床	2.4	800℃	40℃
竖炉还原段			
工作压力	还原气温度	炉顶煤气温度	炉顶煤气冷却后温度
0.55MPa	930℃	400 ~ 450℃	40℃
竖炉冷却段			
DRI 冷却气的温度	冷却后的气体温度		DRI 温度
40℃	500 ~ 550℃		50℃

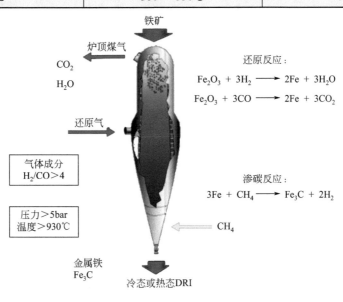

图 2.22　HYL-Ⅲ移动床工艺流程
1bar=10⁵Pa

表2.15　HYL-Ⅲ竖炉工厂统计

工厂	国家	单元	产品	产能/(Mt/a)	启动时间/年
Hylsa 2M5	墨西哥	1	DRI	0.25	1990
Hylsa 3M5	墨西哥	1	DRI	0.50	1983
IMEXSA Ⅰ	墨西哥	2	DRI	1.00	1988
IMEXSA Ⅱ	墨西哥	2	DRI	1.00	1991
Grasim	印度	1	HBI/DRI	0.75	1993
PTKS	印度尼西亚	2	DRI	1.35	1993
PSSB	马来西亚	2	DRI	1.20	1993
Usiba	巴西	1	DRI	0.31	1994
Hylsa 2P5	墨西哥	1	DRI	0.61	1995
Hylsa 4M	墨西哥	1	DRI	0.68	1998
Hadeed	沙特阿拉伯	1	DRI	1.10	1999
Lebedinsky	俄罗斯	1	HBI	0.90	1999
Posven	委内瑞拉	2	HBI	1.50	2000
总计		18		11.15	

从 1986 ～ 1998 年期间，HYL-Ⅲ工艺流程中的重整炉逐渐发生了变化，水蒸气重整天然气的比例逐渐减少，到最后完全取消甲烷水蒸气重整设备，将天然气直接加热进入竖炉使用（见图 2.23）。后来推出了甲烷零重整的 HYL-ZR 法，采用 HYL-ZR 工艺竖炉的工厂统计见表 2.16[46]。

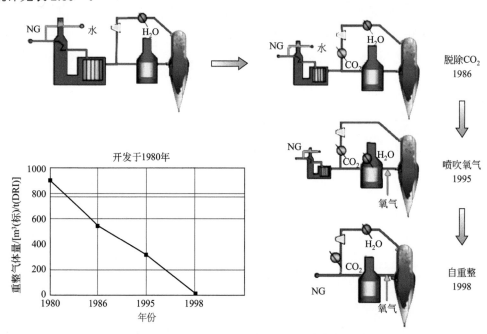

图2.23　从 HYL-Ⅲ到 HYL-ZR 工艺流程的变迁

HYL-ZR 工艺流程见图2.24，将煤气加热温度逐步提高到950℃，入炉前再补吹氧气将工艺煤气温度提高到1050℃。HYL-ZR 工艺中采用焦炉煤气（COG）+ 炉顶煤气、天然气（NG）+ 炉顶煤气，加热后的入炉煤气成分分别见表2.17和表2.18。

表2.16　HYL-ZR工艺竖炉统计

项目序号	公司	国家	座数	工艺	产品	产能/Mt	投产年份
1	AL Nasseer	阿联酋	1	HYL-ZR	DRI	0.2	2008
2	Vikram Ispat	印度	1	HYL-ZR	DRI	0.5	2008
3	Jindal	印度	1	ENERGIRON ZR	HYTEMP/DRI	1.7	2011[①]

①有资料显示,项目3因鲁奇炉气源环保问题未达标,一直未正式投产。

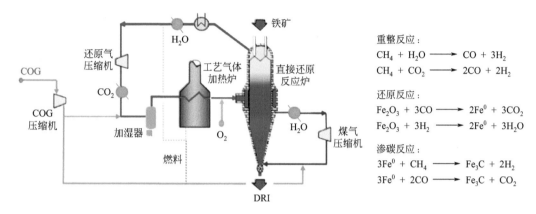

图2.24　HYL-ZR工艺流程图

表2.17　HYL-ZR工艺中采用COG+炉顶煤气加热后的入炉煤气成分　　　单位:%

组成	重整后的 COG	入炉还原气	竖炉炉顶煤气
H_2	60.6	50.7	49.0
CO	5.9	8.3	10.4
CO_2	1.6	2.0	7.0
$CH_4+C_nH_{2n+2}$	26.9	23.4	20.1
N_2	3.5	9.8	11.4
H_2O	1.5	5.8	2.1
总计	100	100	100

表2.18　HYL-ZR工艺中采用NG+炉顶煤气加热后的入炉煤气成分　　　单位:%

组成	重整的 NG	入炉还原气	竖炉炉顶煤气
H_2	0	44.6	45.0
CO	0	10.4	10.5
CO_2	0.1	1.8	10.1
$CH_4+C_nH_{2n+2}$	99.3	25.9	21.4
N_2	0.6	11.5	11.5
H_2O	0	5.8	1.5
总计	100	100	100

从表中可以看出，与天然气还原工艺相比，采用焦炉煤气作为入炉还原气，其气体成分质量与天然气相似。

陆续有印度2座、阿联酋1座共有3座竖炉取消了重整器，采用HYL-ZR零重整工艺生产。虽然没有报道这几座竖炉是否发生问题，但是，直接使用天然气作还原剂，经过未装催化剂的加热炉后，其中的甲烷含量入炉前25.9%，经过竖炉还原铁矿石后成为炉顶煤气又降低到21.4%。而使用焦炉煤气作还原剂通过未装催化剂的加热炉后，其中的入炉前甲烷含量为23.4%，经过竖炉还原铁矿石后的炉顶煤气含甲烷20.1%。由此可见，采用HYL-ZR工艺的竖炉，经过其煤气加热炉的950～970℃高温区工艺煤气中，甲烷等烃类气体含量均在17%～25%之间，将会腐蚀损坏含铁的高温煤气加热炉炉管。通常过多的甲烷在升温时会发生析碳反应 $CH_4 \rightleftharpoons C\downarrow + 2H_2$，使DRI增碳，而且碳粉会堵塞竖炉炉料中的煤气流通道。

纽柯钢铁公司与Tenova投资7.5亿美元，于2013年年底在路易斯安那的Convent建成了年产250万t DRI的世界上第四座天然气HYL-ZR竖炉，在投产初期纽柯公司宣称DRI产品质量很好。其HYL-ZR天然气竖炉的加热器外表面加热温度达1200℃，在入炉煤气工作压力持续0.90MPa的高压、内部950～970℃高温、无甲烷重整催化环境下强化生产。图2.25是纽柯与Tenova合作建成的年产250万t DRI的天然气HYL-ZR竖炉。

图2.25 纽柯年产250万t DRI的天然气HYL-ZR竖炉

图2.26为富氢气体中 CH_4 的浓度与铁渗碳过程的平衡图。可知，只要还原气中含甲烷超过5%，CH_4 在炉管中被加热到900～1100℃范围就会发生析碳反应，同时析出的碳与高温合金炉管中的铁元素极易渗碳生成 FeC_3 异物，使含铁17%左右的高温合金加热炉的炉管内壁发生碳化铁腐蚀，在炉管上部内表面生成许多以 FeC_3 为主的麻点异物。由于煤气中过高的甲烷含量会发生析碳反应，通常直接还原设备均要求入炉高温还原煤气中含 $CH_4<3\%$。但是竖炉运行中必然会经常停炉检修、再开炉、反复升温、冷却，这些高温

合金炉管内壁上部逐步形成大片麻点式分散的坑蚀中,有的麻点上的碳化铁异物就可能开裂、脱落形成蚀坑。长期高温使用引起的腐蚀使炉壁局部变薄,甚至个别位置发生泄漏、爆燃导致设备损坏和安全事故。

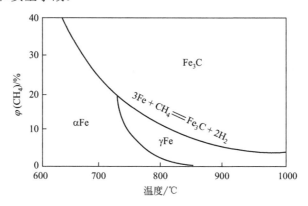

图 2.26 CH$_4$ 对 Fe 渗碳的平衡图

CH$_4$ 的析碳和渗碳反应为:

$$CH_4 = [C] + 2H_2 \qquad \Delta_r H_m^\theta > 0$$

$$CH_4 + 3Fe(s) = Fe_3C(s) + 2H_2 \qquad \Delta_r H_m^\theta > 0$$

还原气或冷却气中含甲烷过高,就可能析出过多碳粉,阻碍气流通畅,降低冷却作用,影响竖炉进出料及煤气阀门的开合密闭性。采用含 CO 超过 40% 的工艺煤气还原,在 400 ~ 700℃ 范围必然会发生析碳反应。这也是现代气基还原的反应器普遍要求煤气中 H$_2$/CO > 1.5 的原因。

提高煤气中的甲烷含量,提高还原温度,将改善渗碳剂甲烷和 CO 的扩散条件,加快渗碳反应的速度,使生成的碳化铁数量增加,反之亦然。竖炉下部 DRI 冷却带的传热过程与加热器炉管类似,冷却带温度处于 CO 分解反应易发生温度区间,新还原的金属铁具有甲烷分解析碳反应的触媒效应。在冷却带中易发生析碳反应:2CO = C+CO$_2$,CH$_4$ = C+2H$_2$,为了使还原铁增碳 1% ~ 2%,需在冷却气中经常补充 15% 左右的天然气。预防析碳反应的措施:严格控制还原气中甲烷及 CO 的含量。

2.2.3 PERED 气基竖炉直接还原工艺

2.2.3.1 PERED 竖炉直接还原工艺简介

伊朗由于天然气资源丰富,国内建设急需大量钢铁,在 20 世纪 70 年代时就建设了约 20 座 MIDREX 和 HYL-I 型直接还原竖炉,生产 DRI 供炼钢作原料。20 世纪 80 年代,在外部因素影响下,为发展自己的技术力量和工业体系,伊朗决定成立自己的矿业工程技术公司。1996 年在德国杜塞尔多夫注册成立了矿业和金属工程有限公司(Mines and Metals Engineering GmbH,MME),以此来支持伊朗矿业和冶金工业的发展。MME 隶属于伊朗矿业组织 IMIDRO,IMIDRO 管理着伊朗国内全部矿产资源和国有矿业及冶金企业。

因此，MME 也应属于伊朗的国有企业，在伊朗承接国内工程项目具有优势[47]。

MME 成立之初就具有国际化的视野，不仅将总部设在德国，而且大力吸纳招聘各国原来从事矿业、冶金业的优秀人才，因此许多原来在 MIDREX、达涅利等公司工作的老专家、中青年骨干陆续加入了 MME。在总工程师塞妙（K. V. Samuel，印度人）等在 DRI 行业有 30 多年经验的老专家主持下，1998 年 MME 开始为伊朗 Ahwaz 的胡齐斯坦钢铁公司（KSC）设计和建造 0.8Mt/a 的 ZamZam Ⅰ 直接还原铁装置，于 2001 年建成并达到了设计产能。经过四年的稳定运行，KSC 联合决定让 MME 公司为其建设 ZamZam Ⅱ 项目（0.9Mt/a），该项目于 2011 年投产。尽管伊朗阿瓦士市 KSC 的两座直接还原竖炉是 MME 独立设计和建造的，在炉型、重整炉管、催化剂方面均有所改进，但这两台装置总体布置和采用的关键设备煤气压缩机等方面，仍然有浓重的 MIDREX 流程痕迹。但是这两台装置分能够稳定运行生产多年，表明 MME 研制的竖炉流程无论工程还是生产技术，均可被认为是已经成熟的直接还原工艺技术。

2006 年 MME 公司将其对竖炉的技术创新和节能方面改进的技术加以整合，命名为"PERED"，PERED 气基竖炉直接还原工艺流程如图 2.27 所示。并在德国申请了专利，于 2009 年获得欧洲和其他地方的专利授权。此后，MME 依靠该技术在伊朗成功中标四个项目，分别是 Shadegan、Miyaneh、Baft 和 Neyriz，这些项目的产能都是 80 万 t(DRI)/a。MME 还计划为 KSC 设计和建造 1.6Mt/a ZamZam Ⅲ 直接还原铁装置[47]。

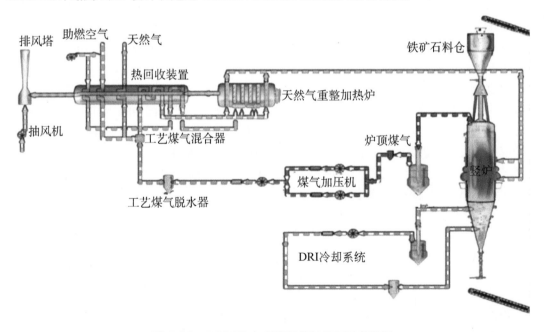

图 2.27　PERED 气基竖炉直接还原工艺流程

回收热温度区间：300 ~ 1100℃；重整装置温度：1100℃；炉温：900℃；炉顶煤气洗涤器入口空气温度：500℃，出口空气温度：40℃；冷却洗涤器入口空气温度：600℃，出口空气温度：40℃

PERED 气基竖炉技术由 MME 公司开发，在竖炉高径比、还原气入口结构、炉内物料分布均匀性、耐火材料、炉顶气洗涤及压缩等方面进行了多项改进创新，具有能耗低、投资省、运行费用低等优势，已获德国和欧盟专利。图 2.28 和图 2.29 给出了 PERED 直接还原工厂布置和生产装置。

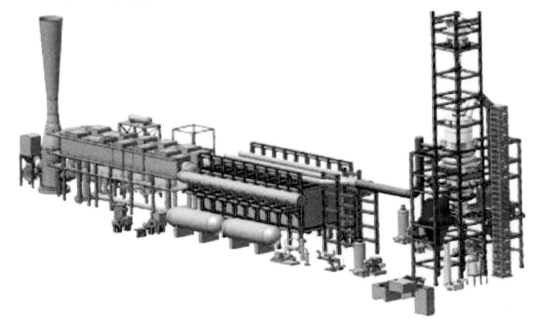

图 2.28　PERED 直接还原工厂布置

图 2.29　PERED 生产装置

2.2.3.2　PERED 竖炉工艺技术特点

PERED 气基竖炉的技术特点主要有：

① 采用特殊给料和分料装置。提高了炉顶布料的均匀性和透气性，有利于原料下料和炉顶气均匀排出。

② 采用特殊的炉顶气排气方式。采用双管排气的倒 Y 形式集气管,减少了炉身上部气流偏行现象,有效地降低了炉顶气中的粉尘含量,优化了炉型,提高了炉容利用率和延长了上升管耐火材料寿命。

③ 采用上、下双环管进还原气。下部为主要气源,上部为 30%,提高了还原气流分布的均匀性,提高还原气的利用效率,改善了产品质量和产量,使竖炉还原区的气氛、温度场分布更均匀,有效减少产品过熔现象。预留了进气管前喷氧设施,以提高还原气的温度和调整还原气成分;还原段增设了 9 组膨胀螺栓以消除竖炉轴向膨胀。

④ 采用特殊的卸料方式。卸料系统由 3 组独立的松料器组成,上部、中部松料器采用顺/逆向往复摆动;下部松料器采用 360° 连续转动(是轴向圆盘排料还是水平旋转),可实现正反转消除结块卡料。此卸料方式通过调整松料器的转速,保证了下料的均匀性和避免发生卡料。此外,1500 ～ 1600m³/t 还原气、0.23 ～ 0.26MPa、吹氧后 950℃ 入炉。炉顶煤气 0.4MPa,温度达 500℃,蓄热式热回收装置可降低到 100℃。冷却气分布器类似倒置草帽,冷却气只进不出,参与还原过程。

亚姆贸易(上海)有限公司是 MME 于 2010 年在上海正式成立的全资子公司,主要业务是作为总公司及亚洲市场主要是中国市场的联络纽带。在过去的 31 年间,以不同的工艺承接了伊朗及其他国家的各种项目,积累了直接还原铁(DRI)/热压块铁(HBI)/热直接还原铁(HDRI)工厂运作及维护的丰富经验,也使 PERED 团队开发了 HDRI/DRI 技术并申请了专利。该技术具有如下优点:①资金投入少;②使用本地原材料;③可靠性高;④节水;⑤污染小;⑥维护成本低;⑦高产出;⑧更好地利用公司内部的工程能力;⑨能耗低;⑩使用块矿的灵活性。使用经过实践考验的设备、工程标准及先进技术,根据客户选择将块矿或者氧化球团转化为 HDRI、HBI 或者 DRI。该设计具有氧气输入、自动二次成型(通常称就地二次成型)及使用中压还原等一切特点。

PERED 工艺一些独有的特点,包括炉子的气动密封、适度的操作压力、还原带还原气体质量和温度的灵活性,确保了直接还原铁的高质量,并且大大减小了昂贵设备如二次成型机的体积。冷却气体从外部一个较低的位置输送进去,使其在炉子内部能够更加均匀地输送与流动。特别设计的可拆卸管道及旋转给料机消除了热熔产品排放并串槽的可能性。极为谨慎地设计了双顶气炉,给料管道及多个分区的直径高度比,使每天每立方米的吨产量比其他设计都要大。洗涤器也使用了较新的设计,供气管底部更有效地通风,减少了维护保养。根据不同的需要,客户可以任意选择 DRI/HBI/HDRI 或者其全部组合,也可以选择气体用于此项工艺,如合成气、天然气及焦炉煤气。

PERED 竖炉工艺的消耗指标见表 2.19,生产技术参数见表 2.20,其对入炉氧化球团质量标准和冶金性能的要求见表 2.21 和表 2.22。

表2.19 PERED竖炉工艺直接还原消耗指标

消耗指标		0.8MMTPY		消耗指标		0.8MMTPY	
序号	项目	单位	用量	序号	项目	单位	用量
1	氧化球团	t	1.45	4	脱盐水	m^3	1.5
2	天然气	m^3(标)	285	5	动力空气	m^3(标)	2.0
3	能耗	kW·h	140	6	仪表空气	m^3(标)	3.0

表2.20 PERED竖炉工艺直接还原生产技术参数

耐火材料内径	5.5m		原料气	> 580℃
生产率	125t/h	换热器	空气	> 680℃
产品	DRI		蒸汽	> 150℃，3bar

注：1bar=10^5Pa。

表2.21 PERED竖炉工艺对氧化球团的入炉质量标准

化学成分	TFe	FeO	Al_2O_3	CaO	SiO_2	S	P	Na_2O+K_2O	TiO_2
含量/%	≥ 68	≤ 1.0	≤ 0.6	≤ 0.6	≤ 2.38	≤ 0.012	≤ 0.025	≤ 0.1	≤ 0.25

表2.22 PERED竖炉工艺对入炉氧化球团冶金性能要求

项目	冶金性能		项目	冶金性能
粒度	8~18mm：> 90%；< 5mm：≤ 5%		压溃强度(30个球团平均值)/(N/个)	≥ 3000(2500 亦可用)
水分/%	≤ 6		RI/%	≥ 68
转鼓强度/%	> 6.3mm	≥ 96	膨胀指数/%	≤ 15
	< 0.5mm	≤ 3.6	还原后抗压强度/(N/个)	≥ 200

2.2.4 主流气基竖炉直接还原工艺技术特点比较

HYL-Ⅲ、MIDREX、PERED竖炉直接还原技术的比较见表2.23、表2.24和表2.25，MIDREX和HYL-Ⅲ直接还原入炉工艺煤气成分及加热方法的区别见表2.26。

表2.23 HYL-Ⅲ、MIDREX、PERED竖炉直接还原技术比较（1）

工艺	HYL-Ⅲ	MIDREX	PERED
竖炉结构			

HYL-Ⅲ：压力仓、分配仓、还原段、等压段、冷却段、旋转阀、压力仓、炉顶气、还原气、冷却气、冷却气、DRI

MIDREX：料斗、上气封、膨胀补偿波纹管、还原段、还原气围管、上输送机、冷却气出口、中间输送机、下输送机、下气封、摆式卸料机、炉顶煤气出口、还原气入口、冷却段、冷却气入口、冷却气分配器

PERED：炉顶料罐、炉顶布料管、PERED竖炉、还原气850℃、冷却煤气洗涤器、CDRI接料口、炉顶煤气上升管、文氏管、炉顶煤气洗涤器

表2.24 HYL-Ⅲ、MIDREX、PERED竖炉直接还原技术比较（2）

工艺	HYL-Ⅲ	MIDREX	PERED
主要优点	1. 工艺成熟，生产规模大，产能占全球63%； 2. 炉内煤气压力高0.6～0.9MPa，富氢还原温度较高，还原速度快，设备较昂贵； 3. 余热回收充分，需补充的工艺煤气比例仅占1/4； 4. 解吸气全部回收利用自烧，对外界影响和依赖少； 5. 煤气含氢高，压力高，炉料不易发生黏结，百万吨以下竖炉内部无活动部件； 6. 设备空间布置紧凑	1. 生产工艺成熟，规模大，产能占全球63%； 2. 竖炉运行0.15～0.3MPa，设备备件容易本地化； 3. 含 CO_2 的炉顶煤气占70%返回重整炉利用，需要重整补充的工艺煤气约占1/2； 4. 目前南非和印度安吉尔利用COREX 2000输出的含60% CO输出煤气生产直接还原铁工艺已经成熟	1. 重整炉的加热管直径扩大为10英寸（25.4cm）时，0.8Mt/a竖炉比MIDREX减少了30根炉管，重整炉内容积减少30%，节能减排； 2. 采用两级离心压缩机，比MIDREX节省了一半水蒸气消耗； 3. 炉顶煤气改为双导管出口，从竖炉顶部引出进上升管，减少煤气偏行，竖炉料面提高使竖炉有效容积扩大了约15%，炉顶空间的增大减少了煤气带走的粉尘量； 4. 竖炉还原气从两排围管入炉，70%还原气从下进口入炉，其余从上排围管入炉，扩大了高温区，煤气流和温度分布得到改善，有利于提高生产率； 5. 改进了热回收系统的换热器布置，核心设备选择高效锅炉提高了换热效果，使天然气预热提高到425℃，助燃空气由原来的预热500℃提高到680℃，使进入重整炉的原料气预热温度由400℃提高到580℃，燃料消耗相应下降； 6. 竖炉冷却气水平集气风帽通道设置成十字形，改进了黏结块破碎机的摆动模式，下部设置水平行星式排料机等，使竖炉生产率提高约10%； 7. 竖炉低压运行，设备易本地制造

表2.25 HYL-Ⅲ、MIDREX、PERED竖炉直接还原技术比较（3）

工艺	HYL-Ⅲ	MIDREX	PERED
主要缺点	1. 还原气含 H_2 高，还原铁矿石吸热反应需要的煤气温度和压力高，对反应器制造及部件维护要求很高； 2. 甲烷水蒸气离线850℃重整制 H_2 和脱 H_2O 脱 CO_2，然后煤气再加热930℃入炉，增加投资及热耗； 3. 需要引进的关键设备、部件比较多，如煤气压缩机、高效换热锅炉、密封阀等	1. 炉内压力低，CO还原放热易发生局部过热结块，内部必须安装多层破碎装置及烟气密封系统，生产率降低，维修费在增加； 2. 为了保护重整炉催化剂，对煤气和铁矿石含硫量有严格要求，需增加煤气脱硫设施； 3. MIDREX工艺设备布局显得较庞大、不紧凑	1. 目前投产的生产装置仅6套（在建1套）； 2. CO还原放热易发生局部过热结块，内部必须安装破碎装置，增加了维修费； 3. 为了保护重整炉催化剂，对煤气和铁矿石含硫量有严格要求，或者需要增加煤气脱硫设计； 4. 尚无1.5Mt/a以上生产装置
市场占有率现状	目前采用的HYL-Ⅲ直接还原工艺生产装置共有13套，2019年产量达到1426t，市场占比13.2%	2019年有71套MIDREX竖炉生产了6386万t DRI，其中阿尔及利亚有两套年产250万t DRI竖炉2019年已建成投产，市场占比65.8%（包括PERED）	2019年有6套PERED竖炉生产了约500万t DRI。一套使用干重整工艺的焦炉煤气年产30万t装置在山西建成未生产

表 2.26　MIDREX、HYL-Ⅲ直接还原入炉工艺煤气成分及加热方法的区别

项目	MIDREX		HYL-Ⅲ
H_2/CO	0.3	1.5 ~ 1.8	3.0 ~ 6.7
H_2/%	20	54	66 ~ 73
CO/%	72	36	13 ~ 22
作为载热体需要的入炉热煤气量 /[m³(标)/t(DRI)]	1900	1800	1800 ~ 2000(含 4% CH_4)
煤气质量 (H_2+CO)/ (CO_2+H_2)	> 9	> 11	> 20
加热方式及入炉温度	净化的炉顶煤气加热到 450℃，与 LPG+ 氧气燃烧产生 1400℃煤气混合，形成 830℃入炉煤气	隔离高温合金炉管加热到约 930℃	可隔离高温合金炉管加热到约 970℃

2.2.5　氢冶金工艺入炉炉料的质量要求

与其他非高炉炼铁工艺相比，气基竖炉直接还原有单套设备产量大、不消耗焦煤、节能、环境友好、低能耗、低 CO_2 排放等显著优点，是直接还原无焦炼铁技术的中流砥柱。迄今为止，普遍认为直接还原炼铁技术在我国一直未得到充分发展和应用，其主要原因是国内缺乏廉价的还原气资源，而且必须从巴西、南非等国家进口高品位铁精块矿或者铁矿粉生产氧化球团，缺乏发展直接还原铁技术的铁矿资源条件。

气基竖炉直接还原需使用优质氧化球团原料，而我国累计探明的铁矿资源储量达 680亿 t，居世界第五。资源特点是以贫铁矿为主，平均品位仅为 32%，而且多为开采难度大的地下矿。

我国炼铁节能减排的精料技术，应该首先从提升国产铁矿石选矿产品质量、降低选矿成本入手。近几年经过东北大学资源学院及马鞍山、北京、长沙等矿冶研究院专家的潜心研究和科技攻关的结果证明，我国的铁矿资源尽管品位低，但可选性较好，我国大部分地区都可以用国产铁矿石生产出全铁含量（TFe）达到 67% ~ 70% 的直接还原用铁精矿粉。

世界上最先进炼铁技术经济指标的高炉，是使用 100% 由球团矿和烧结矿各占一半的炉料结构创造的。我国不缺乏生产高品位铁精矿原料的矿山，所拥有的铁矿资源和选矿技术可以满足高炉炼铁，及直接还原铁竖炉冶炼球团矿生产发展的需要。精料是炼铁节能减排的基础，使用低品位铁精矿不仅浪费资源能源，也加重了环境污染。自从于永富院士倡导提铁降杂以来，提高铁精矿质量的意义逐渐被认同，不再受从前只针对选矿厂自身效益的"选矿合理品位和回收率的关系"所束缚。应将精料扩展到选矿 - 炼铁 - 产品全流程效益来研究，用选治流程产业链的整体效益来确定合理的铁精矿标准。

如果 DRI 生产企业不能掌控进口优质铁矿石的价格，就应尽量建立起基于企业及周边资源的选治企业产业链，充分利用好国产优质铁精矿 - 球团矿，精心控制成本组织炼铁生产。

2.3 国外氢冶金发展现状

氢在钢铁生产中的重点应用主要包括高炉富氢还原炼铁、气基直接还原工艺、氢等离子直接炼钢工艺等。表 2.27 整理了近年来国外氢冶金项目概况。

表2.27 国外氢冶金发展的项目、投资、目标及未来规划概况汇总表

序号	项目名称	投资	氢来源及含氢量	碳减排目标
1	日本 COURSE50 项目	预计投资150亿日元	焦炉煤气制氢，氢含量≥70%	CO_2 排放减少30%
2	瑞典 HYBRIT 项目	（10～20）亿瑞典克朗	由清洁生产能源发电，电解水生产氢，100% 天然气	瑞典二氧化碳排放降低10%，芬兰二氧化碳排放降低7%
3	安赛乐米塔尔纯氢炼铁项目	6500万欧元建设10万t DRI 氢气竖炉示范工厂	高炉顶煤气变压吸附制氢（≥95%），未来可再生能源制氢	2030年将二氧化碳排放量降低30%，到2050年达到碳中和
4	德国蒂森克虏伯项目	100亿欧元	法国液空公司提供，通过甲烷蒸汽转化炉大规模生产氢气，含氢≥70%	2030年将生产和生产过程以及能源购买的 CO_2 排放量减少30%
5	德国 SALCOS 项目	风力发电、制氢工厂建设投资总额为5000万欧元	风电制氢及可逆式固体氧化物电解工艺生产氧气和纯氢	整个钢铁生产碳排放减少95%
6	奥钢联 H_2FUTURE	1800万欧元，另10亿欧元建设混合燃料钢厂	电解水产纯氢，H_2 燃料电池	2050年减少80%的二氧化碳排放，并建设世界最大的氢还原中试工厂
7	韩国 COOLSTAR 项目	计划投入898亿韩元	副产煤气进行改质精制成氢气，氢含量≥70%	减排二氧化碳15%，同时确保技术经济性，到2040年减少至少50%的二氧化碳排放
8	欧盟 ULCOS、ULCORED 项目	ULCOS 总预算5900万欧元	天然气或煤制氢，氢含量≥70%	通过碳、氢、电三种可能途径降低还原剂和燃料用量，将 CO_2 排放降低至少50%

2.3.1 日本 COURSE50 项目

2007 年 5 月，时任日本首相安倍晋三宣布了"Cool Earth 50"倡议，提出通过利用节能技术等，实现环境保护与经济增长的兼容。为了实现这一目标，COURSE50 项目作为"Cool Earth 50"创新技术开发之一被公布，并从 2008 年开始，由以神户制钢、JFE 和新日铁等为代表的新能源和产业技术开发组织（NEDO）进行研究和开发。COURSE50 旨在通过用氢气代替部分焦炭来减少高炉的二氧化碳排放。项目计划到 2030 年建立完善技术，到 2050 年实现技术的工业化转移。2020 年 10 月，时任菅义伟首相在他的总体政策演讲中宣布，日本的目标是到 2050 年实现碳中和。为此，同年 12 月，日本经济产业省（METI）制定了"2050 年前实现碳中和的绿色增长战略"。在这一战略中，COURSE50 被定位在该战略 14 个优先领域之一的氢气工业增长战略"流程图"中[48]。

COURSE50 项目的技术框架及技术发展规划见图 2.30 和图 2.31，包含氢还原炼铁和从高炉煤气中捕获二氧化碳两项支柱技术。前者的基础是焦炉煤气重整技术和高强度高反应性焦炭生产技术；后者是建立在二氧化碳吸收技术基础之上，能够利用钢铁厂的余热。通过新日铁住金君津厂建设 $12m^3$、日产铁能力 35t 的高炉操作试验，确定了项目整体减排 30% 的目标，其中使用氢还原炼铁减排二氧化碳 10%，通过从高炉煤气中回收二氧化碳减排 20%[48]。

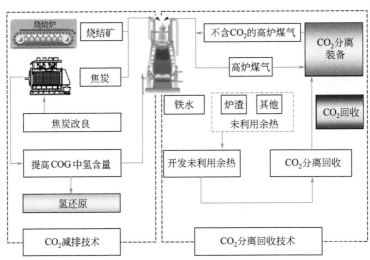

图 2.30　COURSE50 技术框架

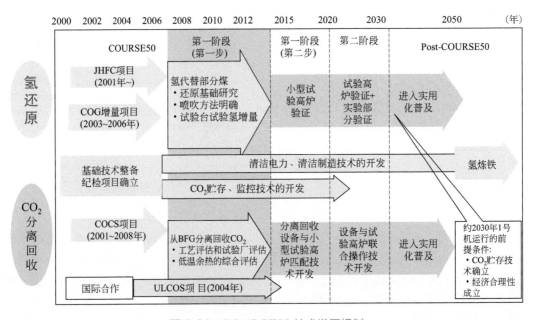

图 2.31　COURSE50 技术发展规划

第一阶段（2014～2016 年）进行了试验高炉操作，向试验高炉内喷吹氢气，结果表明，与不喷吹氢气相比，碳减排 9.4%。由于氢气轻且易上升，仅从下部喷吹将限制其与铁矿石反应概率，故试验高炉的炉身风口设计为三段可以微调高度的结构，从而确定最佳氢气还原效果的位置。因为氢还原伴随着吸热反应，所以在炉身风口上部设置了预热煤气风口以保证炉内温度。

第二阶段（2017～2030 年）进行扩大试验，逐步模拟 4000～5000m³ 的实际高炉，同时进行氢气加压及喷吹、焦炉煤气改质整体设备研发。该项目计划在 2030 年在首座高炉实施副氢还原炼铁，2050 年实现该技术在日本高炉的推广。

此外，COURSE50 项目同时还进行了钢铁厂内部制氢技术的开发，氢气源是焦炉煤气（COG）。将焦炉煤气中的焦油等采用新型催化剂进行改质，可将焦炉煤气的氢含量由 55% 提高至 63%～67%，计划产出体积大于 2 倍的氢气。焦炉煤气离开炭化室时的温度达 800℃，可充分利用其显热对焦油和轻油（烃类物质）进行催化裂解以产生氢气，其具体技术路线见图 2.32。目前，该技术已完成工业小试[49]。

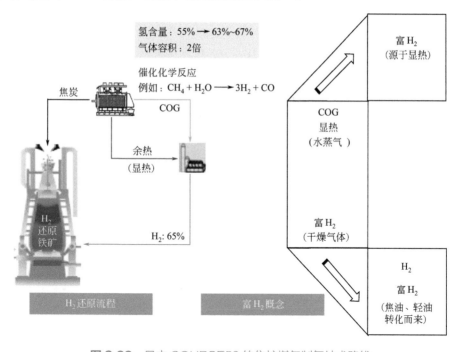

图 2.32 日本 COURSE50 的焦炉煤气制氢技术路线

同时，日本钢铁联盟提出了以 2100 年为目标的"挑战零碳钢"长期愿景。COURSE50 项目计划在 2030 年投入实际运行，届时将利用钢铁厂内的氢进行部分氢还原；之后将在积累经验的基础上，开展以钢厂外部氢为原料的 super-COURSE50 开发。待开发到一定程度后，将进行基于氢基竖炉直接还原工艺开发，同期进行 CCUS 技术开发，以实现"零碳钢"的目标。2021 年 5 月，JFE 公布了该公司碳中和技术实施计划（见图 2.33），技术路径包括氢基直接还原炼铁技术[50]。

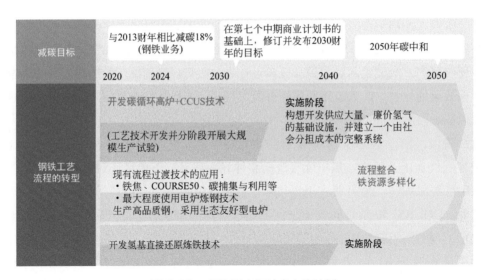

图 2.33 JFE 碳中和技术实施计划

2.3.2 瑞典 HYBRIT 项目

2016 年 4 月，瑞典钢铁公司（SSAB）、瑞典大瀑布电力公司（Vattenfall）和瑞典矿业公司（LKAB）联合创立了氢能突破性炼铁项目 HYBRIT（Hydrogen Breakthrough Ironmaking Technology），该项目主要以氢气竖炉直接还原进行钢铁生产为核心概念，以电解水制取的氢取代煤，从而减少二氧化碳排放。该项目有望使瑞典的二氧化碳排放降低 10%，芬兰的二氧化碳排放降低 7%。项目计划 2016 ～ 2017 年进行初步可行性研究；2018 ～ 2024 年进行全面可行性研究，建设中试厂；2025 ～ 2035 年建设示范厂并试运行。最终在 2035 年之前拥有一个无碳炼铁解决方案，以氢气竖炉 - 电炉替代高炉，2045 年实现无化石燃料的目标[51−52]。

HYBRIT 新工艺和传统高炉工艺的技术路线对比见图 2.34。新工艺流程与现有的气基竖炉直接还原流程相似，但其以 100% 氢气作为还原剂，还原产物是水。图 2.35 给出了传统高炉流程和 HYBRIT 新工艺二氧化碳排放、能源消耗对比（基于瑞典生产数据，以吨钢为计算单位）。传统高炉流程主要考虑了造块、熔剂生产、焦化、高炉炼铁、转炉炼钢工序，其二氧化碳排放、化石能源消耗（煤 + 油）、电力消耗分别为 1600kg、5231kW·h、235kW·h，其中能源消耗总计 5466kW·h；HYBRIT 新工艺主要考虑了造块、制氢、氢气直接还原、电炉工序，其二氧化碳排放、可再生能源消耗、化石能源消耗（煤）、电力消耗分别为 25kg、560kW·h、42kW·h、3488kW·h，其中能源消耗总计 4090kW·h（含可再生能源 560kW·h）。与高炉流程相比，HYBRIT 新工艺二氧化碳排放降低 1575kg，降低了 98.44%；能源消耗减少 1376kW·h，减少了 25.17%。该技术碳减排将经历 2025 年和 2040 年两个转折点，预期在 2050 年实现二氧化碳零排放。值得一提的是，瑞典二氧化碳减排 10% 将导致耗电量增加 15TW·h，拟借助风能发电、太阳能发电等弥补[53]。

HYBRIT 项目的研发主要分为前期实验室小规模试验以探究工艺可行性并改良方法，中试规模包括无化石燃料球团研制、氢气直接还原工艺研究、氢存储设施的开发和海绵铁冶炼四方面研究，最后形成工业规模上在技术和经济方面是可行的示范规模生产。

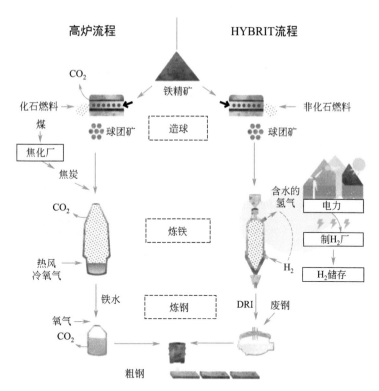

图 2.34 瑞典 HYBRIT 新工艺和传统高炉工艺的技术路线对比

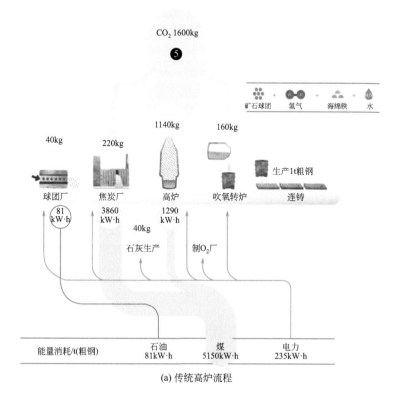

(a) 传统高炉流程

图 2.35

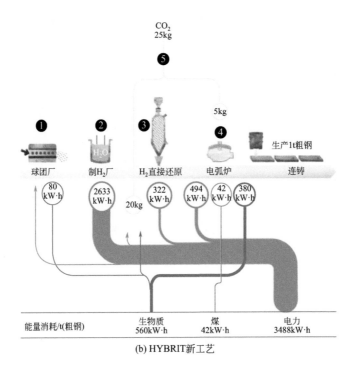

图 2.35 传统高炉流程和 HYBRIT 新工艺碳排放与能源消耗对比

2018 年 HYBRIT 项目得到了瑞典能源署 5.28 亿瑞典克朗的资金支持，用于在瑞典吕勒奥建设一个电解槽制氢 - 氢气竖炉直接还原 - 电炉炼钢中试工厂，进行非化石能源钢铁生产和制氢，预计 2020 ~ 2024 年运行，年产 50 万 t DRI，到 2024 年，该中试厂建造和运营成本预计为（10 ~ 20）亿瑞典克朗，目标是在 2035 年之前形成无碳冶炼解决方案。2020 年 8 月 31 日，该中试工厂开始运行。此外，HYBRIT 在瑞典矿业的马尔姆贝里建立了一个非化石能源铁矿氧化球团厂，采用创新技术将生物油变成可再生生物质燃料，实现 100% 可再生燃料铁矿氧化球团生产，同时配套研发了一个用于生物油的特殊储存罐以及相关的管道系统，这是世界上第一个无化石燃料工厂。2020 年秋，无化石燃料生产铁矿石球团的试验获得成功，作为项目的一部分，其他替代加热技术如氢燃烧和电加热技术的试验在瑞典吕勒奥也在进行中，预计二氧化碳排放量将减少 40%，相当于每年减排二氧化碳 6 万 t。作为配套设施，2019 年 10 月 HYBRIT 项目投资 1.5 亿瑞典克朗，瑞典能源署出资近 5000 万瑞典克朗，将于 2021 年在靠近 Lulea 中试厂的 LKAB 位于 Svartoberget 地下 25 ~ 35m 处建造新氢气储存设施，该设施预计将于 2022 ~ 2024 年运行。储存氢气为稳定能源系统提供了一个机会，当有充足的电力时，如在有风的时候，可以产生氢气；当电力系统处于紧张状态时，可以使用储存的氢气。瑞典钢铁公司计划 2026 年向市场提供第一批非化石能源生产的钢铁产品[54]。

2.3.3 安赛乐米塔尔纯氢炼铁项目

自 20 世纪中叶实现工业化以来，MIDREX 法已形成 MIDREX NG、MXCOL 等一系列工艺。由于 MIDREX 法入炉还原气 H_2/CO 值可达 3.9，为发展 MIDREX 纯氢竖炉（MIDREX H_2）提供了可能。安赛乐米塔尔纯氢炼铁项目便是以 MIDREX H_2 工艺为依据展开的，该工艺流程如图 2.36（c）和图 2.36（d）所示，通过 MIDREX-NG（天然气竖炉）

工艺部分添加氢气逐步过渡，最终形成包括纯氢喷吹竖炉冶炼工艺和电解制氢 - 纯氢竖炉冶炼工艺[55]。

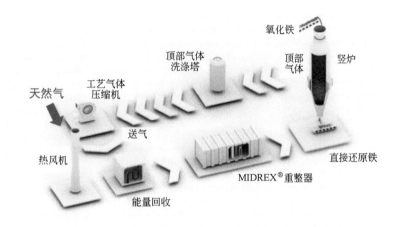

(a) MIDREX-NG 工艺

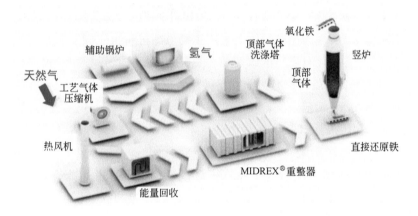

(b) MIDREX-NG 添加氢气工艺

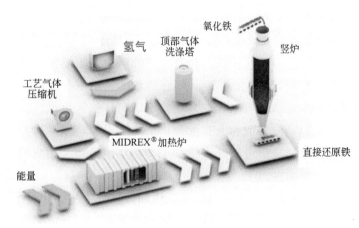

(c) MIDREX-H_2 喷吹纯氢工艺

图 2.36

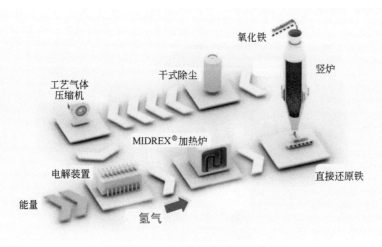

（d）MIDREX-H$_2$电解制氢喷吹纯氢工艺

图 2.36 MIDREX 工艺发展

2019 年 12 月，安赛乐米塔尔制订了一项计划，到 2030 年将二氧化碳排放量降低 30%，到 2050 年达到碳中和。该计划旨在于 2030 年实现三大突破。第一将使用清洁能源实现氢能源炼钢；第二实现碳循环炼钢，使用生物质能等可再生碳能源替代传统炼钢过程中的化石燃料；第三实现化石燃料的碳捕获和封存，并在生产过程中进行反复利用。2019 年 9 月 16 日，安赛乐米塔尔与 MIDREX 公司签署框架合作协议，双方将投资 6500 万欧元在汉堡建造一个氢冶金示范工厂，使用纯氢作为还原剂实现大规模生产直接还原铁。示范工厂最初将每年利用天然气制氢作为原料气，生产大约 10 万 t 的直接还原铁，技术经济成熟后转为可再生能源制氢。可再生能源来自德国北部海岸附近的风力发电场。该工厂将是世界上第一个以氢为动力的工业规模直接减排工厂，也是 2050 年实现全欧洲碳中和目标的一部分。2020 年 5 月，安赛乐米塔尔德国公司和汉堡应用技术大学计划开展 WiSaNo 联合研究项目，以未来总产能 100 万 t/a 工厂作为基础，重点研究氢基钢材的生产，已完成初步研究。研究结果证明了在德国沿海地区建设直接还原铁厂，以及通过铁路或船舶向安赛乐米塔尔集团汉堡钢厂运输金属化成品的可行性。除此之外，由于建立氢基钢铁生产链需要大量能源，因此还需计划研究在直接还原铁厂附近建造风力发电场的可能性，北海和波罗的海沿海地区被认为是有希望的风力发电场建造地点。2020 年 7 月，该公司与 EWE 能源公司及其子公司 Swb 签署协议，开始生产绿色氢。第一阶段包括建设一座 24MW 的电解厂，为安赛乐米塔尔不来梅工厂提供绿色氢。2020 年 9 月，基于全球碳减排政策高度协同、能够取得大量廉价的清洁能源、政策支持开发清洁能源的基础设施、可为低碳钢铁生产提供可持续融资和加快循环经济转型的政策五方面政策环境的支持，安赛乐米塔尔宣布在 2050 年实现净零碳排放的发展目标，计划使用氢气 - 直接还原铁（Hydrogen-DRI）工艺路径和可持续生物质和含固废的燃料，结合碳捕集、利用和封存（CCUS）减排二氧化碳实现净零碳排放。2021 年 8 月，安赛乐米塔尔发布集团气候行动报告，公布了其在全球各地的企业到 2030 年，将二氧化碳排放量减少 25%，其在欧洲企业将二氧化碳排放量减少 35% 的工作目标，并计划通过在西班牙的 Gijon 工厂安装混合电炉与氢基直接还原工艺结合的新装置，将其在西班牙地区的二氧化碳整体排放水平降低大约 50%。同时，计划到 2025 年将 Sestao 工厂打造成为世界上第一座全面实现二氧化碳净零排放的炼钢厂。

2.3.4 德国蒂森克虏伯、SALCOS 氢冶金项目

为在 2050 年实现气候中和型钢厂转变，蒂森克虏伯钢铁公司计划采取两种方式来减少二氧化碳排放：氢冶金的 tkH$_2$Steel 项目，以及将钢厂尾气（含二氧化碳）转化为有价值的化工产品原材料的 Carbon2Chem 项目，且均已获得德国联邦政府和德国北莱茵 - 威斯特法伦州政府的资助[56]。

tkH$_2$Steel 项目主要分为四个阶段，在初期测试阶段，氢气将通过一个风口代替煤粉注入杜伊斯堡钢厂的 9 号高炉内，通过高炉富氢还原减少钢铁碳排放，这标志着"以氢代煤 1.0"项目正式启动，目的在于验证喷吹纯氢低碳冶炼技术的可行性和安全性。若测试成功，则在 2021 年底之前扩展至该高炉的全部 28 个风口。从 2022 年起，蒂森克虏伯钢铁公司将逐步将杜伊斯堡的其他三个高炉转变为氢气喷吹，理论上有望减少钢铁生产过程约 20% 的二氧化碳排放。同时，为了能从根本上改变钢铁生产结构，2020 年 8 月蒂森克虏伯宣布"以氢代煤 2.0"计划开始，将于 2025 年前在杜伊斯堡钢厂建成一座 120 万 t/a "氢气竖炉 DRI+ 绿电电炉熔化单元"的生产装置，如图 2.37 所示，生产 "electric hot metal（电铁水）"给现有炼钢厂。计划先采用现有高炉熔化 DRI，在这个过程中高炉仅充当熔炼单元，从而降低了过程能耗及二氧化碳排放量。从 2030 年起，将采用电炉取代高炉冶炼直接还原铁并加工成粗钢，其中电炉电力最大比例来源于可再生能源[57]。

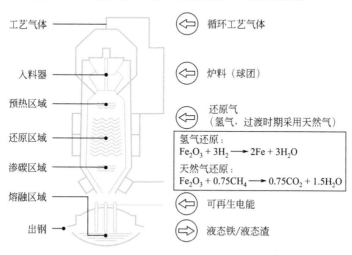

图 2.37 蒂森克虏伯"氢气竖炉 + 电炉熔化"装置示意图

2019 年 4 月，德国萨尔茨吉特钢铁公司与 Tenova 公司提出以氢气为还原剂炼铁，从而减少二氧化碳排放的 SALCOS 项目。该项目旨在对原有的高炉 - 转炉炼钢工艺路线进行逐步改造，把以高炉 - 转炉为基础的碳密集型钢铁生产工艺，逐步转变为竖炉直接还原炼

铁 - 电炉工艺路线，同时实现富余氢气的多用途利用，预计将整个钢铁生产的碳排放减少95%[58]。

为了实施 SALCOS 项目，萨尔茨吉特钢厂先策划实施了萨尔茨吉特风电制氢项目（Wind H₂），其思路是采用风力发电，电解水制氢和氧，再将氢气输送给冷轧工序作为还原性气体，将氧气输送给高炉使用。SALCOS 项目主要分为两步：第一步建设质子交换膜电解槽，电解蒸馏水制氢，生产能力为 400m³（标）/h；第二步将风力发电场电力输送到电解水工厂。风力发电、制氢工厂建设投资总额约为 5000 万欧元，制氢工厂在 2020 年投用，在此基础上再研究利用其他清洁能源发电[59]。

在 2016 年 4 月正式启动了 GrInHy1.0（Green Industrial Hydrogen，绿色工业制氢）项目，采用可逆式固体氧化物电解工艺生产氢气和氧气，并将多余的氢气储存起来。当风能（或其他可再生能源）波动时，电解槽转变成燃料电池，向电网供电，平衡电力需求。2017 年 5 月份，该系统安装了 1500 组固体氧化物电解槽，于 2018 年 1 月完成了系统工业化环境运行，2019 年 1 月完成了连续 2000h 的系统测试，2 月 GrInHy1.0 项目完成，产量达 40m³(H₂)/h（150kW AC）。与此同时，2019 年 1 月萨尔茨吉特钢厂开展了 GrInHy2.0 项目。GrInHy2.0 项目通过钢企产生的余热资源生产水蒸气，用水蒸气与绿色可再生能源发电，然后采用高温电解水法生产氢气。氢气既可用于直接还原铁生产，也可用于钢铁生产的后道工序，如作为冷轧退火的还原气体。GrInHy2.0 项目规划如图 2.38 所示。该项目将首次在工业环境中采用标称输入功率为 720kW 的高温电解槽。其目标是连续不间断运行 7000h，电解效率达到 80% 以上。同时，当可再生能源不足时，平时储存的氢气可将高温电解槽作为固体氧化物燃料电池用于发电。预计到 2022 年年底，该高温电解槽将至少运行 13000h，总共产生约 100t 的高纯度（99.98%）氢气[60]。

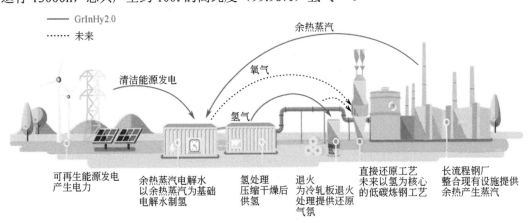

图 2.38 GrInHy2.0 项目规划

2.3.5　奥钢联 H₂FUTURE 和普瑞特氢冶金项目

2017 年初，由奥钢联、西门子、Verbund（奥地利领先的电力供应商，也是欧洲最大的水力发电商）公司、奥地利电网（APG）公司、奥地利 K1-MET（冶金能力中心）中心组等发起了 H₂FUTURE 项目，旨在通过研发突破性的氢气替代焦炭冶炼技术，降低钢铁生产过程的二氧化碳排放，最终目标是到 2050 年减少 80% 的二氧化碳排放，并建设世界最大的氢还原中试工厂[61]。

H₂FUTURE 项目通过最先进的质子交换膜电解槽（PEM）技术与电网服务相结合的方式，根据当地电网服务频率，调节电解槽系统消耗，利用可再生电力资源电解水获得纯净氢气供给钢铁生产。其中 PEM 技术由西门子公司提供；Verbund 公司作为项目协调方，负责利用可再生能源发电并为项目提供电网相关服务；奥地利电网公司的主要任务是确保电力平衡供应，保障电网频率稳定；奥地利 K1-MET 中心组负责研发钢铁生产过程中氢气可替代碳或碳基能源的工序，定量对比研究电解槽系统与其他方案在钢铁行业应用的技术可行性和经济性，同时研究该项目在欧洲甚至是全球钢铁行业的可复制性和大规模应用的潜力。

H₂FUTURE 项目计划在奥地利林茨的奥钢联阿尔卑斯基地安装一个 6MW 聚合物电解质膜（PEM）电解槽，氢气产量为 1200m³(标)/h，电解水产氢效率目标为 80% 以上，其示意图见图 2.39。中试装置投入使用后，电解槽将进行为期 26 个月的示范运行，示范期分为 5 个中试化和半商业化运行，用于证明 PEM 电解槽能够利用再生电力生产绿氢，并提供电网服务。随后，将在欧盟 28 国对钢铁行业和其他氢密集型行业进行更大规模的复制性研究。最终，提出政策和监管建议以促进在钢铁和化肥行业的部署。2019 年 11 月 11 日，计划中的奥地利林茨奥钢联钢厂 6MW 电解水制氢装置已投产，氢冶金时代正式开启。

图 2.39　6MW 电解水制氢装置

普瑞特计划 10 ～ 15 年内将位于美国得克萨斯州的 MIDREX-NG 工厂（200 万 t/a）改为使用氢气的工艺[62—63]。普瑞特 HYFOR 粉矿流化床氢气直接还原项目借鉴 Finmet、FINEX 技术和设备，将精矿粉（<0.15mm）在预热 - 氧化装置中加热到约 900℃，进入流化床还原设备，氢气（主要还原剂）通过导流栅进入还原设备。尾气经余热回收后采用干法除尘。将得到的约 600℃ 热直接还原铁（HDRI）进行冷却或者生产 HBI 供给电弧炉。在奥钢联 Donawitz 钢厂建成了 HYFOR 工艺中试装置，如图 2.40 所示，2020 年年底投运，2021 年 4 ～ 5 月成功进行了首次测试，每次精矿粉用量 800kg 左右。商业化的直接还原装置将采用模块化设计，每个模块设计产能 25 万 t/a。

图 2.40 HYFOR 工艺中试装置

2.3.6 韩国 COOLSTAR 项目

2017 年 12 月开始,韩国正式开始研发氢还原炼铁工艺。COOLSTAR（CO₂ Low Emission Technology of Steelmaking and Hydrogen Reduction）项目作为一项政府课题,由韩国产业通商资源部主导,政府和民间计划投入 898 亿韩元用于相关技术开发,终极目标是减排二氧化碳 15%,同时确保技术经济性[64]。

COOLSTAR 项目主要包括"高炉二氧化碳减排混合炼铁技术"和"替代型铁原料电炉炼钢技术"两项子课题,见图 2.41。项目的第一部分课题由浦项钢铁公司主导,依据欧洲和日本的技术开发经验和今后的发展方向,以利用煤为能源的传统高炉为基础,充分利用"灰氢",这类氢气主要通过对钢铁厂产生的副产煤气进行改质精制而成,而非可再生能源产生的"绿氢",由此实现氢气的大规模生产,并作为高炉和电炉的还原剂;第二部分课题是将氢气作为还原剂,通过制备 DRI,逐步替代废钢,由此减少电炉炼钢工序的二氧化碳排放,同时提高工序能效,最终目标是向韩国电炉企业全面推广。COOLSTAR 项目计划 2017 ~ 2020 年开展实验室规模的技术研发,主要完成基础技术开发;2021 ~ 2024 年开始中试规模的技术开发,完成中试技术验证,到 2024 年 11 月前完成氢还原炼铁工艺的中试开发,并对具有经济性的技术进行扩大规模的试验;2024 ~ 2030 年完成商业应用的前期准备研究;2030 年以后筛选出真正可行的技术并投入实际应用研究;2050 年前后实现商用化应用。

目前,浦项钢铁公司浦项厂已将还原性副产气体作为还原剂进行应用,这类副产气体由发电站供应;现代钢铁公司利用生物质替代煤炭,由此实现炼铁工序二氧化碳减排;浦项科技大学开发了高温固体氧化物电解电池系统,可以还原二氧化碳,并通过间接去除技术,减少尾气中的二氧化碳;延世大学开发的吸附工艺可从焦炉煤气中回收氢气,同时对甲烷进行浓缩;韩国科学技术院从焦炉煤气中生产氢气,并试图通过水蒸气改质工艺研究,提高氢气的产量;釜庆大学利用炼铁副产煤气,制备高碳、高金属化率的 DRI。

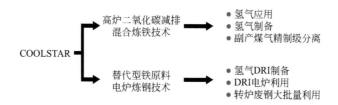

图 2.41 COOLSTAR 主要技术

图 2.42 给出了浦项低碳技术路线图[65]，其碳减排目标是：到 2030 年 CO_2 排放量减少 20%，到 2040 年 CO_2 排放量减少 50%，到 2050 年达到碳中和。过渡的低碳技术包括：①高炉喷吹焦炉煤气（COG）（部分氢还原）；②高炉喷吹生物质燃料；③高炉使用流化床直接还原生产的低还原铁（LRI）；④使用品质废钢；⑤ CO_2 捕获和转化利用（CCUS）；⑥高温炉渣显热回收。碳中和技术路线是风电、太阳能发电 - 水电解制氢 - 粉矿流化床氢气直接还原 - 热压 DRI- 电炉炼钢，计划 10 ~ 20 年内完成 HyREX 氢基流化床直接还原工艺的规模化开发，未来绿氢可大量供应时与电炉结合进行钢铁冶炼，以实现碳中和。图 2.43 是浦项 HyREX 氢基流化床直接还原 - 电炉工艺流程。

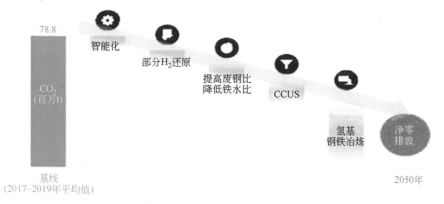

图 2.42 浦项低碳技术路线图

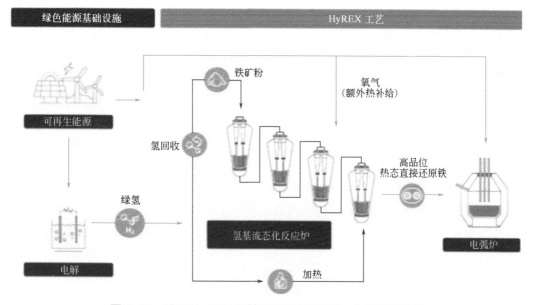

图 2.43 浦项 HyREX 氢基流化床直接还原－电炉工艺流程

2.3.7 欧盟 ULCOS、ULCORED 项目

2.3.7.1 欧盟碳中和及氢能相关政策解读

在全球钢铁工业大力推进低碳转型升级的当下，欧洲钢铁工业正朝着气候中和和数字化领导者的方向迈进。下面对欧盟氢冶金发展进程中有重大影响的政策进行介绍及解读[66]。

（1）《欧洲工业新战略》

作为《欧洲绿色新政》发展路线图中的关键行动计划，欧盟于 2020 年 3 月 10 日发布了《欧洲工业新战略》。其实施对象是具有全球竞争力和世界领先地位的工业、为气候中和铺平道路的工业、塑造欧洲数字未来的工业。欧洲工业转型的基础包括：创造一个更深层次和更数字化的市场，维护全球公平竞争环境，支持工业走向气候中和，建设循环经济模式，植入产业创新精神、技能和再技能培养、投融资转型。

在支持工业走向气候中和的过程中，能源密集型产业将发挥重要作用。因此，实现能源密集型产业的现代化和脱碳是当务之急。为了引领这一变革，《欧洲工业新战略》明确，欧盟将支持"清洁钢"突破性技术，实现"零碳排放炼钢工艺"。欧盟碳排放交易体系（Emissions Trading System，ETS）创新基金将用于支撑相关大型创新项目。

作为《欧洲工业新战略》的一部分，欧洲清洁氢联盟于 2020 年 3 月 10 日发表首次声明，5 月 26 日发布推进路线图，7 月 8 日召开首次启动会。欧洲清洁氢联盟成员包括公司、民间组织、协会等，尤其是在行业内处于主导地位、在清洁氢领域具有重大投资潜力的公司。目前已有约 250 家公司和机构加入了该联盟。欧洲清洁氢联盟的目标是到 2030 年完成清洁氢产业链的技术布局，实现可再生氢（"绿氢"）和低碳氢（"蓝氢"）的制造、运输和配送及应用整个产业链的整合，支撑欧盟实现 2050 年碳中和的目标。

欧洲清洁氢联盟指出，"绿氢"是最终目标；以天然气为基础，基于碳捕获和储存（CCS）技术或其他具备商业价值的低碳排放技术生产的"蓝氢"，将作为过渡阶段的形式。据了解，目前氢能源占欧洲能耗总量的比例还不到 1%，且主要是碳基氢（即"灰氢"）。欧洲清洁氢联盟将帮助建立整个氢价值链的投资项目渠道，促进新的欧洲氢能战略实施，特别是在投资方面发挥着关键作用。整个清洁能源领域的投资周期预计持续约 25 年。到 2030 年，相关投资额将达到 4300 亿欧元。

欧洲清洁氢建设计划为：①到 2024 年，建成装机容量为 600 万 kW 的可再生氢电解槽，"绿氢"产量达 100 万 t；②到 2030 年，氢成为综合能源系统的一个固有部分，建成装机容量至少达到 4000 万 kW 的可再生氢电解槽，并实现 1000 万 t 的"绿氢"产量；③从 2030 年起，"绿氢"将在所有难以实现脱碳化的领域大规模拓展应用。

欧洲清洁氢联盟将以欧盟在氢技术领域的领导地位为基础，特别是在电解槽、氢燃料补给站和兆瓦级燃料电池方面，加速有潜力的技术成熟并达到工业规模能力的进程，明确可行性投资项目计划，标识出障碍和瓶颈，并为创新项目提供支持。该联盟的工作内容主要包括：①支持建设和完善清洁能源产业价值链；②加强清洁氢作为能源载体的监管框架，包括与市场规则和基础设施相关的监管框架，以及建立健全认证体系；③确定如何使

用不同的融资工具和创新举措来支持价值链建设;④制订投资计划;⑤促进欧盟成员国间的合作,并积极参与和促进全球范围内的合作。

目前,欧洲清洁氢联盟已经公布了重点项目的领域和清单,钢铁行业的"智能碳使用"和"碳直接避免"技术路线的重点项目均在列。

(2)公正过渡机制

公正过渡机制(JTM)是《欧洲绿色新政》的一项关键行动计划,其目的是确保碳密集型产业以公平的方式向气候中和经济过渡。该机制提供了有针对性的支持,将帮助受影响最大的领域在2021~2027年期间筹集至少1000亿欧元资金。公正过渡机制将包括3个主要的筹资来源:公正过渡基金、InvestEU(投资欧洲)的公正过渡计划、欧洲投资银行。

2020年6月29日,公正过渡平台(JTP)启动,以帮助各成员国制订公正过渡计划。该平台将为碳密集型地区的利益相关者提供技术和咨询支持,方便其获取相关融资机会和技术援助信息。需要注意的是,只有二氧化碳排放强度在欧盟平均水平2倍以上,且欧盟碳排放交易计划所涵盖的工厂,才有机会获得该基金的支持。欧盟委员会主席乌尔苏拉·冯·德莱恩表示,为使欧盟在2050年实现气候中和,欧盟将充分调动各方资源,吸引投资,在未来筹集至少1万亿欧元,掀起绿色投资浪潮。

(3)碳边境调节机制

欧盟内部通过欧盟碳排放交易系统对碳排放进行定价,高碳排放行业需要为每吨碳排放支付约25欧元的费用。由于外国企业不必支付这笔费用,其产品可能会更具竞争优势。这样一来,"碳泄漏"(即一个发达国家采取碳减排措施,可能会导致该国国内高能耗产品生产转移到其他未采取碳减排措施的国家)的风险也就随之增加。为避免"碳泄漏",欧盟委员会在2021年建立碳边境调节机制,对来自控制碳排放不力国家和地区的进口产品征收一定比例的碳税。

2020年3月4日~4月1日为碳边境调节机制路线图的制订及问题反馈阶段;7月22日~10月28日为公众咨询阶段。欧盟委员会于2021年第二季度提出有关立法建议。围绕碳边境调节机制,欧盟委员会将制定若干政策,仔细评估每一项措施的法律和技术可行性,同时还要将世界贸易组织的相关规则和欧盟的对外贸易法规考虑在内,特别要注重该措施与内部碳定价的互补性。

与其他的《欧洲绿色新政》关键行动计划不同的是,碳边境调节机制一直存在争议。目前主要的担忧是碳边境调节机制可能面临不符合世界贸易组织规则、会引发贸易冲突等诸多问题,并有观点认为欧盟是在设置新的贸易壁垒。

欧盟政策制定者自身也认为不能创建"一面为欧盟企业提供补贴,一面对同一进口商品征收额外关税"的框架,应该重新审视欧盟向能源密集型行业提供免费碳排放配额的制度,撤回给欧盟企业提供的碳排放补贴,从而为即将到来的碳边境调节机制扫清障碍。

欧盟于2020年7月发出问卷,就该机制的各种实施方案启动了意见征询程序,包括对若干碳排放密集型产品征税、要求外国生产商或进口商通过碳排放交易系统购买碳排放配额、在消费层面上对欧盟本土及进口的高碳排放产品征收碳税等内容。

综合来看,尽管碳边境调节机制的建立面临很多困难和变数,但预计很快就会有实质性的进展，预计该机制将在 2023 年前投入运行。一旦欧盟对进口的二氧化碳密集型商品征收碳税，中国、巴西、俄罗斯、印度等以燃煤发电为主的国家将遭受较大冲击，可能面临国内产品成本上涨和金属产品出口难度加大的风险。中国钢铁企业要充分考虑因此带来的负面影响，并提前布局。

2.3.7.2 ULCOS、ULCORED 项目概述

ULCOS（Ultra Low CO_2 Steel Making）是由 15 个欧洲国家及 48 家企业和机构联合发起的超低 CO_2 炼钢项目，旨在根据能源结构，通过碳、氢、电三种可能途径降低还原剂和燃料用量，将 CO_2 排放量降低至少 50%[67]。

通过对 80 种技术的能耗、CO_2 排放、成本和可持续性进行评估，最终选择了最有前景的高炉炉顶煤气循环工艺（TGR-BF）、直接还原工艺（ULCORED）、熔融还原工艺（HISARNA）、电解铁矿石工艺（ULCOWIN/ULCOLYSIS）技术做一进步研究和商业化。其中直接还原工艺（ULCORED）适用范围广、投资成本低、技术相对成熟，在我国有着巨大优势。ULCOS 技术路线见图 2.44[68]。

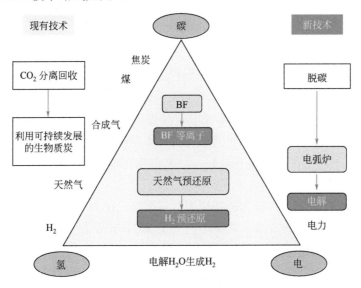

图 2.44 ULCOS 技术路线

ULCORED 工艺用煤制气或天然气取代传统的还原剂焦炭，并且通过炉顶煤气循环和预热工序，减少了天然气消耗，降低工艺成本。此外，天然气部分氧化技术的应用使该工艺不再需要焦炉和重整设备，大幅降低了设备投资。煤制气 ULCORED 和天然气 ULCORED 工艺流程如图 2.45 和图 2.46 所示，以天然气 ULCORED 为例，含铁炉料从 DRI 反应器顶部装入，净化后尾气和天然气混合喷入 DRI 反应器与含铁炉料发生反应，而后直接还原铁从反应器底部出来送入电炉炼成钢。新工艺的尾气只有 CO_2，可通过 CCS 存储。与欧洲高炉碳排放的均值相比，ULCORED 工艺与 CCS 技术结合可使 CO_2 排放量降低 70%。

氢基直接还原 - 炼钢技术（hydrogen-based steelmaking）是采用氢气作为还原剂的氢

气还原炼铁技术，氢气源于电解水，尾气产物只有水，可大幅降低CO_2排放量，整体工艺流程如图 2.47 所示[69]。该流程中，氢气直接还原竖炉的碳排放几乎为零，若考虑电力产生的碳排放，全流程CO_2排放量仅有 300kg/t（钢），与传统高炉工艺 1850kg/t（钢）的CO_2排放量相比减少了 84%。氢气直接还原炼钢技术促进了钢铁产业的可持续发展，但该工艺的未来发展很大程度上取决于氢气大规模、经济、绿色制取与储运。

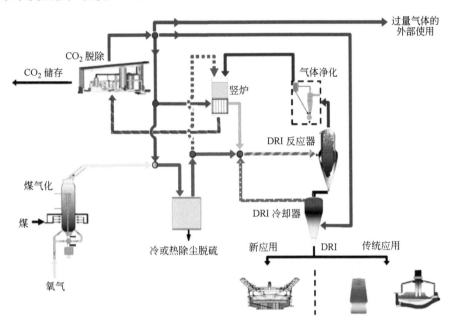

图 2.45　煤制气 ULCORED 工艺流程

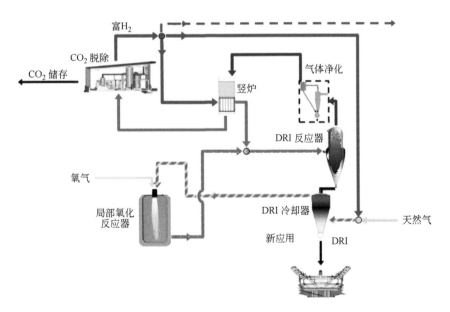

图 2.46　天然气 ULCORED 工艺流程

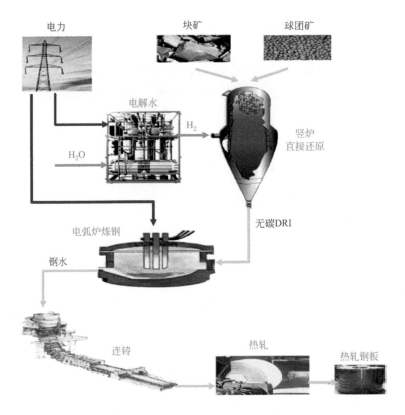

图 2.47 氢基竖炉直接还原－炼钢流程

2.4 国内氢冶金发展现状

2.4.1 中国宝武碳中和冶金技术路线及氢冶金项目

2.4.1.1 中国宝武碳冶中和金技术路线

　　图 2.48 是中国宝武碳中和冶金技术路线图。中国宝武主要按"富氢碳循环高炉工艺""氢基竖炉直接还原 - 电炉炼钢工艺""绿电电炉炼钢 - 薄带铸轧短流程工艺""钢厂尾气 CO_2 回收及资源化利用""产品制造过程电气化""绿色能源开发与应用（绿电、绿氢）""绿色产品制造"等路线实施降碳行动，以大幅度降低钢铁制造流程的 CO_2 排放量，实现集团公司"2025 年具备减碳 30% 工艺技术能力、2035 年力争减碳 30%、2050 年力争实现碳中和"的目标[70]。

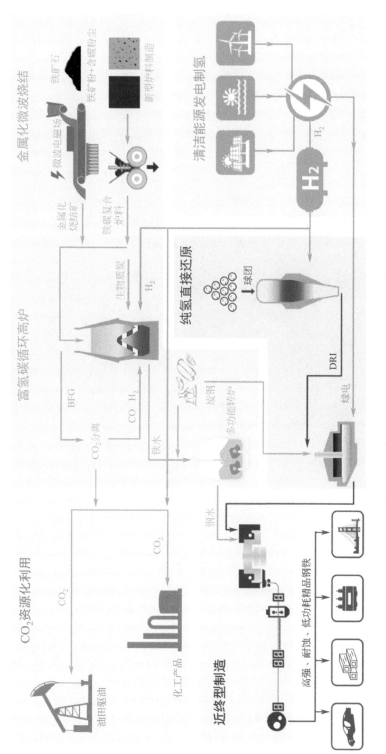

图2.48　中国宝武碳中和冶金技术路线图[70]

2.4.1.2　中国宝武氢冶金项目进展

中国宝武氢冶金技术从高炉富氢还原冶炼和氢基竖炉直接还原 2 个工艺流程同时开展研发和试验。

传统高炉富氢还原冶炼，主要是通过高炉喷吹富氢燃料，以氢代碳进行炉料间接还原，实现高炉炼铁过程的节煤、减碳，在一定程度上减少 CO_2 排放量。2020 年 9 月，宝山钢铁股份有限公司（简称宝钢股份）自主设计建成了一套高炉喷吹富氢气体还原剂系统，并开发研制出风口喷吹体系，10 ～ 11 月在 1 号高炉（内容积 4966m³）完成了煤粉 - 气体复合喷吹试验。图 2.49 是宝钢股份高炉喷吹富氢气体还原剂装置。试验结果表明，标况下天然气喷吹量 62m³/t(HM)，可节约喷吹煤 80kg/t(HM)，高炉 CO_2 直接排放量减少 20.3kg/t(HM)。这是国内首套大型高炉喷吹富氢气体还原剂和煤粉 - 气体复合喷吹的技术应用，对于传统高炉降低煤炭消费量和减排 CO_2 具有重要示范意义。

图 2.49　宝钢股份高炉喷吹富氢气体还原剂装置

传统高炉使用热风提供燃料燃烧所需的氧气，由于炉顶煤气含有 50% 左右的氮气，无法对自产的高炉煤气中的 CO 和 H_2 进行再利用，因此，不宜进行喷吹高富氢气体或氢气操作。高炉高效氢还原的合理技术路径是采用炉顶煤气循环富氢还原氧气工艺。

2016 年中国宝武启动富氢碳循环氧气高炉炼铁新工艺的研发，完成了工艺技术方案、工艺理论计算、高炉炉型结构设计、循环煤气加热等基础研究工作。2020 年开始，计划分 3 个阶段在新疆八一钢铁 430m³ 试验高炉上完成新工艺的开发和规模化试验。

2020 年 7 月～ 2021 年 5 月进行了第一阶段试验。通过增加煤粉喷吹量和鼓风湿度控制风口前理论燃烧温度，高炉鼓风含氧量超过了 35%，达到了传统高炉富氧的极限。经过不断摸索和优化后，高炉煤气利用率基本稳定，生产运行平稳，过程可控。第一阶段的试验结果如图 2.50 所示。

2021 年 7 ～ 8 月进行了富氧 50% 的第二阶段试验。通过喷吹欧冶炉炉脱碳煤气（欧冶炉炉顶煤气脱除了 CO_2 和焦炉煤气），鼓风含氧提高到 50% 以上，炉况基本正常，固体燃料比显著下降。试验结果如图 2.51 所示，统计分析表明，标况下喷吹 100m³/t(HM) 欧冶炉脱碳煤气，固体燃料比下降 31kg/t(HM) 左右；喷吹 100m³/t(HM) 焦炉煤气，固体燃料比下降 43kg/t(HM) 左右。

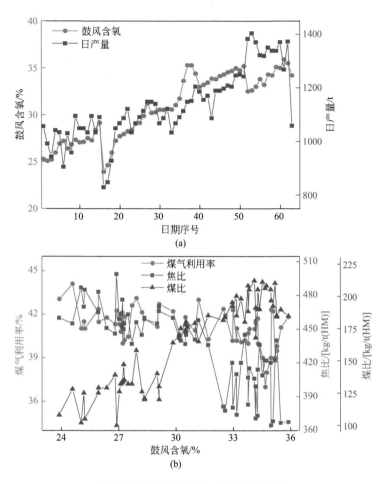

(a)

(b)

图 2.50 试验高炉第一阶段试验结果

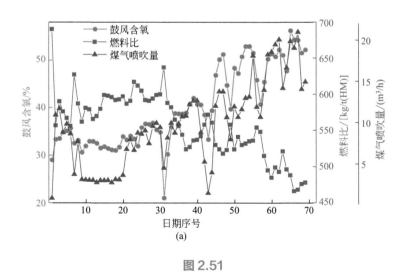

(a)

图 2.51

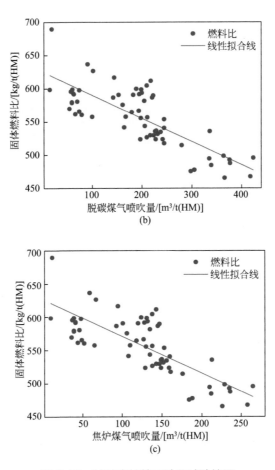

图 2.51 试验高炉第二阶段试验结果

中国宝武富氢碳循环氧气高炉新工艺的流程如图 2.52 所示，高炉热风鼓风改为鼓入常温氧气，炉缸风口喷吹富氢煤气和少量煤粉；炉顶煤气脱水并分离出 CO_2，使之成为还原性的煤气，再加入绿色氢气，成为高富氢煤气，加热后分别喷入炉缸风口和炉身下部风口。由于炉顶煤气化学能充分循环利用，高炉内铁矿石的直接还原度大幅度降低，理论上，在喷吹循环煤气 1000m³/t(HM)、风口前理论燃烧温度在正常范围、炉况顺行、煤气流合理分布的情况下，固体燃料比下降到 330kg/t(HM) 左右，高炉吨铁 CO_2 排放量减少 30% 左右。

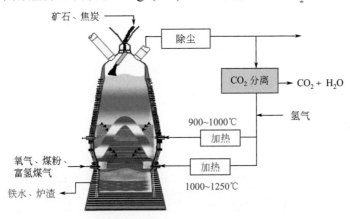

图 2.52 中国宝武富氢碳循环氧气高炉新工艺流程图

2021 年 10 月完成了富氢碳循环高炉工艺的初步设计，创新开发的技术包括：富氢煤气加热工艺和设备、高炉炉型及炉身热煤气喷吹设备、风口纯氧多燃料复合喷吹系统等。目前正进行工程改造和设备安装工作，计划 2022 年年底开始第三阶段工业试验研究，打通全工艺流程，完成理论和生产试验验证，掌握完整的富氢碳循环高炉工艺技术和操作技术。

中国宝武氢基竖炉直接还原 - 电炉短流程技术开发和生产应用示范，是公司打造绿色低碳氢冶金基地和实施超低碳减排的重要战略。宝钢股份将在湛江钢铁基地分两步建设 2 条氢冶金产线。一步工程建设 1 套 100 万 t/a 氢基竖炉，以 COG、H_2 和部分天然气为原料气，生产冷态海绵铁供转炉炼钢或其他用户利用。该装置是我国首套百万吨级气基竖炉示范工程，可适应多种气源不同比例灵活调节的需要，还原气的 H_2 含量超过 57%。

一步工程氢基竖炉系统采用 Hyl-ZR 工艺，流程如图 2.53 所示，其中，竖炉、气体加热炉、工艺气体压缩机均按高氢气比例的工况要求配置。使用 24000m³/h 的焦炉煤气，采用竖炉锥段热 DRI 催化热解技术处理 COG 中轻质芳烃（BTX）、噻吩、重烃等杂质；煤气加热炉采用炉管防析碳、渗碳技术和高效低氮燃烧技术。由于使用 COG、H_2 等气源以及炉顶循环煤气脱除 CO_2，系统吨钢 CO_2 排放量预计比高炉 - 转炉长流程低 67%。一步工程于 2022 年 2 月 15 日正式开工建设，计划 2023 年底建成投产。

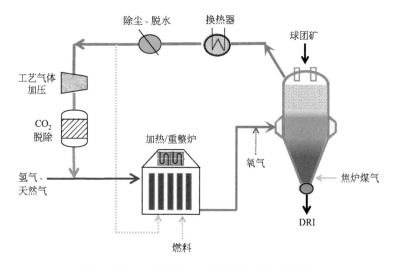

图 2.53 宝钢湛江一步氢基竖炉系统流程图

中国宝武加快研发全氢竖炉直接还原关键工艺和设备，计划在宝钢股份湛江钢铁基地建设氢冶金二步工程，包括 1 套 100 万 t/a 氢基竖炉及配套电炉炼钢设施，生产热态海绵铁直送电炉，工艺流程如图 2.54 所示。竖炉先使用 COG 和部分氢气，然后逐步过渡到高氢气比例还原，即通过增加绿电 - 高效水电解装置供应的氢气，使竖炉原料气中 H_2 的比例逐步达到 80% 以上，电炉使用绿电。二步工程探索竖炉高氢还原及全氢还原，实现氢 + 电冶金的工程化应用，CO_2 排放量预计比高炉 - 转炉长流程低 80%。

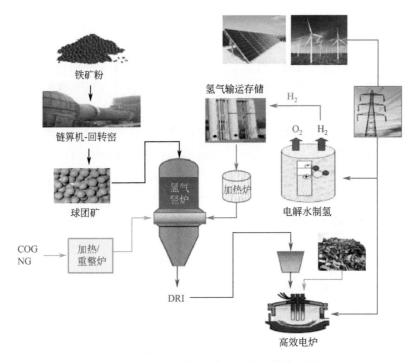

图 2.54 宝钢湛江二步氢冶金工艺流程图

2.4.2 河钢焦炉煤气制氢 – 氢冶金项目

2.4.2.1 河钢基于焦炉煤气制氢的年产 120 万 t DRI 氢冶金项目概况

河钢集团主导建设全球首例氢能源开发和利用示范工程。该项目与特诺恩公司合作开发，旨在从低成本制氢、氢气直接还原、气体净化、二氧化碳脱除和深加工、水处理等全流程工艺方面进行创新研发，通过改变能源消耗结构，使用富氢气体代替长流程依赖的焦炭和煤，从工艺源头削减排放；通过对副产物 CO_2 进行捕集和精制，制成成品级 CO_2 产品用于下游产业，完成末端治理。整个项目将通过剖析技术全过程和工艺全流程，探索解决矿石氧化物还原脱氧过程产生的环境污染和碳排放问题，推动传统工艺由"碳热还原"向"氢气还原"变革。

项目示范工程的主要建设内容包括：①氢气竖炉设施，包括矿槽系统及球团涂覆单元、氢气竖炉单元、成品冷却单元、卸料单元等；②气体工艺设施，包括原料气精制单元、气体加压单元、气体加热单元、气体净化单元、CO_2 脱除单元、CO_2 精制单元；③公辅设施，包括储运、燃气、通风除尘、热力、水处理、供配电、自动化控制、液压与润滑、办公设施等。

河钢焦炉煤气制氢 - 氢冶金项目目标为：

① 集成世界最先进、最可靠、最智能、最环保、最具竞争力的技术与装备，建成全球首套氢能源开发和利用工程示范工厂，引领世界氢能源开发和利用工程发展，为国际钢铁行业贡献出中国智慧和中国方案。

② 打造全球氢能源开发和利用工程技术研发中心，推进氢能源开发和利用的学科、技术、产业全面发展，形成"产、学、研、用"协同发展新局面，全面推动世界钢铁冶炼进入"氢时代"先河。

③ 以氢能源开发和利用工程示范项目为抓手，协同河北省氢能产业链集群化发展，逐步布局项目衍生产品和拓展氢产业链延伸，构建氢能源开发和利用的低碳、绿色生态圈，助力河北省成为中国和世界氢能源技术的集成中心。

2.4.2.2　河钢焦炉煤气制氢 – 氢冶金项目工艺流程

目前国际上可利用的以氢气为主的直接还原技术中，HYL-ZR 技术在其工艺和设备进行优化后可使用焦炉煤气，而其他技术，都需要对其基本设备配置进行重大改动，且工艺机理会发生改变。HYL-ZR 技术可通过在自身还原段中生成还原气体，实现最佳的还原效率，无需使用外部重整炉设备或还原气体生成系统，只需对焦炉煤气进行简单净化处理。HYL-ZR 技术的还原竖炉在高压下运行，使单位反应炉的产量高，且使通过炉顶气体携带的粉尘损失保持最少，这将降低原料的消耗量，从而也降低了工厂的运营成本。

本项目的原理是利用以氢气为主的还原气体来还原氧化球团。利用 H_2 通过化学反应从球团中去除氧气，以生产高品质脱氧球团。最初，进入反应器的氧化球团，通过从反应器还原区热还原气体中的传热，来预热到还原过程所需的温度水平。此预热阶段后，在氢气的作用下，从矿石中去除氧气。主要还原过程机制可使用如下方程式表示：

$$3Fe_2O_3 + H_2 \longrightarrow 2Fe_3O_4 + H_2O$$

$$Fe_3O_4 + H_2 \longrightarrow 3FeO + H_2O$$

$$FeO + H_2 \longrightarrow Fe + H_2O$$

基于 HYL-ZR 技术在世界氢还原领域的技术先进性，本项目将引进 HYL-ZR，通过装备集成及工艺创新，进而实现基于焦炉煤气的氢还原直接还原技术在中国的首次试验。该示范项目的成功将对中国采用焦炉煤气氢还原起到积极引领及示范作用。

项目利用焦炉煤气作为制氢原料气体，通过净化、自重整得到富氢气体，使用还原竖炉进行直接还原，生产高品质脱氧球团。氢能源开发和利用工程主要包括 8 大系统，有原料储运系统、原料处理系统、还原竖炉系统、成品处理系统、工艺气系统、还原气净化系统、CO_2 脱除系统及公辅系统等。项目采用的 HYL-ZR 工艺流程见图 2.55，项目的金属平衡见图 2.56。

项目还原工艺工序的主要设备包括：原料处理系统、还原竖炉系统、成品处理系统、过程气系统、还原气净化系统及公辅系统等。

项目主体生产工艺及操作如下。

项目使用焦炉煤气作为原料气。虽然焦炉荒煤气已进行粗净化，但杂质含量仍较高，会对后续工序产生不利或引发生产事故，必须对焦炉煤气进行精制处理后，方可进入氢气竖炉。

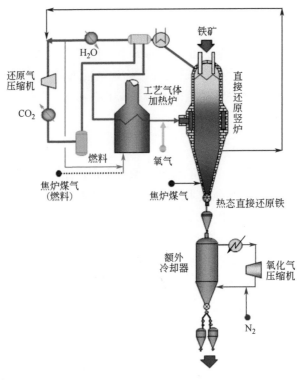

图 2.55 项目采用的 HYL-ZR 工艺流程

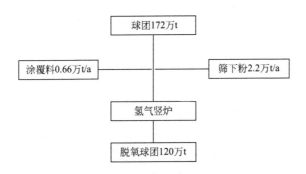

图 2.56 项目的金属平衡图

焦炉煤气精制采用微晶吸附工艺，主要工艺流程描述如下：

离开净化车间后的焦炉煤气通过管道进入吸附塔，吸附剂吸附气体中的硫化物、苯、萘和焦油等杂质成分。采用 6 个吸附塔，每个吸附塔内装填微晶吸附剂。

吸附塔达到一定饱和程度后，从净化后的煤气管网抽取部分焦炉煤气作为再生解析气，经过蒸汽换热器将解析气加热后，对吸附饱和的吸附塔进行吹扫再生，再生过程分为升温、保温和冷吹三个过程。每个塔自动轮流切换再生。

一定程度饱和的吸附塔经过解析气再生，有机硫被转化成 H_2S，苯、萘、焦油等杂质被浓缩在解析气中，送入洗涤冷却塔，被氨水洗涤后，脱除解析气中的苯、焦油、萘等杂质，然后通过气液分离器，将含有苯、焦油、萘等杂质的氨水送回焦化机械化澄清槽进行处理。气液分离后的解析气返回初冷器前的荒煤气管段，与荒煤气混合后通过净化车间的各工序。通过湿法脱硫对 H_2S 进行脱除。

2.4.3 中晋冶金焦炉煤气－氢冶金项目

2.4.3.1 中晋冶金基于焦炉煤气的 30 万 t/a 氢冶金项目简介

发展氢基直接还原的首要条件是有廉价、稳定、可靠的气源供应，立足于我国资源现状，氢基竖炉的气源应逐步转向以焦炉煤气、煤制气和页岩气为主，最大限度减少对天然气的依赖。由于 H_2 具备高的还原潜能和对铁矿石的穿透力，焦炉煤气是目前氢基直接还原最理想的还原性气源，具备廉价易得、流程短、耗能低、耗氧低的特点。中晋冶金以焦炉煤气为气源的氢基竖炉直接还原铁技术，将突破氢冶金对天然气的依赖，破解直接还原铁发展困局，为钢铁行业由碳冶金向氢冶金转型升级提供思路。该项目由中晋冶金与北京科技大学合作研发，由中晋冶金出资并着手建设生产，北京科技大学提供技术支持，并定期前往现场进行理论指导。

中晋冶金已建成国内第一套利用焦炉气制氢实现氢冶金的生产线与示范基地。焦炉煤气干重整制高品质还原气工艺技术将成为新型的焦炉气综合利用方式，为解决焦化行业长期存在的结构性污染问题寻找出路，减排优势明显；焦炉气提供了大容量氢制取原料，解决了直接还原铁气源问题，突破了氢冶金技术发展的瓶颈，将带动工艺流程上的新革命，推动钢铁行业从"碳时代"向"氢时代"的过渡。

2.4.3.2 中晋冶金氢冶金项目工艺流程

（1）技术流程简介

还原气制备是氢基竖炉生产直接还原铁流程中的一个关键部分。本项目还原气制备方案是以焦炉气与竖炉自产的炉顶气为原料，经过净化和干重整转化后得到还原气用于直接还原铁，基本流程如图 2.57 所示[71]。

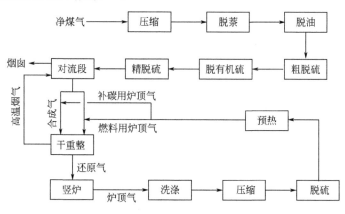

图 2.57 还原气制备基本流程

来自焦炉炭化室的粗煤气，经冷却、化产回收后可得到净煤气（焦炉煤气），其中化产回收包括脱硫、硫铵、粗苯工段。将净煤气（焦炉煤气）加压至 0.8MPa 后进入净化单元，先后进入脱萘塔、脱油塔、粗脱硫塔、脱有机硫塔，以脱除焦炉气中的萘、焦油、无机硫和有机硫等。在重整炉对流段加热到350℃后，进入精脱硫塔，降低硫含量至1ppm以下。由于焦炉煤气富氢缺碳，因此采用竖炉炉顶气与焦炉气联供补碳。炉顶气经压缩、预热后与精脱硫后的焦炉煤气汇合，分为两股。一股作为工艺气进入重整炉，主要进行CH_4与CO_2的催化重整反应，制备出合格的还原气；另一股作为燃料气与助燃空气一起进入重整炉燃烧，为反应提供热量。其中，重整炉包括辐射段和对流段两部分，辐射段主要进行干重整反应和燃烧反应，制备合格还原气并生成高温烟气；对流段依次设置急速蒸发器、转化原料预热器、蒸汽过热器、焦炉气预热器、炉顶气预热器、燃烧空气预热器，燃烧生成的高温烟气经对流段热回收后排入烟囱。

（2）主要气体成分

主要气体成分如表2.28～表2.33所列。

① 粗煤气

表2.28 粗煤气的成分及其体积分数

成分	H_2	CO	CO_2	N_2	CH_4	C_nH_m	O_2
体积分数/%	52.0～63.0	7.0～9.0	2.0～2.5	3.0～5.0	18.0～22.0	1.8～2.5	0.6～0.8

表2.29 粗煤气的杂质及其含量

杂质	水蒸气	焦油气	粗苯	硫化氢	氨	萘	氰化物	吡啶盐	其他
组成/(g/m³)	250～450	80～120	6～30	2～2.5	8～12	10	1.0～2.5	0.4～0.6	2～2.5

② 净煤气

表2.30 净煤气组分及含量

组分	H_2	CO	CO_2	N_2	CH_4	C_nH_m	O_2	有机硫	萘	氨	焦油	H_2S
										mg/m³（标）		
体积分数/%	59.30	8.18	2.30	4.09	20.45	2.25	0.71	0.011	0.009	≤50	≤20	≤20

③ 深度净化后煤气（进重整炉前）

表2.31 深度净化后煤气的杂质含量要求

杂质	C_nH_m	焦油气	萘	全硫
组成/[mg/m³（标）]	≤100	≤1	≤50	≤1

④ 炉顶气成分

表2.32 炉顶气的成分及其体积分数

成分	H_2	CO	CO_2	N_2	CH_4	H_2O	S_t[①]/ppm
体积分数/%	45.87	25.6	18.05	2.75	2.32	5.41	≤40

① S_t为总硫。

注：1ppm=10^{-6}。

⑤ 还原气成分

表2.33　还原气的成分及其体积分数

成分	H_2	CO	CO_2	CH_4	N_2	H_2O	S_t/ppm
体积分数 /%	53.74	33.59	2.35	3.29	0.94	6.1	<10

满足指标：H_2+CO > 90%、$(CO_2+H_2O)/(CO_2+H_2+CO+H_2O)$<5%，$H_2$/CO 比例在 1.5 ～ 2.0 范围内可调。

（3）制氢能力

中晋 100 万 t/a 焦化产生的焦炉气量为 4.72 亿 m^3(标)/a，其中可用于制备还原气的气量为 2.01 亿 m^3(标)/a（42.6%），25193.48m^3(标)/h；其中 18000m^3(标)/h 用于制备氢气，其余用于转化炉的燃料。

炉顶气循环量：64119.05m^3(标)/h[最大值 72037m^3(标)/h]，年供应量 5.129×10^8t。还原气（CO+H_2）产量为 78765m^3(标)/h[最大值 90563m^3(标)/h]，年产量 6.3×$10^8 m^3$(标)。

（4）深度净化技术

① 脱萘。脱除对象为净煤气中的萘，脱萘剂成分为活性炭 DTN-2。操作条件为约 0.8MPa，0 ～ 40℃。两台脱萘塔正常生产时串联运行，焦炉气由底部进入脱萘塔，与吸附剂充分接触后自塔顶排出，进入脱油塔。净化原理：在常温和一定压力下，对萘进行选择性吸附，从而实现有效分离。可将焦炉煤气中的萘从≤ 500mg/m^3(标) 降到≤ 50mg/m^3(标)。再生方法：蒸汽 / 氮气法。再生原理：变温吸附 - 吸附饱和的脱萘剂在较高温度下气化脱附，从而实现再生（萘的沸点为 218℃）。再生操作条件见表 2.34。

表2.34　再生操作条件

项目	气量	温度	压力
蒸汽	≥ 3500kg/h	最高 220℃	0.2MPa
氮气	≥ 18000m^3(标)/h	最高 280 ～ 300℃	0.7MPa

② 脱焦油。脱除对象：净煤气中的焦油。脱油剂成分：常温型活性炭。操作条件为约 0.8MPa，0 ～ 40℃，空速 100 ～ 800h^{-1}。两台脱油塔正常生产时串联运行，焦炉气由底部进入脱油塔，与脱油剂充分接触后自塔顶排出，进入粗脱硫塔。净化原理是在常温和一定压力下，对焦油进行选择性吸附，从而实现有效分离。可将焦炉煤气中的焦油从≤ 20mg/m^3(标) 降到≤ 1mg/m^3(标)。再生方法：蒸汽 / 氮气法，空速 200h^{-1}，温度 300℃。再生原理：变温吸附。

③ 粗脱硫。脱除对象为净煤气中的 H_2S（对硫醇类有机硫、氮氧化物、氧气也有一定脱除效果）。粗脱硫剂成分是活性氧化铁。操作条件为约 0.8MPa，20 ～ 60℃。粗脱硫塔实际操作中可串联，或并联使用。焦炉气由顶部进入粗脱硫塔，H_2S 被转化并吸附于床层后，焦炉气自塔底排出，进入脱有机硫塔。净化原理：H_2S 先溶解于脱硫剂表面的水膜中，

两步水解生成 HS^-、S^{2-} 离子，与氧化铁作用生成 Fe_2S_3。操作需在碱性、常温、水合条件下进行。

$$Fe_2O_3 \cdot H_2O + 3H_2S \Longrightarrow Fe_2S_3 \cdot H_2O + 3H_2O \qquad \Delta H = 63kJ/mol$$

再生方法：蒸汽/氮气法（空速 $200h^{-1}$，温度 $300℃$）。再生原理：变温吸附-吸附饱和的粗脱硫剂在较高温度下气化脱附，从而实现再生。这种脱硫再生过程可循环进行多次，直至氧化铁脱硫剂表面的大部分空隙被硫或其他杂质覆盖而失去活性为止。

$$Fe_2S_3 \cdot H_2O + \frac{3}{2}3/2O_2 \Longrightarrow Fe_2O_3 \cdot H_2O + 3S \qquad \Delta H = 63kJ/mol$$

④ 脱有机硫。脱除对象：净煤气中的硫醇、硫醚等有机硫。脱有机硫剂成分：SQ104 常温型活性炭 + 浸渍剂。操作条件：约 0.8MPa，$20 \sim 60℃$。脱有机硫塔实际操作中可串联或并联使用。焦炉煤气由顶部进入脱有机硫塔，其中的有机硫被转化并吸收后，焦炉煤气自塔底排出，进入精脱硫塔。净化原理：在一定温度和压力下，对有机硫等杂质进行选择性吸附。再生方法：蒸汽/氮气法。再生原理：变温脱附。

⑤ 精脱硫。脱除对象：净煤气中的硫醇等。精脱硫剂成分：镍、氧化锌。预处理：活化 - 将镍还原为单质。经脱有机硫塔净化后的焦炉气，循环量 $\geq 30000m^3$(标)/h，最高温度 $450 \sim 500℃$。主要反应为：

$$NiO + H_2 \Longrightarrow Ni + H_2O；Zn_3O(SO_4)_2 + 4H_2 \Longrightarrow 2ZnS + ZnO + 8H_2O$$

操作条件：$0.4 \sim 3.0MPa$，$300 \sim 450℃$，空速 $500 \sim 1000h^{-1}$。净化原理：R—S+Ni+H$_2$═══R—2H+NiS，NiS+ZnO+H$_2$═══Ni+ZnS+H$_2$O，C═══C+H$_2$═══C—C。来自上游的焦炉煤气自塔顶至塔底依次穿过 4 个塔段，焦炉煤气中的微量硫杂质被吸附、吸收，脱硫后作为干重整原料及燃料使用。再生方法：高温燃烧法；空速 $2000h^{-1}$，温度 $500℃$。再生原理：通入氮氧混合气，将含硫吸附剂中的硫化锌和硫化镍转化为氧化锌和氧化镍，其反应为 $2ZnS + 3O_2 \Longrightarrow 2ZnO + 2SO_2$，$2NiS + 3O_2 \Longrightarrow 2NiO + 2SO_2$。

⑥ 炉顶气脱硫。脱除对象：炉顶气中的 H_2S。脱硫剂成分：氧化锌、氧化锰和氧化镁。操作条件：约 0.8MPa，$20 \sim 60℃$；空速 $100 \sim 800h^{-1}$。炉顶气脱硫塔实际操作中可串联或并联使用。经除尘、压缩后，炉顶气依次由顶部进入 2 台脱硫塔，其中的 H_2S 等硫杂质被吸收后，炉顶气自塔底排出，进入重整炉。脱硫剂饱和后需更换，此时采用单塔运转。净化原理：$ZnO + H_2S \Longrightarrow ZnS + H_2O$，可将硫化氢浓度从 $\leq 500mg/m^3$(标) 降到 $50mg/m^3$(标)。副产焦炉煤气制氢后焦化厂内部煤气平衡如图 2.58 所示。焦炉煤气生产总量为 4.72 亿 m^3(标)/a，主要去向包括回炉煤气（40%）、制还原气用气（47%）、锅炉用气、粗苯管式炉用气等。除制氢这种高附加值利用方式外，焦炉煤气剩余部分被用作燃料，置换出大量化石燃料，煤气利用率可达到 100%，从而显著降低厂内能耗，同时减少污染物排放。

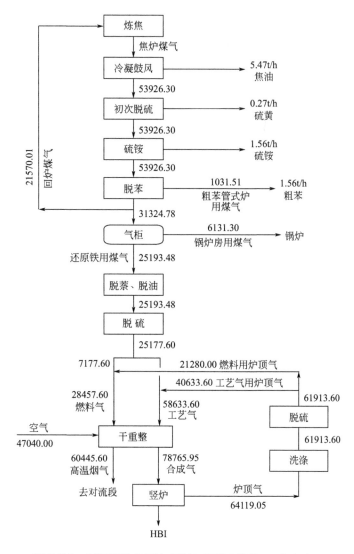

图 2.58 制氢后焦化厂内部煤气平衡 [单位: m³(标)/h]

2.4.3.3 中晋冶金氢冶金项目进展

① 研发与技术转化工作：中晋冶金及其合作单位已攻克了一系列制约焦炉气制氢工程转化的技术难题，包括焦炉煤气净化、干重整转化、首套重整炉的技术研究等。目前，研发与技术转化、工程放大工作已完成。

② 设计工作：干重整单元由中石化南京工程公司设计、净化单元由北京华福工程有限公司设计、烟气脱硫脱硝系统及密封气系统由山西冶金工程技术有限公司设计、35kV变电站新建工程 PC 项目由晋通电建有限公司设计、技术部提供设计支持。目前，整个工程设计工作已全部完成。

③ 招标工作：已完成 100%，包括工程设计、设备、建筑建设等招标。

④ 工程建设：100 万 t 焦化装置与 30 万 t/a 焦炉煤气制直接还原铁项目已建设完成。

⑤ 调试与投产：精选矿、球团矿工区于 2020 年 10 月 2 日正式投料生产，100 万 t 焦

化装置已于 2020 年 10 月 20 日全面进入试生产阶段。以焦炉煤气生产直接还原铁的竖炉工业化试验装置已于 2021 年 6 月 9 日～ 6 月 23 日连续试运行 14 天，并生产出符合国家标准的氢基直接还原铁产品 50000 余吨。

2.4.3.4 中晋冶金氢冶金项目专有技术

（1）新型镍锌吸附剂

采用的新型镍锌双功能脱硫剂，可以将有机硫加氢转化和脱除一次性完成，可将气体中的总硫脱除到 $1mg/m^3$（标）以下，保证重整催化剂的活性。同时可将不饱和烃转化为饱和烃，进重整炉的不饱和烃 $\leqslant$ 100ppm，有效防止积碳。该吸附剂可以重复再生使用，一塔运行、操作简单。

（2）研究新一代镍基催化剂用于焦炉气干重整

中晋太行与中国石油大学（北京）研制的耐温抗积碳 CH_4/CO_2 重整催化剂，可实现竖炉炉顶气与焦炉气联供，生产出符合竖炉要求的合格还原气，制成的还原气有效气含量在 90% 以上，H_2/CO 比可调范围为 1.0 ～ 2.0。并且通过加入稀有金属作为助剂有效解决了动力学积碳问题，实现催化剂循环再生，从而实现干重整反应的高效性、持续性和稳定性。

（3）卧式底烧重整制还原气示范炉

本项目的重整炉结合了国内外制氢炉、重整炉的实践经验，具有以下特点：采用蓄热式加热技术；较低空速及较大的管径，降低积碳风险；重整反应属强吸热反应，使用耐高温合金炉管；富氢焦炉气，预防低转化温度时甲烷化逆反应；富 CO 还原气，通过避开临界温度区间、材料涂层和钝化等防止金属羰基化 / 金属尘化。已实现了还原气生产的高效性、灵活性和持续性。

（4）焦炉煤气与炉顶气联供作还原气和燃料气气源

为满足 CH_4/CO_2 重整反应持续高效进行，需控制 CH_4/CO_2 为 1.2 ～ 1.3，而焦炉煤气中 CO_2 相对不足（1.5% ～ 3%），需通过另加气源补入 CO_2。因此，本工艺循环利用竖炉炉顶气（CO_2 含量约 18%）与焦炉煤气作为干重整气源，实现循环利用还原气，具备技术可行性。同时，焦炉煤气与炉顶气的比例可调，可适应不同生产状况，具有高度的生产灵活性。

（5）设置补充蒸汽管线以实现双重整工艺

为了防止在开车初期或者不饱和烃超标时蒸汽不稳定，设计了临时补充蒸汽管线，可以实现蒸汽和二氧化碳双重整工艺。

（6）提高卧式重整炉热效率至 92%

转化炉设计采用神雾专利技术，同时采用蓄热式加热技术，以提高加热炉的热效率。设置对流段充分回收利用转化炉烟气的显热，用于预热焦炉煤气、炉顶循环气、助燃空气，以提高重整转化热效率，降低工序能耗，使得卧式重整炉的热效率在 92% 以上，达到了国内制氢炉的先进水平。

（7）开发急速蒸发器应用于重整炉对流段

为了将高温烟气的热量迅速地移走，确保重整炉辐射段的安全运行，在对流段增加了急速蒸发器副产 10t/h 的蒸汽（温度 220℃、压力 1.0MPa）。副产的蒸汽可以用于净化工区精脱硫的再生，实现了废热回收与能量的重新配置。

（8）研发系统吹扫气制取技术及装备

为降低吹扫气体的运行成本，本项目以高温废烟气为原料气，采用新型特定的工艺流程对原料气进行加工处理，具有工艺流程简单、运行可靠、节能环保、运行与维护成本低等优点，能够更好地利用高温废烟气显热，显著降低吹扫气制造成本。

2.4.3.5 中晋冶金氢冶金项目投资及还原气成本

本方案适用于独立焦化企业的副产煤气制氢。经测算，本装置生产还原气单位成本为354.84 元 /1000m³(标)(CO+H₂)，即 1m³(标) 还原气成本为 0.3548 元。单位还原气生产成本具体见表 2.35。

建设项目投资估算范围：以焦化装置产生的焦炉煤气制还原气的工艺装置及配套系统，见表 2.36。主要生产项目包括：焦炉煤气与炉顶气压缩、焦炉煤气深度净化、炉顶气脱硫、干重整、烟气余热回收等，以及其他辅助与公用工程。

表2.35　单位还原气生产成本表[每1000m³(标)(CO+H₂)]

序号	成本项目	单位	单耗	单价 / 元	单位成本 / 元
一	原料、燃料				209.06
1	焦炉煤气	m³(标)	319.86	0.45	143.937
2	炉顶气	m³(标)	814.06	0.08	65.123
二	辅助材料				24.759
1	脱萘剂	m³	9.52×10^{-5}	2.00 万	1.904
2	脱油剂	m³	9.52×10^{-5}	2.10 万	2.000
3	粗脱硫剂	m³	9.52×10^{-5}	2.20 万	2.095
4	脱有机硫剂	m³	9.52×10^{-5}	2.80 万	2.666
5	精脱硫剂	m³	7.14×10^{-5}	1.41 万	1.006
6	炉顶气脱硫剂	m³	2.53×10^{-4}	3.00 万	7.618
7	转化催化剂	t	2.27×10^{-5}	32.53 万	7.400
8	瓷球	t	3.17×10^{-6}	2.20 万	0.070
三	公用工程				82.541
1	电	kW•h	188.99	0.40	75.597
2	新鲜水	t	0.23	3.72	0.850
3	循环冷却水	t	30.47	0.20	6.094
四	工资及福利				1.904
五	折旧费				20.427
六	维修费				9.498
七	销售费用				0.000
八	财务费用				5.983
九	管理费等				0.667
	合计				354.839

表2.36　建设投资概算表

序号	费用名称	数值/万元	占总投资/%
1	建设总投资	65948.0	100.00
2	设备及材料购置费	29909.0	45.4
3	安装工程费	11125.0	16.9
4	建筑工程费	17150.0	26.0
5	其他费用	7764	11.8

2.4.4　建龙富氢熔融还原项目

2.4.4.1　赛思普氢冶金项目简介

建龙集团与北京科技大学、北京百特莱德工程技术股份有限公司等合作建设一条30万t/a氢基熔融还原法生产高纯铸造生铁生产线。该项目由建龙集团出资建设，北京科技大学负责协助建龙集团为其提供全方位技术支持和人员支持，定期指派人员进行项目参与及指导。项目成立了内蒙古赛思普科技有限公司，于2019年6月17日在乌海市工商行政管理局注册总投资为10.9亿元。公司地址为内蒙古自治区乌海市海勃湾区千里山工业园区，主要经营范围是非高炉冶炼、铸造技术的研究、开发和生产运营；再生资源的回收、加工和销售；高纯铸造生铁、铸造产品的生产和销售；钢铁产品及副产品（不含危险品）的销售等。主要从事冶金前沿技术"氢基熔融还原"低碳冶炼技术的研发和生产。

项目于2016年1月启动，于2019年完成项目立项及报批报建工作，2019年8月开工建设，投产后将形成年产30万t高纯、超高纯铸造生铁生产能力。

该技术在熔融还原工艺基础上实现氢冶金，属于世界首创，符合我国氢能发展战略。实现钢铁生产从"碳冶金"到"氢冶金"质的跨越，完成几代钢铁人的梦想，从而彻底摘掉钢铁工业"高碳排放、高污染、高能耗"的帽子。该项目是工信部、发改委、科技部重点支持项目，有望取代传统高炉炼铁，为钢铁行业传统产业升级、绿色发展开辟了新的发展模式。

本项目在工艺流程、炉型选择、技术装备上，选择了技术先进、成熟、可靠，装备水平高，能耗低，占地面积小，投资少，污染小，水重复利用率高的生产工艺。

2.4.4.2　赛思普氢冶金项目核心技术

赛思普技术主要研究开发内容包括：一步法高效非高炉炼铁成套技术；富氢熔融还原技术；耐高温耐侵蚀热风喷枪和氢气喷枪的研制；氢冶金超高温耐渣侵蚀、冲刷长寿命耐材技术。

项目组前期进行了充分的理论验证和装备研发制造论证，对赛思普（CISP）工艺核心反应的热力学、动力学等反应机理、核心装备以及一系列工程建设问题进行了充分的论证，保证项目在理论上和工程上切实可行。

本项目区别于国内外同行业研究之处主要在于将"氢冶金"与"熔融还原"相结合，实现喷氢在 MPR 炉内的大规模应用，达到喷氢 1 万 t/a，减少碳排放 11 万 t/a 以上的目标。目前国内外所有氢冶金研究都是在高炉上进行喷氢研究，通过高炉风口鼓入氢气等含氢气体，喷氢量有限，焦炭在高炉中的骨架作用无法替代。

本项目通过焖炉喷枪、煤粉喷枪、矿粉喷枪，分别向熔融还原炉燃烧区、熔池区进行喷吹焦炉煤气、甲烷或氢气等氢基气体，进行氢气还原铁矿粉、氢气燃烧放热，目前此项研究工作，国内外未见报道。目前已经研究的内容包括：

① 对 CISP 全流程的铁素流、碳素流、氢素流进行分析，揭示全流程的能质平衡，研究 MPR 炉内燃烧反应机理以及煤气质量控制方法，明确热风温度和富氧率对能耗、反应效率的影响，确认未来工艺使用常温全氧代替富氧热风的可能性，并制订与之适应的工艺方案为工艺流程整体优化提供基础；研究 MPR 炉内鼓风量、喷矿量、喷煤量的对应关系，以确定合理的生产工艺制度。

② 对 MPR 炉内的反应过程进行解析，明确 CISP 工艺中主要反应的热动力学，揭示反应过程中 C、Si、Mn、P、S、Ti 以及其他微量元素的反应行为，为控制产品质量提供基础。

③ 通过对 MPR 炉耐高温耐侵蚀热风喷枪、氢气喷枪的设计与优化，通过数值模拟、物理模拟设计出满足工艺要求的喷枪工艺设计方案，完成各种喷枪的设计定型，制作加工完成符合要求的各种喷枪，实现氢气等还原气体可以喷入炉内、热风喷枪喷出的热风有理想的流场、混合喷枪可以实现深喷和良好的涌泉效果。"熔池深喷"技术作为 MPR 炉矿粉和气体喷吹的核心，对矿粉和气体在熔池内的喷吹研究可以明晰其喷吹反应的机理。

2.4.4.3 核心设备自主研发实现国产化

原 MPR 炉设备及零部件生产厂家为美国、英国、日本，售价高昂，制造周期及海运时间长，且技术封锁。研发团队长期致力于设备的国产化，通过技术消化和研究，与北京科技大学、北京百特莱德工程技术公司、鞍山热能院等企业携手开发，自行设计，进行国内厂家制造，实现了国内首例自主研发试制，促进国内厂家的技术更新换代。国产化后不仅能实现同等功能，而且根据实际工艺变更进行了优化，降低了成本，且更具实用性。

核心喷枪主要包括热风喷枪和氢气喷枪，是往 MPR 炉内喷吹热风和还原气体的主要装置。若没有自主研发的核心喷枪，MPR 炉将无法正常喷吹能源热量及还原剂，喷吹氢气也就无法实现，进而无法实现炉内正常反应。

核心耐材主要包括 MPR 炉耐材、热风喷枪耐材等，核心耐材在高温下、渣侵蚀严重的位置做到长寿命，有利于 MPR 炉的稳定顺行。实时监控耐材侵蚀速度，可以实时了解 MPR 炉生产运行状况，降低休炉、停炉风险。

2.4.4.4 赛思普氢冶金项目预期收益

（1）项目氢气来源

内蒙古乌海市是以煤炭开采为主的资源性城市，当地焦化厂非常多，产生的副产焦炉煤气非常丰富，并且价格低廉。本项目的氢气来自紧邻的千里山焦化厂产生的焦炉煤气。

（2）预期收益

该生产线年产高纯铸造生铁 30 万 t，项目建成投产后年实现销售额 171000 万元，正常年实现净利润 40378 万元，投资回收期（所得税后）3.65 年，项目投资财务内部收益率（所得税后）为 40.46%。

2.4.5　酒钢煤基氢冶金项目

目前，世界上氢冶金技术的主流研发方向是"制氢 - 储氢 - 用氢"，但迄今没有实质性进展。酒钢煤基氢冶金技术打破了"制氢 - 储氢 - 用氢"这一传统的固有思维局限，在一个特定的热态系统中，通过煤的充分热解过程与铁氧化物还原过程的热态交集，"制氢 - 储氢 - 用氢"在热态下同步发生，从而实现氢冶金过程。

在煤基氢冶金研究方面，已经开展过多种物料的试验研究，包括各种铁精矿、铁矿石、含铁除尘灰、有色火法冶金富铁废渣（铜、镍渣）、有色湿法冶金富铁废渣等，均取得了极好的试验结果；尤其是攻克了传统碳冶金在固态下无法解决的铁橄榄石（硅酸铁）和钒钛磁铁矿还原问题，彰显了煤基氢冶金技术的强大威力。目前，煤基氢冶金技术已走到成果转化的中试节点。

在一定的温度、空间和时间条件下，由铁矿石和高挥发分原煤均匀混合组成的混合物中，一定会发生以铁氧化物中的氧元素、煤中的碳元素及氢元素联合主导的氢冶金过程；而且，氧元素、碳元素及氢元素缺一不可。这是酒钢集团煤基氢冶金研发团队基于多年的基础理论及上千次试验研究获得的重大科学发现。在获得重大科学发现的基础上，自主创立了"煤基氢冶金理论"[72]。

2.4.5.1　酒钢煤基氢冶金理论核心

第一，从煤的充分热解中先行得到 H_2，以 H_2 还原铁氧化物产生的 H_2O 作气化剂气化 C 再得到 H_2，这一系列过程能够产生足够多的 H_2 实现氢冶金过程；第二，关于煤的充分热解过程与铁矿石冶金还原过程在热态下的高度集成，通过目前成熟的铁矿石直接还原产业化装置（回转窑或转底炉），就可以实现两个过程的热态交际。

煤的不充分热解产物主要分两个部分，一是富氢的挥发分，包括焦油（含苯、萘）、烷烃、烯烃类等大分子量气体和 H_2、H_2O、CO、CO_2、H_2S 等小分子量气体；二是富碳的固态残渣（将其称为"呆滞碳"，煤焦或焦炭）。煤在 350 ～ 400℃时，开始分解成富碳的"呆滞碳"和富氢的气体挥发分，分解一般持续到 950℃左右，如果保持足够长的时间或再提高温度，"呆滞碳"将形成结构类似于石墨的物质（反应性更低、更呆滞）。

在煤化工领域，关于煤的充分热解所有的专家都会认为这是件荒唐的事情。因为他们的目标是追求焦油的高产率，也因此决定了要避免煤的充分热解。在他们看来，煤的充分热解是一件极为简单的事情，在温度达到 1000℃之前，即可实现煤的充分热解。酒钢项目提出的煤的充分热解，是要将煤的不充分热解产物中富氢的挥发分（气相），包括焦油（含苯、萘）、烷烃、烯烃类物质，在 900 ～ 1000℃的温度环境下继续进行热解，使其所含的氢元素尽可能多地转化为 H_2，其所含的碳元素尽可能多地转化为活性颗粒碳（反应性远好于"呆滞碳"）。900 ～ 1000℃的温度环境，恰恰是铁矿石中铁氧化物被还原和以 H_2O 为气化剂的碳气化反应的最佳温度区间。

2.4.5.2　酒钢煤基氢冶金过程

铁矿石煤基氢冶金过程既可通过含碳球团内配粉煤的方式（转底炉、带式焙烧机）实现，也可通过不含碳球团或粒矿外配粒煤的方式（回转窑）实现。下面以转底炉为例说明煤基氢冶金过程，模型见图 2.59。

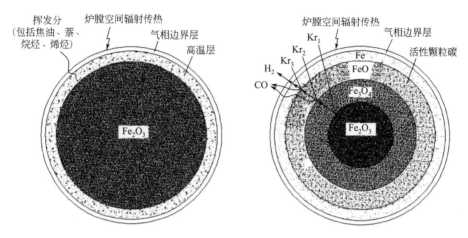

图 2.59　转底炉煤基氢冶金球形模型

煤基氢冶金过程包括如下四个阶段。

（1）球团表面升温过程

在铁精矿中均匀配入过量的广汇煤（高挥发分）制成含碳球团，球团在转底炉内加热升温过程中，其表层优先被加热升温，球团表层温度升高到 200～300℃时，表层还原煤中的焦油、苯、萘及烷烃、烯烃、H_2 等气体开始析出，直接进入炉膛空间进行热解及燃烧，作为燃料利用。此过程对 H_2 的利用率较低。

（2）煤热解氢还原过程

球团表层温度升高至 900℃左右时，表层的铁氧化物温度达到还原温度，球团芯部的煤也由浅层到深层逐渐开始热解，热解产生的焦油、苯、萘、烷烃、烯烃等，在经过球团表层或浅层的高温环境时会充分热解，最终生成活性颗粒碳和 H_2，活性颗粒碳会沉积在球团表层及浅层，而 H_2 会与达到还原温度的铁氧化物进行还原反应。将这一过程称为"煤热解氢还原过程"。尽管广汇煤中的氢元素含量只有 4%～5%，但通过煤的充分热解所能获得的 H_2 即使有 70% 用于还原，也可以将球团中铁氧化物的氧元素夺走 40%（球团还原率 40%）。

（3）碳气化氢还原过程

"煤热解氢还原过程"产生的 H_2O，会与新生成的活性颗粒碳（优先）或呆滞碳进行碳气化反应生成 H_2 和 CO，H_2 再作为还原剂还原铁氧化物，生成的 H_2O 又会气化碳生成新的 H_2 和 CO，产生剧烈的还原耦合效应。由于化学反应的选择性，这个过程所生成的 CO 只有少部分参加还原铁氧化物的反应，大部分将排出料层进入炉膛作为燃料使用。将这一过程称为"碳气化氢还原过程"，这一过程可以将球团中铁氧化物的氧元素再夺走 50% 以上，球团还原率将达到 90% 以上。

（4）碳还原过程

当球团中还原煤挥发分析出一定程度后，球团中的铁氧化物才会与煤热解产生的呆滞碳（固定碳，反应性要好于高炉使用的冶金焦炭），进行以碳气化反应（CO_2 为气化剂）为核心的系列冶金还原反应。将这一过程称为"碳还原过程"，这一过程对球团中铁氧化物的还原率仅提升不到 10%。

2.4.5.3 酒钢煤基氢冶金工艺技术特点

（1）"自热平衡"技术

在整个球团还原过程中，球团的烧失率在 37% 左右，这一烧失量能全部转化为可燃气体（H_2+CO 在 97% 左右，前期有焦油、苯、萘及烷烃、烯烃等），从球团料层中溢出，作为高温气体燃料供转底炉使用。经测算，这一燃料足够转底炉使用，且尚有余量，需要在系统外设置余能回收装置（高温余热锅炉等）加以回收，无需外供燃料。

（2）煤基氢冶金技术优点

① 本质节能。在"煤热解氢还原过程"中，还原煤挥发分热解产生的 H_2，吸热及热效应不会超过 25kJ/mol，但对球团中铁氧化物的还原率在 40%。同碳基还原相比（以 CO_2 作气化剂的碳气化反应为核心，每产生 1mol 的 CO 需要耗热 82.9kJ），本质节能率在 70%。在"碳气化氢还原过程"中，H_2O 作为气化剂进行碳气化反应（$C+H_2O \longrightarrow CO+H_2-124.5kJ/mol$）生成的 H_2 和 CO，对球团中铁氧化物的还原率要达到 40% ~ 50%。同碳基还原相比（$C+CO_2 \longrightarrow 2CO-165.8kJ/mol$），本质节能率在 25%。

燃烧空间对球团表面以及球团表面对球团芯部的传热特性，决定了在球团还原过程中存在"煤热解氢还原过程"和"碳气化氢还原过程"，且在热态下交织在一起，相互耦合。与碳冶金相比，氢冶金整个还原过程中的本质节能率在 40% 以上。与"铁烧焦"传统炼铁工艺（包含炼焦和烧结球团两个独立的耗能环节）相比，"煤基氢冶金转底炉 + 熔分竖炉"工艺的本质节能率将在 50% 以上，其节能减排意义不言而喻。

煤基氢冶金工艺吨铁煤耗仅 600kg（褐煤或烟煤），与传统"铁烧焦"工艺的 800kg（其中 670kg 为焦煤，130kg 为无烟煤）相比，能耗大幅度降低，吨铁煤耗成本降低约 380 元。

② 本质环保。传统"铁烧焦"工艺需要配套庞大的水循环及水处理（含酚氰废水）设施、烟气排放次数多且量大、动力（电力）消耗大、需要脱硫脱硝、流程长、物料转运次数多导致产尘点多。煤基氢冶金工艺具有水循环及水处理设施规模小、烟气排放次数少且量小、动力消耗小、无需脱硫脱硝、流程短、物料转运次数少、产尘点少等优点。

③ 经济性好。与传统"铁烧焦"工艺相比，具有工艺流程短、监控点少、定员少、劳动生产率高、建设投资低（年产 80 万 t 煤基氢冶金装置投资约 7 亿元，同等规模传统高炉炼铁装置投资约 9 亿元）等优点。此外，因具备上述工艺特点，煤基氢冶金工艺生产运行成本也远低于传统工艺。

2.4.5.4 酒钢煤基氢冶金项目研究进展

（1）实验室试验研究

① 铁精矿煤基氢冶金试验研究。为验证氢冶金与碳冶金之间的差异，酒钢采用哈精

矿开展氢冶金与碳冶金对比试验研究，见表2.37和表2.38。通过对比试验充分验证了碳冶金与氢冶金存在巨大差异。

表2.37 氢冶金与碳冶金主要试验参数对比

工艺类型	还原剂配比 /%	焙烧炉温 /℃	在炉时间 /min
碳冶金工艺	兰炭 50	1250 ~ 1280	50
氢冶金工艺	广汇煤 40	1250 ~ 1280	30

表2.38 氢冶金与碳冶金主要试验指标对比

工艺类型	金属化率 /%	金属化铁粉品位 /%	金属回收率 /%
碳冶金工艺	96.92	92.99	91.26
氢冶金工艺	96.86	91.58	96.04

为验证氢冶金理论对铁精矿的适用性，项目采取了多种酒钢目前使用的铁精矿开展氢冶金试验，其主要焙烧参数及指标见表2.39。

表2.39 不同铁精矿煤基氢冶金试验主要焙烧参数及指标

品名	还原剂配比 /%	焙烧炉温 /℃	在炉时间 /min	金属化率 /%
精矿 1	广汇煤 40	1250 ~ 1280	30	96.86
精矿 2	广汇煤 37	1250 ~ 1280	30	96.62
精矿 3	广汇煤 35	1250 ~ 1280	30	96.99

试验结果证明煤基氢冶金工艺适用性较广，可有效处置常见铁精矿。

② 原矿煤基氢冶金试验研究。为验证氢冶金理论对原矿的适用性，采用镜铁山原矿开展了模拟转底炉氢冶金试验和电热回转窑煤基氢冶金试验，其主要焙烧参数及指标见表2.40。试验结果表明，煤基氢冶金工艺对原铁矿石处置效果良好。

表2.40 镜铁山原矿煤基氢冶金试验主要焙烧参数及指标

试验	还原剂配比 /%	焙烧炉温 /℃	在炉时间 /min	金属化率 /%
电热回转窑试验	广汇煤 24	1000	38	90.36
模拟转底炉试验	广汇煤 24	1200	30	91.31

③ 有色渣煤基氢冶金试验研究。为验证氢冶金理论对有色渣（以红土镍矿经湿法冶金提镍后的富铁废渣为例）的适用性，开展了模拟转底炉和回转窑氢冶金试验，其主要焙烧参数及指标见表2.41。试验结果表明，煤基氢冶金工艺适用于有色渣的处理。

表2.41　有色渣煤基氢冶金试验主要焙烧参数及指标

试验	还原剂配比 /%	焙烧炉温 /℃	在炉时间 /min	金属化率 /%
电热回转窑试验	广汇煤 33	1000	38	94.20
模拟转底炉试验	广汇煤 33	1250 ~ 1280	30	92.86

④ 钒钛磁铁矿煤基氢冶金试验研究。目前，高炉法在钒钛磁铁矿资源处置上占据主导地位，非高炉法用于产业化生产的仅有南非和新西兰的两家企业，均采用回转窑预还原 - 电炉终还原熔分工艺，但无论采取何种工艺，对铁、钒、钛资源的利用率均较低。酒钢氢冶金研发团队通过深入分析现有的钒钛磁铁矿冶炼工艺发现，传统碳冶金工艺不能有效处置钒钛磁铁矿，根本原因在于不能解决钒钛磁铁矿在固态下的高还原率问题。在此背景下，本项目采用南非林波波省钒钛磁铁矿和攀西钒钛磁铁矿氧化球团，开展了煤基氢冶金试验研究，主要试验参数与指标见表 2.42。试验结果表明，煤基氢冶金工艺彻底解决了钒钛磁铁矿在固态下的预还原问题（金属化率达 95% 以上）。钒钛磁铁矿煤基氢冶金试验完成后，利用产出的金属化物料开展了中频感应炉熔分试验研究，通过熔分工艺处理后即可得到半钢以及低铁的富钒钛渣，且低铁富钒钛液态渣在转变为固态的过程中可以形成大量的黑钛石晶体。

与现有碳冶金工艺相比，煤基氢冶金工艺流程更短、能耗更低、铁钒钛资源利用率更高、环境友好，是未来最有希望高效利用钒钛磁铁矿的工艺。

表2.42　钒钛磁铁矿煤基氢冶金试验主要参数及指标

品名	还原剂配比 /%	焙烧炉温 /℃	在炉时间 /min	金属化率 /%
南非钒钛磁铁矿	广汇煤 40	1220 ~ 1230	52	96.13
攀西钒钛磁铁矿氧化球团	广汇煤 40	1200	50	96.93

（2）中试试验研究

酒钢煤基氢冶金回转窑中试基地总投资约 5000 万，2019 年 5 月 5 日开始土建施工，2020 年 5 月开始热负荷试车，回转窑窑体尺寸为 Φ2.8m×48m，可承担铁矿石磁化焙烧、直接还原及含铁尘泥无害化处理等各类中试试验，中试基地设备联系图见图 2.60。

截至目前，酒钢已陆续开展了高炉瓦斯灰煤基氢冶金提锌中试试验、铁原矿煤基氢冶金中试试验、铁原矿浅度氢冶金磁化焙烧中试试验。

高炉瓦斯灰煤基氢冶金提锌中试试验，稳定取得金属化块料金属化率 90% 左右、氧化锌粉氧化锌含量 45% 以上的较好指标，基本确定了瓦斯灰煤基氢冶金直接还原试验工艺参数；铁原矿煤基氢冶金中试试验取得了金属化块料金属化率 90% 以上的优异指标。此外，中试试验首次验证了"还原气氛下的冶金热造块"技术，在还原铁氧化物的同时完成金属化物料的热造块。该技术产出的金属化块料可直接作为高炉炼铁的优质铁料，有效替代烧结矿和球团矿，降低高炉焦炭消耗、提高高炉产能。

在铁原矿浅度氢冶金磁化焙烧中试试验中，独创的"回转窑弥散式燃烧"技术，实现了焙烧过程中窑内热负荷合理均匀分布，有效解决了回转窑"结圈"这一世界性难题，为回转窑煤基氢冶金工艺未来发展创造了良好的物质基础。

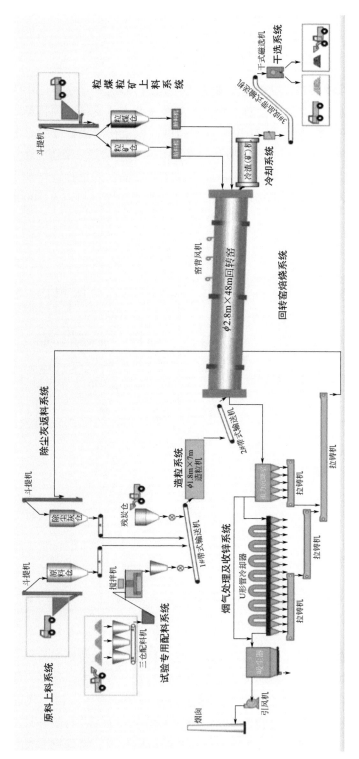

图 2.60　酒钢煤基氢冶金中试基地设备联系图

2.4.6　东北大学煤制气－富氢竖炉项目

2.4.6.1　煤制气－富氢竖炉项目主要内容

辽宁钢铁共性技术创新中心建设项目，由辽阳市政府和辽宁华信钢铁共性技术创新科技有限公司出资建设，东北大学负责全方位的技术和人才支持。项目第一期期间重点开展煤制气-气基竖炉直接还原-电炉短流程精品钢，以及特冶锻造分中心电渣钢生产示范工程，形成具有自主知识产权的气基竖炉直接还原-电炉冶炼-精炼-连铸-轧制的短流程生产工艺与装备技术、高端精品钢电渣重熔技术和产品，并进行转化和推广。项目一期全面建成年产万吨级气基竖炉直接还原铁、10万t级电炉精品钢以及5000t电渣钢生产示范工程，见图2.61。

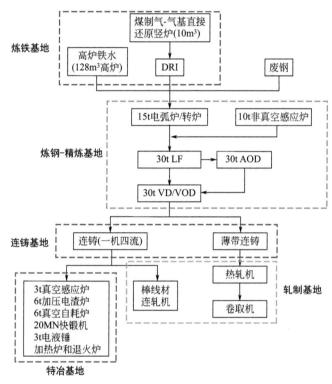

图2.61　项目建设方案和工艺流程

中试示范线建设项目部分产品是优质直接还原铁以及优特钢和特种合金产品；项目的主要产品是经中试研发后成熟的可工业化应用的钢铁共性技术，包括：氢冶金气基竖炉直接还原工艺和装备技术、低碳高炉炉料和冶炼集成关键技术、新一代炼钢工艺与装备技术、高品质连铸坯生产工艺与装备技术、特殊钢加压冶金工艺与装备技术、薄带连铸流程制备高品质特殊钢与关键装备技术、特殊钢棒材轧制技术、特殊钢和特种合金锻造与热处理技术、钢铁生产智能化技术等。

项目建设目标包括：煤制粗煤气能力 $5000 \sim 10000 m^3/h$，入炉净化煤气 H_2+CO 大于90%、H_2/CO 不低于1.5的有效气大于 $4000 m^3/h$，入炉还原气温度900℃（±30℃）；气基竖炉年平均作业率 85%；竖炉使用全铁量（TFe）高于 68.5%、SiO$_2$ 低于 2% 的氧化球团，生产金属化率大于 92%、TFe 高于 90% 的优质直接还原铁 1 万 t/a 以上，产能大于 1.5t/h。项目主要研发煤制气 - 气基竖炉直接还原关键工程技术，包括：气基竖炉用氧化球团生产技术，煤制气工艺合理选取和评价技术，还原气净化处理技术，还原气加热技术，竖炉尾气循环利用技术，煤制气、煤气加热、炉顶煤气处理与气基竖炉高效安全匹配衔接技术，气基竖炉工艺与装备技术，竖炉直接还原产品处理技术，全流程智能化冶炼技术。

2.4.6.2 煤制气 – 富氢竖炉项目自主技术

项目重点研发了原料制备及处理技术、煤制气及煤气净化技术、气基直接还原技术、产品输送及处理技术等，形成如下成果：

① 开发了煤制气工艺合理选择及评价技术、还原气加热技术、竖炉炉顶煤气循环利用工艺技术。创新性地将成熟的化工煤气处理技术引入冶金领域，不仅符合我国的资源禀赋条件（缺油少气，煤炭资源丰富），也为气基竖炉直接还原技术的推广打下坚实基础。

② 开发了高品位铁精矿制备技术。基于河北、山西、吉林、辽宁、山东、湖北、安徽等国内磁铁矿资源，成功开发高品位铁精矿（TFe > 70.5%、SiO$_2$ 2.0%）制备技术和设备，建成了年产 10 万 t 高品位铁精矿示范线，为气基竖炉专用氧化球团制备提供稳定的原料来源。

③ 研发了气基竖炉用氧化球团制备技术。通过国内多地高品位铁精矿的氧化焙烧试验系统研究，制备的氧化球团 TFe ≥ 66%、抗压强度 ≥ 2000N、耐磨性指数 ≤ 15%、还原膨胀指数 ≤ 15%，性能指标完全满足气基竖炉要求。

④ 开发了煤制气及净化工艺、煤气加热、炉顶煤气处理与气基竖炉的高效安全匹配衔接技术，保障煤制气 - 气基竖炉工艺稳定顺行，实现其经济价值。

⑤ 开发了气基竖炉直接还原关键技术。研究了不同氢碳比、温度、气氛等工艺条件对直接还原的影响，揭示了氢冶金条件下竖炉内多场耦合作用机制，形成氢冶金气基竖炉直接还原理论与技术。还原产品为面向高端金属材料制造的洁净钢基料，产品指标达到 TFe ≥ 92%、P ≤ 0.09%、S ≤ 0.003% 的先进水平。

⑥ 设计了具有独立自主知识产权技术的气基竖炉和煤气加热炉，填补了我国气基竖炉直接还原关键技术的空白。

2.4.6.3 煤制气 – 富氢竖炉项目还原气来源

项目拟采用自主开发的煤气化工艺评价及合理选择技术，依据煤制气技术的发展现状、各工艺方法的实际运行状况、直接还原竖炉对煤气的要求、项目投资及企业投资能力等因素的综合分析，进行合理煤制气工艺的选择。

为了保证竖炉直接还原铁产品的金属化率和含硫量符合电炉炼钢生产要求，要求竖炉煤气中还原性气体成分（H$_2$+CO+C$_n$H$_m$）高，通常（H$_2$+CO/H$_2$O+CO$_2$）应大于 10，惰性成分 N$_2$ 含量低于 5%，还原气含硫低[73]。目前，世界上技术成熟的煤气化工艺主要有：固定床法（UGI，Lurgi）、流化床法（灰熔聚、Ende）、气流床法（Texaco，Shell）等。

Lurgi、Ende、Texaco 和 Shell 四种主要煤气化工艺的各项技术指标见表 2.43。

表2.43　四种主要煤气化工艺的技术指标[74—81]

指标	Lurgi	Ende	Texaco	Shell
气化工艺	固定床法	流化床法	气流床法	气流床法
煤种	从褐煤到无烟煤的各种弱黏结性煤	从褐煤到无烟煤的各种弱黏结性煤	黏结性和流动性好的可制浆煤	全部煤种均可
进煤系统	锁斗间断加入	螺旋加入	煤浆进料	氮气输送
入炉粒度	$5 \sim 50mm$	$< 10mm$	$75\% < 75\mu m$	$90\% < 150\mu m$
灰分 /%	无限制	< 30	< 20	无限制
含水 /%	< 20	< 8	> 60	< 2
灰熔点 /℃	> 1500	> 1250	< 1400	< 1500
气化压力 /MPa	$2 \sim 3$	常压	$2.6 \sim 8.4$	$2 \sim 4$
排渣方式	固态	固态	熔渣	液态
气化剂	氧气＋水蒸气	氧气＋水蒸气	氧气	氧气
氧耗 (标态)/m³/1000m³	$160 \sim 270$	270	400	$330 \sim 360$
煤耗 /[kg/1000m³(标)]	720	678	640	580
气化温度 /℃	$900 \sim 1100$	950	$1300 \sim 1400$	$1400 \sim 1600$
碳转化率 /%	90	92	97	99
冷煤气转化效率 /%	> 80	> 75	> 73	> 83
净热效率 /%	65	62	69	95
单炉产能 /(t/d)	500	400	2000	2000
与 50 万 t/a 竖炉配套制气系统投资估算 / 亿元	3.3	2.2	9.0	11.0
干煤气成分 /%	CO	$20 \sim 28$	$30 \sim 34$	$42 \sim 47$	$60 \sim 65$
	H_2	$38 \sim 40$	$32 \sim 37$	$30 \sim 35$	$22 \sim 25$
	CO_2	21	$17 \sim 20$	18	3
	CH_4	$7 \sim 12$	$1.2 \sim 1.5$	< 0.1	< 0.1
	N_2+Ar	1.2	8.5	0.8	7.5
	H_2S+ 有机硫化物 (COS)	0.7	0.9	1.1	1.3

　　以优化理论为依据，建立指标综合权重评价模型，使对指标的赋权达到主观与客观的统一，进而对不同的煤气化工艺进行综合定量评价 [82—84]。

（1）确定标准化评价矩阵

针对 Lurgi、Ende、Texaco 和 Shell 四种主要的煤气化工艺进行评价，记为 $I=\{1,2,3,4\}$。评价的主要指标又包括投资成本、氧耗、煤耗、冷煤气转化效率、煤气中 CO/H_2、煤气氧化度、煤气中有效还原气含量、净热效率、碳转化率、单炉产能等，记为 $J=\{1,2,\cdots,10\}$。研究对象 i 在指标 j 下所对应的值记为 $x_{ij}(i=1,2,3,4;j=1,2,3,\cdots,10)$，称矩阵 $X=(x_{ij})_{4\times10}$ 为研究对象集对指标集的评价矩阵，由表 2.43 中所列结果可得：

$$X=(x_{4,10})=\begin{bmatrix} 3.3 & 230 & 720 & 0.80 & 0.625 & 0.323 & 65 & 0.65 & 0.90 & 5 \\ 2.2 & 270 & 678 & 0.75 & 0.917 & 0.290 & 67 & 0.62 & 0.92 & 4 \\ 9.0 & 400 & 640 & 0.73 & 1.353 & 0.225 & 78 & 0.69 & 0.97 & 20 \\ 11.0 & 345 & 580 & 0.83 & 2.667 & 0.040 & 85 & 0.95 & 0.99 & 20 \end{bmatrix} \quad (2.1)$$

为了统一各指标的趋势要求，需将评价矩阵 X 进行标准化处理。当综合加权评分法以评分值越小越好为准则时，令：

$$y_{ij}=\begin{cases} x_{ij} & j\in I_1 \\ x_{j\max}-x_{ij} & j\in I_2 \\ \left|x_{ij}-x_j^*\right| & j\in I_3 \end{cases} \quad (2.2)$$

式中，$I_1=\{$越小越好的指标$\}$；$I_2=\{$越大越好的指标$\}$；$I_3=\{$稳定在某一理想值的指标$\}$。

在所涉及众多指标中，要求投资成本、氧耗、煤耗、煤气中 CO/H_2、煤气氧化度等越小越好，故 $y_{ij}=x_{ij}$；要求冷煤气转化效率、煤气中有效还原气含量、净热效率、碳转化率、单炉产能等越大越好，故 $y_{ij}=x_{j\max}-x_{ij}$。即：

$$Y=(y_{4,10})=\begin{bmatrix} 3.3 & 230 & 720 & 0.03 & 0.625 & 0.323 & 20 & 0.30 & 0.09 & 15 \\ 2.2 & 270 & 678 & 0.08 & 0.917 & 0.290 & 18 & 0.33 & 0.07 & 16 \\ 9.0 & 400 & 640 & 0.10 & 1.353 & 0.225 & 7 & 0.26 & 0.02 & 0 \\ 11.0 & 345 & 580 & 0 & 2.667 & 0.040 & 0 & 0 & 0 & 0 \end{bmatrix} \quad (2.3)$$

然后统一指标的数量级并消除量纲，令：

$$z_{ij}=100\times(y_{ij}-y_{j\min})/(y_{j\max}-y_{j\min}),\quad i=1,2,3,4;j=1,2,\cdots,10 \quad (2.4)$$

其中，$y_{j\min}=\min\{y_{ij}|i=1,2,3,4\}$，$y_{j\max}=\max\{y_{ij}|i=1,2,3,4\}$，记标准化后的评价矩阵为 $Z=(z_{ij})_{4,10}$，即：

$$Z=(z_{4,10})=\begin{bmatrix} 12.50 & 0 & 100.00 & 30.00 & 0 & 100.00 & 100.00 & 90.91 & 100.00 & 93.75 \\ 0 & 23.53 & 70.00 & 80.00 & 14.30 & 88.34 & 90.00 & 100.00 & 77.78 & 100.00 \\ 77.27 & 100.00 & 42.86 & 100.00 & 35.65 & 65.37 & 35.00 & 78.79 & 22.22 & 0 \\ 100.00 & 67.65 & 0 & 0 & 100.00 & 0 & 0 & 0.00 & 0 & 0 \end{bmatrix}$$

$$(2.5)$$

（2）确定各项指标的综合权重

① 主观权重。设各项指标的主观权重为：

$$\alpha = (\alpha_1, \alpha_2, \cdots, \alpha_{10})^T \tag{2.6}$$

其中，$\sum\limits_{j=1}^{10} \alpha_j = 1$，$\alpha_j \geqslant 0$ $(j=1,2,\cdots,10)$。综合考虑煤气化技术的各影响因素，投资成本初步给定权重系数为 0.4，煤气品质初步给定权重系数为 0.1，能源消耗初步给定权重系数分别为 0.09 和 0.06，转换效率初步给定权重系数分别为 0.075、0.015、0.015 和 0.045。综上，初步给定煤气化技术评价体系指标主观权重如式（2.7）所示，即：

$$\alpha = (0.400, 0.060, 0.090, 0.075, 0.100, 0.100, 0.100, 0.015, 0.015, 0.045)^T \tag{2.7}$$

② 客观权重。设所得各项试验指标的客观权重为：

$$\beta = (\beta_1, \beta_2, \cdots, \beta_{10})^T \tag{2.8}$$

其中，$\sum\limits_{j=1}^{10} \beta_j = 1$，$\beta_j \geqslant 0$ $(j=1,2,\cdots,10)$。

由熵值法式（2.9）和式（2.10）得到各项指标的客观权重。

$$h_j = -(\ln 4)^{-1} \sum_{i=1}^{4} p_{ij} \ln p_{ij} \tag{2.9}$$

$$\beta_j = (1-h_j) / \sum_{j=1}^{10} (1-h_j) \quad (j=1,2,\cdots,10) \tag{2.10}$$

其中，$p_{ij} = z_{ij} / \sum\limits_{i=1}^{4} z_{ij}$，且当 $p_{ij} = 0$ 时，规定 $p_{ij} \ln p_{ij} = 0$ $(i=1,2,3,4; j=1,2,\cdots,10)$。

$$P = (p_{4,10}) = \begin{bmatrix} 0.07 & 0.00 & 0.47 & 0.14 & 0 & 0.39 & 0.44 & 0.34 & 0.50 & 0.48 \\ 0.00 & 0.12 & 0.33 & 0.38 & 0.10 & 0.35 & 0.40 & 0.37 & 0.39 & 0.52 \\ 0.41 & 0.52 & 0.20 & 0.48 & 0.24 & 0.26 & 0.16 & 0.29 & 0.11 & 0 \\ 0.53 & 0.35 & 0 & 0 & 0.67 & 0 & 0 & 0 & 0 & 0 \end{bmatrix}$$
$$\tag{2.11}$$

$$h = (0.637, 0.695, 0.753, 0.721, 0.603, 0.782, 0.733, 0.789, 0.691, 0.500)^T \tag{2.12}$$

$$\beta = (0.117, 0.098, 0.080, 0.090, 0.128, 0.070, 0.086, 0.068, 0.100, 0.162)^T \tag{2.13}$$

③ 综合权重。设所得各项指标的综合权重为：

$$W = w = (w_1, w_2, \cdots, w_{10})^T \tag{2.14}$$

其中，$\sum\limits_{j=1}^{10} w_j = 1$，$w_j \geqslant 0 (j=1,2,\cdots,10)$。

为了兼顾主观偏好（对主观赋权法和客观赋权法的偏好），又充分利用主观赋权法和客观赋权法各自带来的信息，达到主客观的统一，建立如下评价决策模型：

$$\min F(w) = \sum_{i=1}^{4} \sum_{j=1}^{10} \left\{ \mu[(w_j - \alpha_j)z_{ij}]^2 + (1-\mu)[(w_j - \beta_j)z_{ij}]^2 \right\} \qquad (2.15)$$

其中，$0 < \mu < 1$ 为偏好系数，其反映分析者对主观权重和客观权重的偏好程度。

若 $\sum_{i=1}^{4} z_{ij}^2 > 0$（$j = 1, 2, \cdots, 10$），则优化模型式（2.15）有唯一解，其解为：

$$W = [\mu\alpha_1 + (1-\mu)\beta_1, \mu\alpha_2 + (1-\mu)\beta_2, \cdots, \mu\alpha_4 + (1-\mu)\beta_4]^{\mathrm{T}} \qquad (2.16)$$

取偏好系数 $\mu = 0.5$，由式（2.16）最终得到各项指标的综合权重，可见对煤气化工艺选择贡献度最大的仍是投资成本，其次为煤气中 CO/H_2 和煤气中有效还原气含量。

$$w = (0.259, 0.079, 0.085, 0.083, 0.114, 0.085, 0.093, 0.042, 0.057, 0.103)^{\mathrm{T}} \qquad (2.17)$$

（3）计算综合加权评分值

设综合加权评分值为：

$$F = f = (f_1, f_2, f_3, f_4)^{\mathrm{T}} \qquad (2.18)$$

其中，$f_i \geqslant 0$（$i = 1, 2, 3, 4$）。

由综合加权评分式：

$$f_i = \sum_{j=1}^{10} w_j z_{ij} \qquad i = 1, 2, 3, 4; j = 1, 2, \cdots, 10 \qquad (2.19)$$

$$F = ZW \qquad (2.20)$$

得：

$$f = (51.24, 50.90, 57.25, 42.63)^{\mathrm{T}} \qquad (2.21)$$

由于本综合加权评分法以评分值越小越好为准则，综合考虑投资成本、氧耗、煤耗、冷煤气转化效率、煤气 CO/H_2、煤气氧化度、煤气中有效还原气含量、净热效率、碳转化率、单炉产能等指标，Ende 流化床粉煤常压气化法更适作为气基竖炉直接还原用煤气的生产技术。

本项目煤制气工艺选用恩德（Ende）流化床法煤气化技术，工艺流程见图 2.62。恩德法适用于气化褐煤和长焰煤，要求原料煤不黏结或弱黏结、灰分小于 25%、灰熔点高（ST 大于 1250℃）、低温化学活性好（在 950℃时，应 > 85%；1000℃时，应 > 95%）。以霍林河煤为原料，系统分析了恩德法煤制气的物质流及生产成本，其物料平衡如表 2.44 所示。恩德法制得的净煤气主要成分如表 2.45 所示，H_2、CO、CH_4 的含量分别为 57%、38%、2%。本项目拟采用 1 座恩德炉，产气量 5000m³/h。

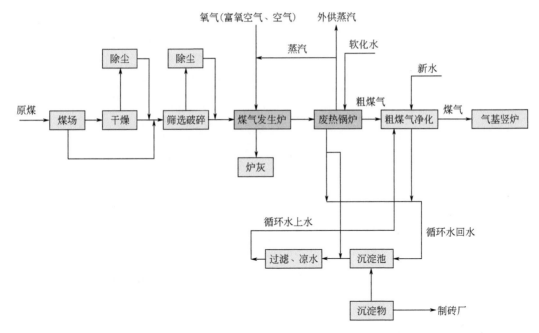

图 2.62 项目采用的恩德流化床法煤制气工艺流程

表2.44 以霍林河煤为原料恩德法煤制气的物料平衡

入项	kg/h	%	出项	kg/h	%
煤	7422.56	52.57	煤气	9469.15	67.06
氧气	3449.17	24.43	蒸汽	3352.06	23.74
氮气	15.22	0.11	粉尘	737.30	5.22
蒸汽	3232.90	22.90	炉灰	561.33	3.98
总计	14119.85	100.0	总计	14119.84	100.0

表2.45 以霍林河煤为原料恩德法制得的净煤气主要成分 单位：%

成分	H_2	CO	CO_2	CH_4	N_2
含量	57	38	2.5	2.0	0.5

2.4.6.4 煤制气–富氢竖炉项目专用氧化球团制备

基于国内现有铁精矿资源，采用细磨、精选工序工艺可获得生产优质氧化球团的专用铁精矿，分别为山西铁精矿粉、吉林铁精矿粉、辽宁铁精矿粉，化学成分如表2.46。三种精矿粉品位较高，TFe 均高达 70%，SiO_2 含量少，脉石总量较低。采用激光粒度分析仪对铁精矿粉进行了粒度分析，结果见表2.47。三种铁矿粉粒度均较细，< 0.074mm 的达75% 以上，< 0.045mm 的达 60% 左右（见表2.46），满足球团制备的要求（小于 0.045mm 粒级的比例在 60%～85% 之间）。

表2.46　三种铁精矿粉化学成分　　　　　单位：%

精矿产地	TFe	FeO	SiO$_2$	CaO	MgO	P	S
山　西	70.449	24.635	0.940	0.123	1.012	0.003	0.057
吉　林	70.600	30.540	2.570	0.090	0.150	0.002	0.020
辽　宁	70.310	29.010	1.960	0.170	0.050	0.002	0.035

表2.47　三种铁精矿粉粒度组成　　　　　单位：%

精矿产地	＜0.15mm	＜0.074mm	＜0.045mm
山　西	97.50	77.26	60.83
吉　林	98.11	80.79	70.08
辽　宁	96.36	77.47	59.54

采用以上三种铁精矿，配加1%膨润土造球，生球经干燥后，在回转窑火力模型装置内进行氧化焙烧，见图2.63。根据工业回转窑内温度分布，控制回转窑的升温速度和气氛，模拟炉料在工业回转窑内的焙烧过程：首先将预热后的球团在窑温1000℃左右加入回转窑中，快速升温至1250℃，焙烧30min后关闭天然气，停止燃烧。燃烧过程中当球团温度超过1200℃时，开始向回转窑内以8m^3/h流速吹氧，直至焙烧过程结束。然后向窑内吹冷风约10min，在窑温降至1050℃以下后，将焙烧、冷却后的氧化球团从回转窑中倒出。

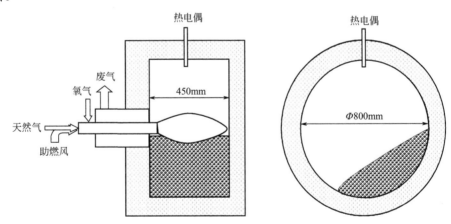

图2.63　回转窑火力模型装置示意图

氧化球团焙烧完成后，对其化学组成、抗压强度、冷态转鼓强度、还原性、低温还原粉化性、还原膨胀性进行了测定，结果如下。

（1）化学组成

三种球团的化学成分如表2.48所示，可见三种球团的化学组成均满足气基竖炉工艺的要求（TFe含量尽可能高，SiO$_2$不大于3%，FeO不大于1.0%，S不大于0.05%），从化学成分考虑是合格的气基竖炉直接还原用氧化球团。

表2.48 三种氧化球团的化学成分   单位：%

球团种类	TFe	FeO	SiO$_2$	CaO	MgO	P	S
山　西	67.902	0.193	1.720	0.204	1.089	0.002	0.014
吉　林	67.300	0.100	2.650	0.160	0.170	0.002	0.019
辽　宁	68.360	0.192	2.111	0.101	0.141	0.004	0.014

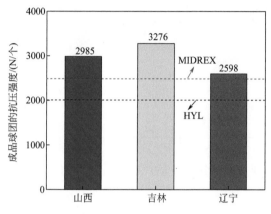

图2.64 三种成品球团的抗压强度

（2）抗压强度

成品球团的抗压强度检测方法遵循 GB/T 14201，三种精矿所制备球团的抗压强度对比见图2.64。其中，吉林球团最高，山西球团次之，辽宁球团则最低，但均高于 2500N/ 个，满足竖炉生产的基本要求。

（3）冷态转鼓强度

依据 GB/T 24531—2009 转鼓方法规定，取直径 10 ～ 12mm 的球团试样 3kg 放入转鼓内，以 25r/min 的速度旋转 8min，共转 200r，然后将试样从转鼓内取出再进行筛分。经两次重复试验测定，三种球团的转鼓指数 T 及耐磨指数 A 如表 2.49 所列（试验极差范围 <1.5%），转鼓指数均高于 94%，耐磨指数低于 5%。而 HYL 工艺要求 $T \geqslant 93\%$，$A \leqslant 6\%$，可见三种球团均满足气基竖炉要求。

表2.49 三种氧化球团的转鼓指数和耐磨指数

球团种类	$T/\%$	$A/\%$
山　西	94.42	4.37
吉　林	94.50	4.50
辽　宁	94.65	4.73

（4）还原性

采用 RSZ-03 型矿石冶金性能综合测定仪测定球团的还原性能，设备结构见图2.65。参照 GB/T 13241，将烘干后 500g 直径在 10 ～ 12.5mm 的球团试样放在还原管内，以 5L/min 的流速在还原管内通入 N$_2$，接着将还原管放入还原炉中，并将其悬挂在称量装置的中心，然后以 10℃/min 的升温速度加热。当试样接近 900℃时，增大 N$_2$ 流量到 15L/min。在 900℃恒温 30min，使试样的质量达到恒定后，通入流量为 15L/min 的还原气体代替 N$_2$，还原气体成分为：CO 30%±0.5%，N$_2$ 70%±0.5%。连续还原 3h 后，停止通还原气体，并向还原管中通入 N$_2$，流量为 5L/min，待试样冷却至 100℃以下。在开始的 15min 内，至少每 3min 记录一次试样的质量，之后每 10min 记录一次。

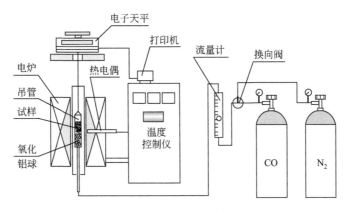

图 2.65 还原性实验装置

经两次重复试验测定，三种球团还原性实验结果如表 2.50（试验极差范围 <2.8%），山西球团的还原性能最好，3h 后还原度达 75.71%；吉林球团略低，为 72.83%；二者均优于我国一级品指标（≥70%）；辽宁球团最低，仅为 69.90%，满足我国二级品指标要求（≥65%）。

表2.50 三种氧化球团试样还原性指标

球团种类	还原前质量 m_0/g	还原后质量 m_1/g	还原前 FeO 的含量 /%	还原后 FeO 的含量 /%	还原性指数 $RI/\%$
山 西	499.3	389.9	0.100	67.300	75.71
吉 林	500.1	393.9	0.193	67.902	72.83
辽 宁	500.2	399.0	0.192	68.360	69.90

（5）低温还原粉化性

在竖炉直接还原工艺中，低温还原粉化性能是决定球团能否适应竖炉反应器以及还原气体组成的关键因素之一，球团粉化越严重，竖炉的透气性就越差。

依据 GB/T 13242 的规定，还原气成分为 CO 20%±0.5%，CO_2 20%±0.5%，N_2 60%±0.5%。试样还原过程的步骤与还原性测定方法一致，还原后测定试样质量，然后放入转鼓内，固定密封盖，以 30r/min 的转速共转 300r。从转鼓中取出试样，测定其质量后用 6.30mm、3.15mm 和 0.5mm 的筛子进行筛分，记录留在各粒级筛上的试样质量，在转鼓实验和筛分中损失的粉末视为小于 0.5mm 的部分记入其质量中。

经两次重复试验测定，三种球团的低温还原粉化性实验结果如表 2.51（试验极差范围 <1.4%），$RDI_{+3.15}$ 指标分别为 97.03%、91.40% 和 84.23%，明显高于我国球团矿一级品的要求。大量的前期研究也表明，氧化球团的低温还原粉化性一般不会成为其应用的限制性条件，而且竖炉内气氛也与高炉的各异，因此，球团的低温还原粉化性试验结果仅作为一项与普通球团质量相对比的指标。

表2.51 三种氧化球团低温还原粉化性指标

球团种类	m_{D0}/g	$RDI_{-0.5}/\%$	$RDI_{+3.15}/\%$	$RDI_{+6.3}/\%$
山 西	485.53	2.43	97.03	95.68
吉 林	484.32	6.50	91.40	85.70
辽 宁	495.26	6.45	84.23	79.91

（6）还原膨胀性

气基竖炉直接还原生产要求炉料具有良好的稳定性和透气性，过高的还原膨胀会导致球团矿破裂粉化，降低球团矿的高温强度。球团还原膨胀性检测装置见图2.66。依据GB/T 13240的规定，将烘干后18个直径在10～12.5mm的球团试样分3层放置于膨胀支架上，然后将支架放入还原管内。升温速度、还原温度和还原气氛均同于还原性实验参数，而还原时间改为1h。待试样冷却至100℃以下后，通过球团试样反应前后体积变化计算其还原膨胀率（RSI）。

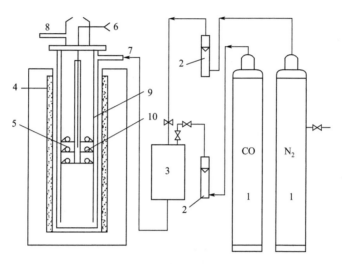

图2.66 还原膨胀实验装置

1—气体瓶；2—流量计；3—混合器；4—还原炉；5—试样；6—热电偶；
7—煤气进口；8—煤气出口；9—还原管；10—试样容器

经两次重复试验测定，三种球团的还原膨胀实验结果见表2.52（试验极差范围<2.6%），还原膨胀率均小于20%。其中山西球团的最低，为16.78%；吉林球团的最高，为18.70%，离我国一级品球团指标要求（15%）尚有一定差距。而且在现场生产条件下，由于受原料和操作不稳定性的影响，球团的还原膨胀率可能会更高，还有待进一步改善。

表2.52 三种球团试样还原膨胀性指标

球团种类	还原前体积 /mm³	还原后体积 /mm³	体积差 /mm³	RSI/%
山 西	1191.07	1389.61	198.54	16.78
吉 林	1720.10	1938.92	218.82	18.70
辽 宁	1530.32	1732.68	202.36	17.73

综上，三种国内球团性能与HYL工艺指标的对比见表2.53。可见，基于国内铁矿资源，配加适当黏结剂，选取合理焙烧工艺参数，即可获得气基竖炉直接还原用优质氧化球团。

表2.53　三种国内球团性能与HYL工艺指标的对比

项　目		吉林	山西	辽宁	HYL 指标
化学成分	TFe/%	67.30	67.90	68.36	尽可能高
	FeO/%	0.10	0.19	0.19	$\leqslant 1.0$
	SiO_2/%	2.65	1.72	2.11	$\leqslant 3.0$
物理性能	抗压强度 /(N/ 个) (GB/T 14201)	3276	2985	2598	$\geqslant 2000$
	转鼓强度 /% (GB/T 24531)	T=94.5 A=4.5	T=94.4 A=4.4	T=94.7 A=4.7	$T \geqslant 93$ $A \leqslant 6$
冶金性能	低温还原粉化 /% (GB/T 13242)	$RDI_{+6.3}$=87.5 $RDI_{+3.15}$=91.4 $RDI_{-0.5}$=6.5	$RDI_{+6.3}$=95.7 $RDI_{+3.15}$=97.0 $RDI_{-0.5}$=2.4	$RDI_{+6.3}$=79.9 $RDI_{+3.15}$=84.2 $RDI_{-0.5}$=6.5	—
	还原性 /% (GB/T 13241)	72.83	75.71	69.90	—
	还原膨胀率 /% (GB/T 13240)	18.70	16.78	17.73	$\leqslant 20$

因气基竖炉要求炉料的品位越高越好，那么进一步提高铁精矿品位是否可行需要进一步探索。以国内某地生产的超高品位铁精矿为原料（化学成分见表 2.54），配加有机黏结剂佩利多，进行氧化球团焙烧试验，试验方案见表 2.55。

表2.54　超高品位铁精矿的化学组成

组成	TFe	FeO	Al_2O_3	SiO_2	MgO	CaO	S	P
含量 /%	71.87	30.35	0.20	0.078	0.12	0.03	0.001	<0.005

表2.55　超高品位铁精矿球团焙烧试验方案

参数	实验值					
焙烧时间 /min	5	10	15	20	25	30
焙烧温度 /℃	1200	1225	1250	1275	1300	

不同焙烧温度和焙烧时间下超高品位铁精矿氧化球团的抗压强度见图 2.67。可见，焙烧温度 1250℃、焙烧时间 30min 条件下，氧化球团抗压强度达到 2519N/ 个，达到气基竖炉实际生产需求。1250℃、不同焙烧时间下球团的微观形貌见图 2.68，可见，当焙烧时间达到 30min 时，球团内部才形成较为完整的连晶结构。焙烧时间越短，内部孔隙和裂缝越多，Fe_2O_3 再结晶发育不完全，球团内部颗粒无法连接成整体，抗压强度较低。可见，为获得满足条件的物理强度，超高品位铁精矿氧化球团的焙烧时间要明显长于普通高品位铁精矿球团。

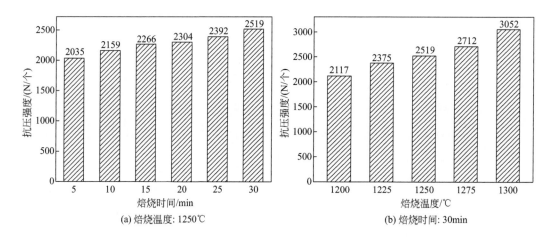

图2.67 焙烧时间（a）和焙烧温度（b）对超高品位铁精矿球团抗压强度的影响

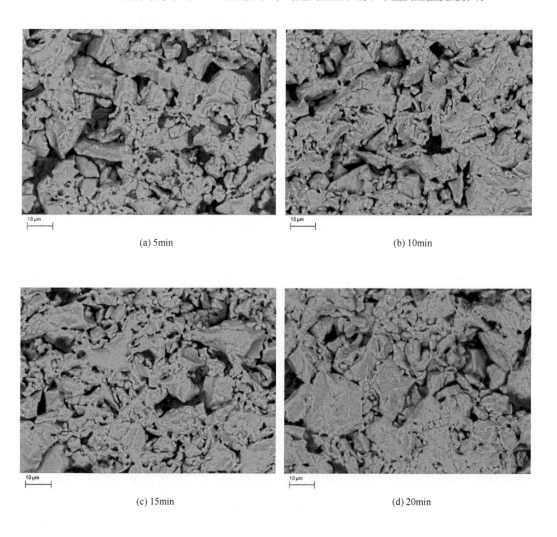

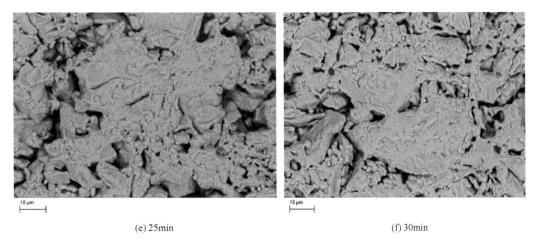

(e) 25min   (f) 30min

图 2.68   1250℃、不同焙烧时间下超高品位铁精矿球团的微观形貌

在实验室条件下，以 1250℃、30min 条件下焙烧得到的超高品位铁精矿氧化球团为原料（其铁品位为 68.66%，FeO 含量为 0.73%），模拟气基竖炉工艺进行直接还原。还原条件分别为：还原温度 900℃，还原气氛 $H_2/CO=2/5$；还原温度 1050℃，还原气氛 $H_2/CO=5/2$。

不同还原条件下，超高品位铁精矿氧化球团还原度曲线见图 2.69。在 900℃、$H_2/CO=2/5$ 条件下，超高品位铁精矿氧化球团还原 27min 可达还原终点，还原度最高可达 97.37%；在 1050℃、$H_2/CO=5/2$ 条件下，超高品位铁精矿氧化球团还原 15min 即可达还原终点，还原度最高可达 99.28%。可见，在典型的气基竖炉工艺条件下，超高品位铁精矿氧化球团的还原性较好，均可达到较高的金属化率（>92%）。

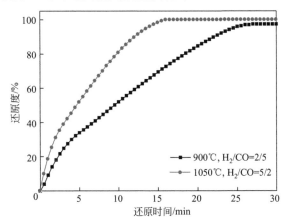

图 2.69   超高品位铁精矿球团的还原度曲线

然而，由超高品位铁精矿氧化球团直接还原前后的形貌（见图 2.70）可知[85]，氧化球团在气基还原过程中发生了严重的结构破坏。两种工艺条件下，超高品位铁精矿氧化球团还原膨胀率见图 2.71（a），还原膨胀率分别高达 243% 与 51%，无法满足气基竖炉实际生产对球团膨胀率的要求（RSI<20%）。而还原冷却后的强度同样无法满足要求，见图 2.71（b）。

图 2.70 超高品位铁精矿氧化球团还原前后形貌

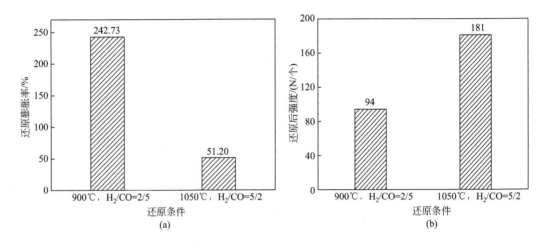

图 2.71 超高品位铁精矿氧化球团还原膨胀率（a）和还原冷却后强度（b）

综上，品位 71.9% 的超高品位铁精矿可制备强度合格的氧化球团，但在气基竖炉直接还原过程会出现恶性膨胀，不适用于气基竖炉。可见，铁精矿品位并非越高越好，宜选取品位 70% 以下的高品位铁精矿为原料制备气基竖炉专用氧化球团，不仅可降低选矿成本，同时可满足气基竖炉直接还原对炉料的各项要求。

2.4.6.5　煤制气－富氢竖炉项目氧化球团直接还原

基于制备的辽宁球团和山西球团，改变还原温度和气氛进行气基竖炉直接还原实验，考察不同气基竖炉还原工艺下球团的还原行为以及还原后品质。气基竖炉直接还原实验所采用的装置见图 2.72。

直接还原反应的温度和气氛取决于原料的软化温度、能源消耗及生产稳定性。为全面考察还原温度和气氛对还原反应的影响，在参考 MIDREX 和 HYL 竖炉直接还原工艺的基础上，依次选取 850℃、900℃、950℃、1000℃ 和 1050℃ 五组温度，100% H_2、H_2/CO=5/2、H_2/CO=3/2、H_2/CO=1/1、H_2/CO=2/5 和 100% CO 六种还原气氛，进行气基竖炉直接还原实验，考察温度和气氛对还原度、还原膨胀率、还原后强度的影响，以确定较为合理的气基竖炉工艺参数。

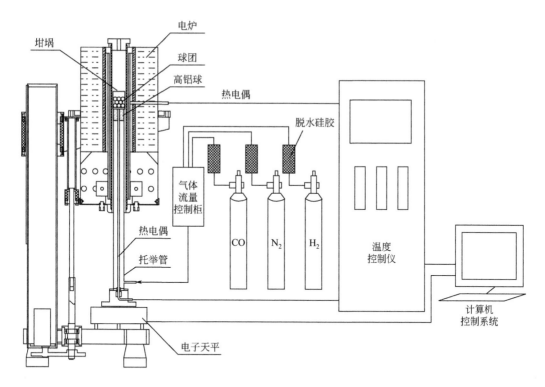

图 2.72 气基竖炉直接还原实验装置

（1）还原度

不同还原气氛下，还原温度对球团还原率随还原时间变化的影响见图 2.73。可见，还原气氛中含有 H_2 时，升高温度能明显加快还原反应的速率。100% H_2 气氛下还原温度高于 900℃时，在还原 20min 后还原率均达到 95% 以上。而 100% CO 气氛下，温度对还原反应速率的影响较弱，升高温度，相同还原率下所需还原时间几乎不变。

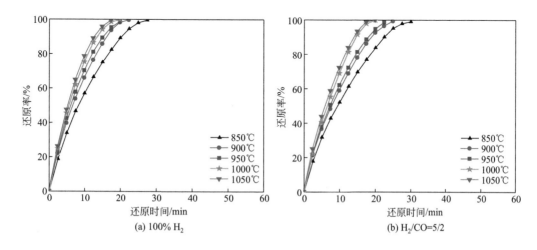

图 2.73

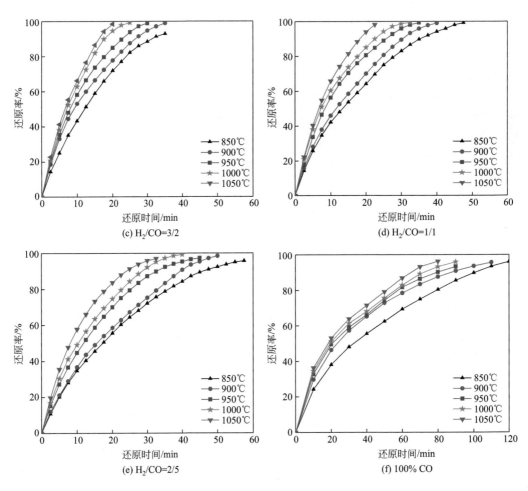

图 2.73　不同还原气氛下还原温度对还原率随还原时间变化的影响

不同还原温度下，还原气氛对球团还原率随还原时间变化的影响见图 2.74，五条曲线规律大体一致，即随还原气氛中 H_2 含量的增加还原反应速率加快。由图 2.74（d）和图 2.74（e）可知，1000℃和 1050℃下还原反应较为迅速，在还原 30min 后，除 100% CO 气氛外，其余还原气氛下的球团还原率均达到 90% 以上。

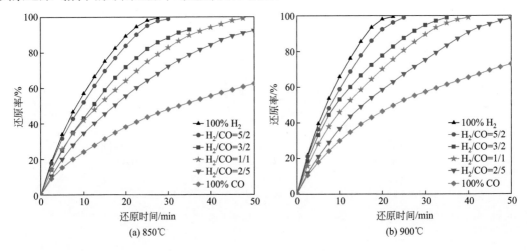

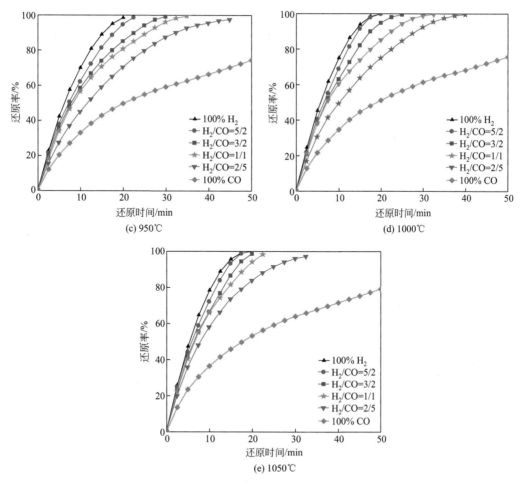

图 2.74　不同还原温度下还原气氛对还原率随还原时间变化的影响

（2）还原膨胀率

图 2.75 为 850℃、900℃、950℃、1000℃和 1050℃五种还原温度，不同还原气氛下还原结束时球团的还原膨胀率。

可见，总体上球团矿的还原膨胀性能良好，除 1000℃、1050℃，100% CO 气氛下球团出现异常膨胀外，其余各条件下球团的还原膨胀率均低于 20%，可以满足竖炉实际生产的要求。在相同还原温度下，随还原气氛中 H_2 含量的增加，球团还原膨胀率逐渐减小。

球团还原过程中铁晶粒的微观析出形态是影响球团膨胀性能的一个重要因素，图 2.76 为 100% H_2、$H_2/CO=1/1$、100% CO 三种气氛，950℃下还原后球团的 SEM 微观形貌。H_2 气氛下，由于高温时分子扩散系数和还原动力学条件均明显优于 CO 气氛下，还原过程中铁晶粒析出速率较快，大量过饱和的铁离子出现在早先形成的晶核之间，产生更多的晶核，趋向于以层状或平面板结状析出。铁晶粒间相互作用力较强，局部聚合紧密，球团在宏观上不易发生体积膨胀。CO 气氛条件下，铁晶粒的扩散速度高于它本身的析出速率，晶粒优先趋向早期形成的少数晶核，多以粗大的纤维状或絮状析出，形成了很多晶枝，具有明显的方向性。晶粒生长过程中当遇到相邻晶粒阻碍就会多次改变方向，呈折叠式生长，晶粒间持续产生较大的内应力和许多不规则空隙，导致球团强度降低，膨胀率增大。

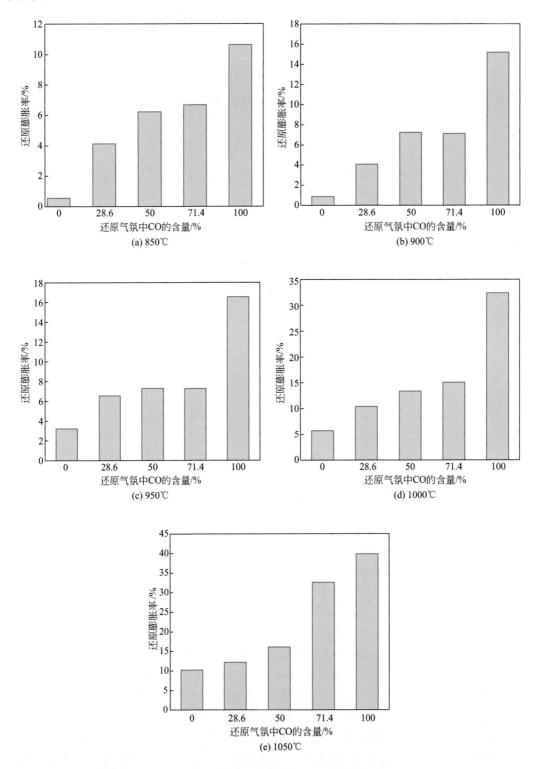

图 2.75 不同还原温度下还原气氛对球团还原膨胀率的影响

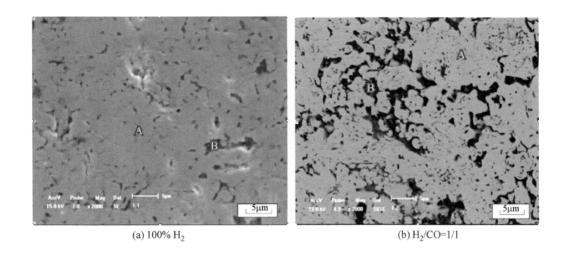

(a) 100% H₂   (b) H₂/CO=1/1

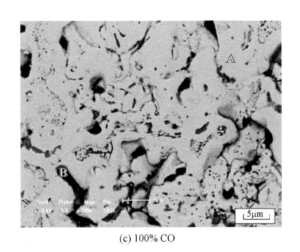

(c) 100% CO

图 2.76 950℃不同气氛下还原后球团的微观形貌
A—Fe；B—Si、O、Ca、Mg 等脉石成分

　　图 2.77 为 100% H_2、$H_2/CO=5/2$、$H_2/CO=1/1$、$H_2/CO=2/5$、100% CO 五种还原气氛，不同还原温度下还原结束时球团的还原膨胀率。在相同的还原气氛条件下，随还原温度的升高，球团的还原膨胀率逐渐增大。还原温度低于 950℃时，所有气氛下球团的还原膨胀均较小，属于由铁氧化物晶型转变而引起的"正常膨胀"，而若温度过高，球团体积膨胀则明显增大。在高温及高还原势气氛下，还原速率明显加快，金属铁离子迅速向反应界面扩散并结晶，由于该过程的突发性，不同铁晶粒之间连接比较脆弱。而且温度升高会使还原过程中晶型转变产生更大的内应力，晶界处积存更多的畸变能，当内部应力增大到使得某些晶面产生晶体滑动时，球团的局部组织将连续受到破坏，使晶粒内萌生连续增大的裂纹，最终冲出球团表面，使球团发生非塑性形变甚至破裂剥落。

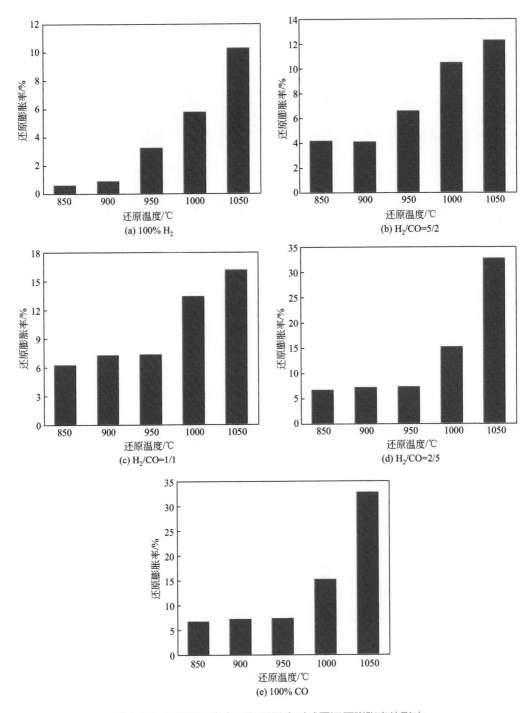

图 2.77 不同还原气氛下还原温度对球团还原膨胀率的影响

因此，在煤气成本和炉内热量允许的前提下，气基竖炉直接还原过程中应尽可能提高入炉煤气中 H_2 含量，既有利于促进球团的还原进程，又有利于降低球团的还原膨胀。此外，在保证球团还原膨胀率满足生产需求的情况下，适当提高还原温度不仅可促进还原进程，还可提高产品的金属化率。

（3）还原后强度

图 2.78 为还原温度 950℃、不同气氛下球团试样的还原冷却后强度，随还原气氛中 H_2 含量的增加还原冷却后强度增大，在 100% CO 气氛下最低，为 250N/ 个，但仍高于虚线所示的日本冶金行业对高炉用球团还原冷却后强度的要求（平均 141N/ 个）。与高炉相比，竖炉装置更为矮小，且球团在反应炉内停留时间较短，故实验球团还原冷却后强度能够满足气基竖炉生产的要求。

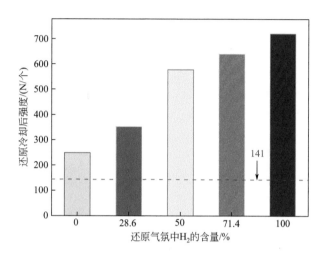

图 2.78 950℃不同还原气氛下球团的还原冷却后强度

（4）还原动力学

在了解球团气基竖炉直接还原行为的基础上，对炉内气固还原反应动力学分析可为工艺参数的优化提供参考。由于气基还原反应界面随着反应进程由外向内逐步推进，被还原的球团内部存在一个由未反应物组成且不断缩小的核心，直至反应结束，整个还原反应过程符合未反应核模型。为使问题简化，做如下假设：a. 在还原过程中，球团体积不发生变化，且呈球形；b. 还原反应是一级可逆的，且还原中间产物 Fe_3O_4 和 FeO 很薄，在矿球内仅有一相界面 FeO/Fe。根据上述假设，用单界面未反应核模型来建立还原反应动力学方程。

① 还原反应限制性环节。利用球团气基竖炉还原实验的实时失重数据，依次用时间 t 分别对不同气氛和温度下 $1-3(1-f)^{2/3}+2(1-f)$ 和 $1-(1-f)^{1/3}$ 作图，图 2.79 为 100% H_2、H_2/CO=1/1、100% CO 三种气氛，950℃下界面反应控制与内扩散控制的曲线（其余四个温度条件下曲线类似于 950℃下）。图 2.79（a）为 100% H_2 气氛下，界面反应控制与内扩散控制的曲线，在整个还原过程中界面反应 $1-(1-f)^{1/3}$ 与 t 呈良好的线性关系，而内扩散 $1-3(1-f)^{2/3}+2(1-f)$ 与 t 并非如此。因此，球团在高温 100% H_2 气氛下还原时，界面反应为还原过程的限制性环节。图 2.79（c）为 100% CO 气氛下，界面反应控制与内扩散控制的曲线，在整个还原过程中 $1-3(1-f)^{2/3}+2(1-f)$ 与 t 以及 $1-(1-f)^{1/3}$ 与 t 都未能呈现良好的线性关系，因此，球团在高温 100% CO 气氛下还原时，还原过程并非由单纯的界面反应或者内扩散控制。

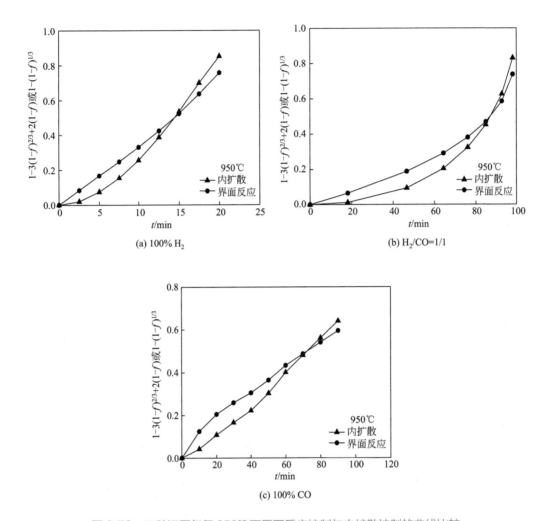

图 2.79　三种还原气氛 950℃下界面反应控制与内扩散控制的曲线比较

当忽略外扩散限制性环节，同时考虑内扩散和界面化学反应阻力时，以 $1+(1-f)^{1/3}-2(1-f)^{2/3}$ 对 $t/[1-(1-f)^{1/3}]$ 作图，100% H_2、$H_2/CO=1/1$、100% CO 三种气氛不同温度下的混合控制曲线见图 2.80。线性回归处理后，由直线的截距和斜率便可求出各还原气氛下内扩散控制时完全还原时间 t_D，和界面化学反应控制时完全还原时间 t_C，见表 2.56 和表 2.57。可见，100% H_2 还原气氛 850℃、900℃条件下 t_D 较小，还原过程绝大部分时间为界面反应控制，内扩散控制时间几乎为 0。而 950℃、1000℃和 1050℃三种温度条件下 t_D 出现负值，但绝对值很小，认为还原过程全部由界面反应控制，该异常是由模型假设条件所导致的。100% CO 还原气氛 850℃条件下 t_D 相对较大，其余四个温度下混合控制曲线较为密集，t_D 相差不大。可知，还原气氛中 H_2 含量越高，内扩散的影响越小。

②还原反应限制性环节。依据以上结论，可进一步分析各温度和气氛条件下内扩散和界面化学反应在球团还原过程中的阻力变化。图 2.81 为 100% H_2、$H_2/CO=1/1$、100% CO 三种气氛下，还原过程中内扩散相对阻力和界面反应相对阻力随还原率的变化。100% H_2 气氛下，整个还原过程中内扩散相对阻力几乎为 0，界面反应相对阻力约等于 1。随着还

原气氛中 CO 含量的增加，还原过程中内扩散阻力的影响也随之增大，在 100% CO 气氛下还原率达 20% 后，内扩散阻力逐渐占据主导作用，为还原过程的主要限制性环节。

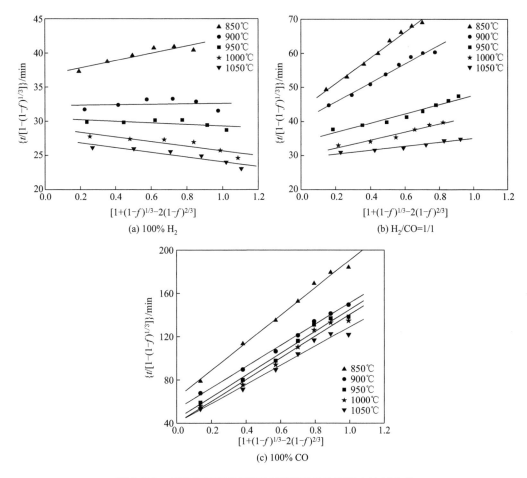

图 2.80　三种还原气氛不同还原温度条件下混合控制曲线

表 2.56　100% H₂ 气氛不同温度条件下 t_D 和 t_C 的值　　单位：min

参　数	850℃	900℃	950℃	1000℃	1050℃
t_C	36.73	32.30	30.47	29.05	27.52
t_D	5.38	0.32	−1.16	−3.40	−3.46

表 2.57　100% CO 气氛不同温度条件下 t_D 和 t_C 的值　　单位：min

参　数	850℃	900℃	950℃	1000℃	1050℃
t_D	63.38	53.06	43.87	40.05	40.36
t_C	127.32	98.16	101.21	100.50	88.70

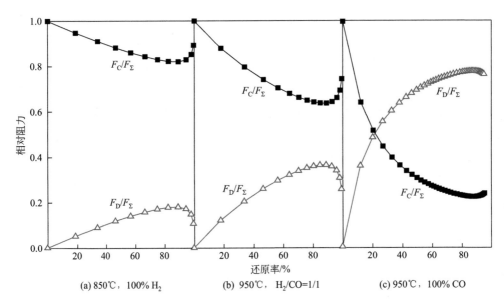

(a) 850℃，100% H₂   (b) 950℃，H₂/CO=1/1   (c) 950℃，100% CO

图 2.81 三种还原气氛下内扩散相对阻力和界面反应相对阻力随还原率的变化

③ 还原反应速率常数。H_2气氛下界面化学反应阻力在整个还原过程中占据主导，而混合还原气氛下反应初期界面反应阻力占优，随还原的不断深入和产物层的逐渐增厚，内扩散阻力迅速增大，此时还原反应受界面反应和内扩散混合控制。当还原到一定时间后，内扩散阻力占据主导，成为还原后期的主要限制性环节。

由于化学反应速率常数k是温度的函数，遵循 Arrhenius 公式：

$$k = A\exp\left(\frac{-\Delta E}{RT}\right) \tag{2.22}$$

式中，A 为频率因子，是宏观意义的概念；R 为气体常数，J/(mol·K)。

通过不同条件下动力学回归计算得到的k值，对$\ln k$作$1/T$的关系图，见图 2.82。线性拟合后，由直线斜率可得表观活化能ΔE，由截距求得频率因子值A，结果见表 2.58。随着还原气氛中H_2含量的增加，反应的表观活化能逐渐降低，从而导致还原反应速率的加快。

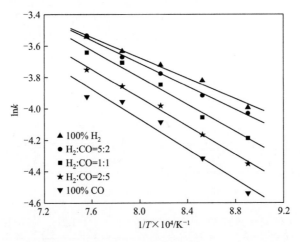

图 2.82 活化能动力学回归线 (850 ~ 1050℃)

表2.58 不同还原气氛下还原反应的表观活化能（850～1050℃）

还原气氛	$\Delta E/(kJ/mol)$	频率因子 A
100% H_2	27.444	0.346
$H_2/CO=5/2$	30.762	0.463
$H_2/CO=1/1$	35.750	0.705
$H_2/CO=2/5$	37.413	0.733
100% CO	39.907	0.787

各还原温度下化学反应速率常数随还原气氛中 H_2 含量的变化见图2.83。正如前述，随还原气氛中 H_2 含量的增加，还原反应速率加快。但 H_2 含量超过50%后，H_2 含量的增加对加速还原反应的影响逐渐减弱。因此，在气基竖炉实际生产直接还原铁过程中，应综合还原气成本选取合理的生产条件，而不是尽可能提高 H_2 含量。

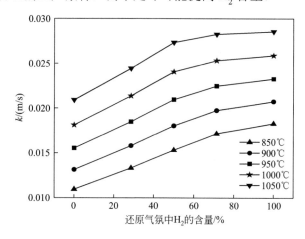

图2.83 不同还原温度下还原气氛中 H_2 含量对反应速率常数的影响

总之，基于国内的铁精矿资源制备的氧化球团，通过控制还原条件，可获得 TFe ≥ 92%、金属化率≥ 92%。SiO_2 < 3%的合格 DRI 产品，满足电炉炼钢用直接还原铁一级品的要求（≥ 92%），还原后的强度也可满足气基竖炉生产要求。在气基竖炉生产过程中，宜采用高温高氢的还原工艺参数，从而提高产品金属化率和生产效率。

2.4.6.6 煤制气 – 富氢竖炉工艺绿色评价

根据设计的气基竖炉和国内原燃料条件，建立了煤制气、氧化造块、气基还原、电炉冶炼各单元的工艺模型，其中，气基竖炉的物料平衡和㶲平衡分别列于表2.59和表2.60。可见输入㶲绝大部分为还原气带入的化学㶲，支出㶲中炉顶煤气化学㶲占到57%，因此提高炉顶煤气化学能的利用率是提高竖炉直接还原能量利用率的关键。基于气基竖炉的物料平衡和㶲平衡，对煤制气 - 气基竖炉 - 电炉短流程（30% DRI+70% 废钢）的物质流动和能量利用情况进行了分析，结果见表2.61。可见，该流程的主要输入进项㶲包括：煤的化学㶲、废钢带入的㶲以及其他带入的㶲（氧气、蒸汽、燃料等）；输出的㶲为1t钢水带出的㶲以及炉气、炉渣、烟气带出的㶲，其中有效㶲为钢水带走的㶲。经过计算得到煤制气-气基竖炉-电炉整个流程的㶲效率为50.11%。

表2.59 气基竖炉物料平衡

	项目	气基直接还原竖炉
输入	氧化球团 /kg	1377.85
	入炉煤气 /kg	647.88
	总计 /kg	2025.73
输出	直接还原铁 /kg	1000.00
	炉顶煤气 /kg	1011.95
	炉尘 /kg	13.78
	总计 /kg	2025.73

表2.60 气基竖炉㶲平衡

	项目	E_x 值 /MJ	比例 /%
输入	球团矿化学 E_x	21.39	0.11%
	还原煤气物理 E_x	1182.92	6.34%
	还原煤气化学 E_x	17446.37	93.54%
	总计	18650.68	100.00%
输出	直接还原铁物理 E_x	186.29	1.00%
	直接还原铁化学 E_x	6161.96	33.04%
	炉尘物理 E_x	1.69	0.01%
	炉尘化学 E_x	0.21	0.00%
	炉顶煤气物理 E_x	469.36	2.52%
	炉顶煤气化学 E_x	10730.26	57.53%
	热散失 E_x	130.23	0.70%
	内部 E_x 损失	970.69	5.20%
	总计	18650.69	100.00%

表2.61 煤制气–富氢竖炉–电炉短流程（30% DRI+70%废钢）物料平衡和㶲平衡

物质	输入		物质	输出	
	质量 /(kg/t)	㶲 /(MJ/t)		质量 /(kg/t)	㶲 /(MJ/t)
废钢	714.14	4754.89	粗钢	1000.00	7512.11
铁精矿	471.79	1084.65	硫黄	1.03	19.44
褐煤	281.69	4721.16	粗苯	0.32	13.53
无烟煤	9.33	237.16	烟气	1914.62	281.97
焦粉	13.75	474.45	炉渣	203.85	192.23
天然气	29.90	908.96	废水	77.92	13.51
电	—	1694.16	其他	16.06	12.31
电极	4.08	139.59			
O_2	153.51	18.97			
低压蒸汽	43.40	45.65			
脱盐水	122.64	21.26			
助燃空气	337.35	6.60	总计	3213.80	8045.10
熔剂	45.75	109.60			
空气	1021.95	22.76			
其他	2.38	0.38			
总计	3251.66	14240.24			

　　随着国家政策对工业环保要求越来越高，钢铁企业生产的环境成本也越来越高。生命周期评价（LCA）方法可将各生产单元对环境影响进行量化，不仅能帮助分析高污染高排放环节，还能分析出各生产单元资源消耗情况，综合直观地体现出工艺流程中的可优化环节，为生产结构优化提出建议[86—87]。因此，LCA在钢铁行业中的应用在优化产业结构、提高生产效率、降低成本、降低能耗和减少污染排放方面对钢铁企业具有重要的意义[88—90]。在掌握煤制气 - 气基竖炉 - 电炉短流程物质流动和能量利用的基础上，采用GaBi 7.3软件和CML2001方法，以1t电炉钢水作为功能单位，对短流程进行生命周期评价。

　　根据工艺特点，将煤制气 - 富氢竖炉 - 电炉工艺全生命周期分为三个阶段：原材料获取的上游阶段（煤炭、电、天然气等）、运输阶段和产品生产阶段（煤制气、煤气净化、煤气加热、气基竖炉还原、电炉炼钢等），图2.84为短流程系统边界示意图。根据研究的目标范围，分别以各工序主要产品为功能单位进行工序生命周期清单编制。数据来自国家相关标准、GaBi数据库[91]、国内某大型钢企数据库、某煤化工企业数据库及文献。煤制气 - 气基竖炉 - 电炉短流程生命周期清单见表2.62。

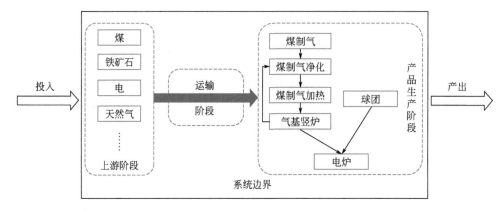

图 2.84 煤制气 – 富氢竖炉 – 电炉短流程系统边界示意图

<table>
<tr><td colspan="2"></td><td>表2.62　煤制气–富氢竖炉–电炉短流程生命周期清单</td><td colspan="5" style="text-align:right">单位：kg/FU</td></tr>
</table>

工序	褐煤生产	球团生产	煤制气	脱硫	脱苯、萘	脱碳	煤气加热	气基竖炉	电炉	总计
					输入					
原煤	1.59	13.40	0	0	0	0	0	0	0	14.99
褐煤	0	0	190.78	0	0	0	0	0	0	190.78
天然气	1.25	0	0	0	0	0	57.83	14.27	0	73.35
柴油	0.21	0.62	0	0	0	0	0	0	0	0.83
汽油	0	0.13	0	0	0	0	0	0	0	0.13
燃料油	0.75	0.65	0	0	0	0	0	0	0	1.40
电	0	21.43	19.77	5.45	2.08	27.35	5.70	11.78	470.60	564.16
蒸汽	0	0	0	4.24	19.66	27.55	0	0	0	51.45
O_2	0	0	62.08	0	0	0	0	0	22.06	84.14
脱盐水	0	0	83.07	3.93	0	0	0	0	0	87.00
焦粉	0	0	0	0	0	0	0	0	13.75	13.75
					排放					
CO_2	8.01	59.83	16.80	4.63	2.33	177.62	118.45	10.01	432.20	829.88
CO	0.0061	6.26	0.020	0.0054	0.67	81.24	0.0057	0.012	21.10	109.32
SO_2	0.015	0.22	0.047	0.013	0.0050	0.066	0.014	0.028	1.13	1.54
NO_x	0.028	0.20	0.038	0.010	0.0040	0.052	0.010	0.022	0.90	1.26
粉尘	0.019	0.97	1.56	0.013	0.0048	0.063	0.013	0.027	0.50	3.17
渣	0	0	14.45	0	0	0	0	0	70.68	85.13
废水	120.66	0	0	0	0	0	0	0	0	120.66

根据CML2001方法对生命周期评价环境影响类型的划分，选取资源消耗、酸化、富营养化、全球变暖、人体健康毒害、光化学臭氧合成六个环境影响类型，相应的潜值分别为：ADP、AP、EP、GWP_{100}、HTP、POCP。将清单输入至软件即可将相应的环境影响进行分类。将生命周期清单的输入及排放归类至相应的影响类型后，得到如表2.63所示的特征化结果。将特征化结果除以其基准值得到相对值，即得到归一化结果，然后再进行加

权处理，以量化不同影响类型对环境影响的贡献大小。采用层次分析法进行权重分配，通过给六种影响类型的重要性进行排序，得到判断矩阵 A，再使用 MATLAB 对 A 求解特征向量，从而得到权重分配系数。当 ADP、HTP、POCP、AP、EP 和 GWP_{100} 六种影响类型重要性标度分别为 1、2、3、4、5 和 7 时，判断矩阵 A 如下列公式所示：

$$A=\begin{array}{c} GWP_{100} \\ EP \\ AP \\ POCP \\ HTP \\ ADP \end{array}\begin{bmatrix} 1 & 2 & 3 & 4 & 5 & 7 \\ 1/2 & 1 & 2 & 3 & 4 & 5 \\ 1/3 & 1/2 & 1 & 2 & 3 & 4 \\ 1/4 & 1/3 & 1/2 & 1 & 2 & 3 \\ 1/5 & 1/4 & 1/3 & 1/2 & 1 & 2 \\ 1/7 & 1/5 & 1/4 & 1/3 & 1/2 & 1 \end{bmatrix}$$

经计算，矩阵 A 的特征向量为 I=[0.0411, 0.1585, 0.2491, 0.3878, 0.0636, 0.0999]。因此，煤制气-富氢竖炉-电炉短流程 LCA 的归一化标准和权重系数如表 2.64 所列。

表2.63　煤制气-富氢竖炉-电炉短流程LCA特征化结果

工序	ADP	AP	EP	GWP_{100}	HTP	POCP
褐煤生产	7.07×10^{-5}	0.035	0.0041	12.80	0.57	0.0035
球团生产	0.0021	0.36	0.026	60.90	7	0.19
煤制气	0.00040	0.096	0.0086	31.70	6.73	0.0091
脱硫	3.43×10^{-5}	0.020	0.0015	4.93	1.73	0.0021
脱苯	5.53×10^{-5}	0.0079	0.00061	3.12	0.66	0.019
脱碳	1.19×10^{-4}	0.10	0.0074	295.00	8.64	2.23
煤气加热	0.00049	0.094	0.012	252.00	3.32	0.0069
气基竖炉	2.98×10^{-5}	0.044	0.0032	10.60	3.73	0.0045
电炉	0.12	1.78	0.13	452.00	149.00	0.86

表2.64　所用的归一化标准及权重系数

影响类型	类型参数	归一化标准	权重系数
ADP	kg Sb eq	2.14×10^{10}	0.0411
AP	kg SO_2 eq	2.99×10^{11}	0.1585
EP	kg PO_4^{3-} eq	1.29×10^{11}	0.2491
GWP_{100}	kg CO_2 eq	4.45×10^{13}	0.3878
HTP	kg DCB eq	4.98×10^{13}	0.0636
POCP	kg C_2H_4 eq	4.55×10^{10}	0.0999

进一步可得到如图 2.85 所示的归一化和加权结果，可知，短流程生命周期评价结果为 1.83×10^{-11}。此外，还分析了各工序和影响的累积贡献，结果分别如图 2.86 和图 2.87。

由图 2.86 可知，煤制气-富氢竖炉-电炉短流程对环境影响最大的工序分别是电炉、脱碳、煤气加热环节。由表 2.61 可知，该短流程单位产品需消耗 564.16kW•h 的电能，而我国 70% 的电能依靠火力发电，电能的消耗会带来较大的环境影响。在脱除粗煤气和炉顶煤气中 CO_2 时，还会脱除一部分 CO、CH_4 等气体，因此，脱碳工序尾气中含有较多的

CO_2、CO 和 CH_4 等气体，所以该工序对 GWP_{100} 和 POCP 两个影响类型贡献较大，分别为 29% 和 67%。加热炉内将还原气加热至工艺所需温度，会消耗大量的能源，折算至功能单位产品，需消耗 $57.83m^3$ NG，对 GWP_{100} 贡献达到 14%。在进行工艺优化时，以上三个工序应作为重点对象进行环境性能改善，以降低整体工艺对环境的影响。

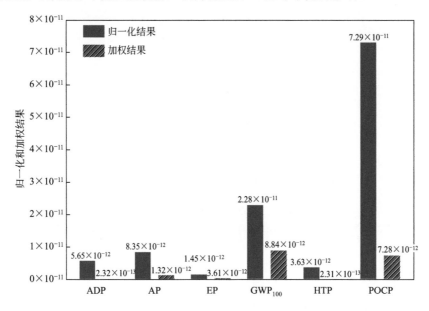

图 2.85 煤制气－富氢竖炉－电炉短流程 LCA 归一化和加权结果

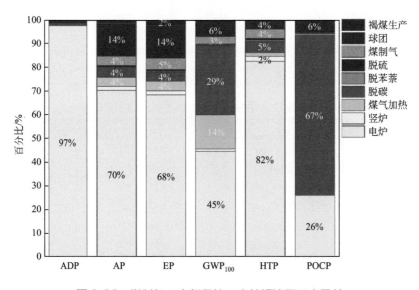

图 2.86 煤制气－富氢竖炉－电炉短流程工序贡献

由图 2.87 可知，POCP、GWP_{100} 和 AP 贡献率最大，分别占到 48.39%、39.86% 和 7.24%。结合工序贡献和环境影响类型累积贡献可知，为降低短流程的环境负荷和能源消耗，应着重降低电炉、脱碳、加热等环节的气体污染物排放及能源消耗，扩大短流程绿色清洁冶炼的优势。

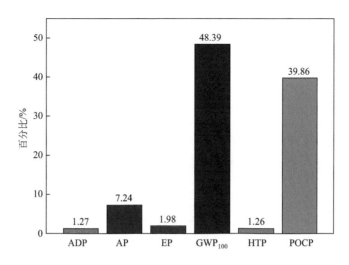

图 2.87　煤制气－富氢竖炉－电炉短流程环境影响类型累积贡献

　　根据能耗和排放清单，进一步分析工艺的综合能耗和排放情况。当生产1t电炉钢水时，煤制气-富氢竖炉-电炉短流程工艺能耗情况见图2.88。煤制气-富氢竖炉-电炉工艺吨钢综合能耗为263.68kg（标准煤）。其中煤制气工序能耗最高，对综合能耗贡献30.37%；其次是电炉工序和加热工序，对综合能耗贡献率分别为29.82%和25.27%，这三个环节能耗贡献率超过了85%。从图中还可以看出，煤制气主要能耗在于对煤、氧气的消耗；加热工序主要能耗在于对天然气的消耗；而电炉工序主要能耗在于对电力的消耗。

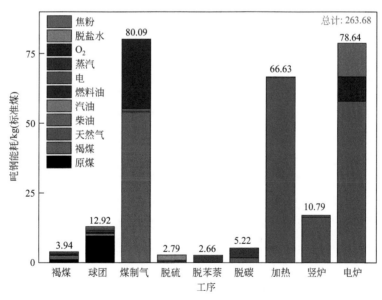

图 2.88　煤制气－富氢竖炉－电炉短流程工艺（30% DRI+70% 废钢）能耗

　　煤制气-富氢竖炉-电炉工艺（30% DRI+70% 废钢）污染物排放情况如图2.89所示。可见，每生产1t电炉钢水，煤制气-富氢竖炉-电炉工艺排放 CO_2 937.93kg、CO 109.33kg、SO_2 1.54kg、NO_x 1.26kg、粉尘3.17kg，同时排放渣85.13kg、废水297.26kg。

气体排放方面，CO_2 排放中贡献率最大的三个工序分别是电炉、脱碳和加热；CO 排放中贡献最大的是脱碳工序和电炉工序，两者总贡献 93%；SO_2 和 NO_x 排放贡献最大的环节均为电炉工序和球团工序；粉尘排放中贡献最大的是煤制气和球团生产两个工序；渣排放主要来自煤制气工序和电炉工序，分别占比 17% 和 83%。

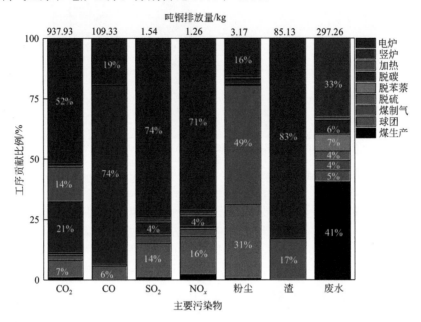

图 2.89 煤制气 – 富氢竖炉 – 电炉短流程（30% DRI+70% 废钢）污染物排放

2.4.6.7　煤制气 – 富氢竖炉中试基地进展

煤制气 - 富氢竖炉直接还原 - 电炉炼钢项目着重建设年产 1 万 t DRI 中试装置和 10 万 t 精品钢示范工程，重点是对流化床法煤制气 - 富氢竖炉直接还原工艺技术的探索、研究、示范和完善，并开展新一代钢铁冶炼关键技术的研发和中试。煤制气 - 富氢竖炉直接还原示范工程设计见图 2.90。

同时，研发还原气加热技术和竖炉炉顶煤气循环利用工艺技术。通过选用耐 1100℃ 高温合金炉管、优化加热炉炉管布置方式，并根据还原气加热的特点，自主设计煤气加热炉（见图 2.91），可将净化后煤气加热至 930℃，达到气基竖炉对还原气的温度要求；将竖炉炉顶煤气进行除尘、换热、脱水、加压后，与脱硫后的粗煤气混合，进行脱碳、加热处理后，送入竖炉，实现煤气循环。

另外，研发设计了具有独立自主知识产权的气基竖炉。根据产能要求、有效煤气流量、还原段温度、竖炉有效容积利用系数以及下料速度等基本条件，计算了合理的炉身直径、炉身角、还原段高度、过渡段高度、冷却段高度等核心参数，自主设计气基竖炉，图 2.92 给出了设计的气基竖炉三维模型和总装图，施工图见图 2.93。

技术方案确定后，东北大学完成了整体工艺系统和工程设计，形成了总体工程方案一套、核心设备图纸两套，并申请授权 10 余件国家发明专利。同时，积极配合辽宁华信钢铁共性技术创新科技有限公司进行示范基地建设，参与工程合同洽谈，严把技术关。

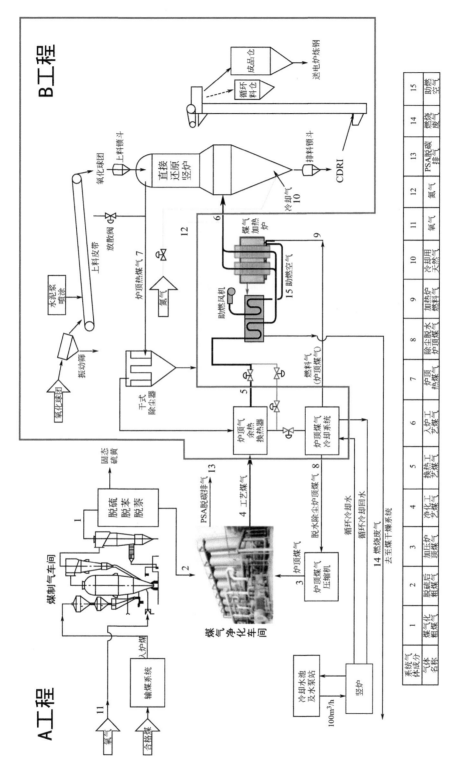

图 2.90 煤制气–富氢竖炉直接还原示范工程设计

系统气体成分	1	2	3	4	5	6	7	8	9	10	11	12	13	14	15
气体名称	煤气化粗煤气	脱硫后粗煤气	加压炉顶煤气	净化工艺煤气	换热工艺煤气	入炉工艺煤气	炉顶热煤气	除尘脱水炉顶煤气	加热炉燃料气	冷却用天然气	氧气	氮气	PSA脱碳排气	燃烧废气	助燃空气

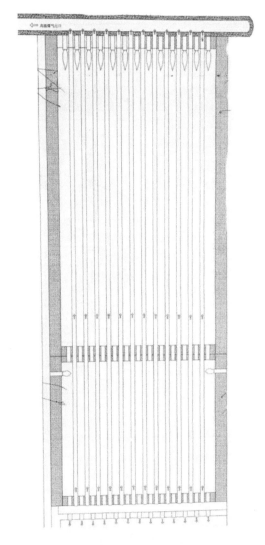

图 2.91　还原气加热炉结构

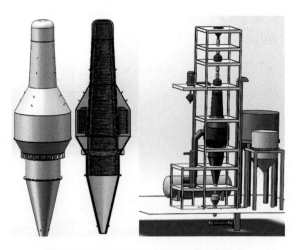

图 2.92　气基竖炉三维模型和总装图

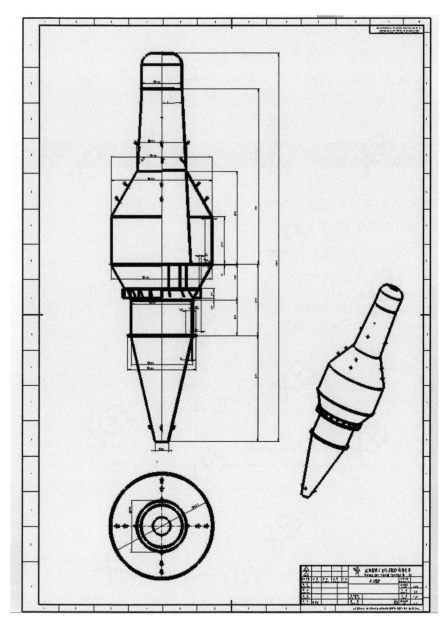

图 2.93　气基竖炉施工图

　　目前，厂区整体规划、气基竖炉系统核心设备的选型与优化设计均已完成。另外，基于国内原燃料条件，研发形成了煤制气 - 富氢竖炉还原 - 电炉熔分短流程工艺模型、能量利用模型、生命周期评价模型，获得了气基竖炉专用氧化球团生产与优化、气基竖炉还原与优化、电炉熔分与优化、全流程能量利用与优化等短流程关键技术。基于中心研究成果，获批省部级项目 1 项、科技成果转化项目 1 项。

　　在此基础上，东北大学与某大型钢铁企业合作，研发基于可再生能源制氢 - 全氢竖炉直接还原关键技术，包括：全氢竖炉炉料、工艺系统设计、重大工艺装备、操作优化、安全控制技术、智能冶炼等。

2.4.6.8 煤制气－富氢竖炉项目投资预算

项目总投资为 49725 万元，其中固定资产投资 36415 万元，建筑、水利、电力等配套投资 7110 万元，环保投资 1200 万元，流动资金 4000 万元，其他不可预见 1000 万元，具体见表 2.65。

表2.65 项目一期投资预算

	分项内容	投资／万元	说明
直接固定资产投资	低碳炼铁分中心	4930	
	新一代炼钢－精炼－连铸分中心	6285	
	高端精品钢特冶锻造分中心	8580	
	特种结构／功能薄带材铸轧分中心	4500	
	特殊钢棒材轧制分中心	6620	
	建筑物	5110	
	制氧设施	5500	
其他辅助设施		2000	水、电、气和锅炉等
环境保护工程		1200	
流动资金		4000	
其他不可预见		1000	
合计		49725	

参考文献

[1] 秦明生. 非高炉炼铁 [M]. 北京：冶金工业出版社，1988.

[2] 周渝生，储满生. 氢冶金的历史、现状以及我国的发展方向 [J]. 中国废钢铁，2021，3：47-49.

[3] 刘松利，白晨光. 直接还原技术的进展与展望 [J]. 钢铁研究学报，2011，23（3）：1-5.

[4] 广东省海绵铁试验组. 水煤气竖炉海绵铁 [M]. 广州：广东科技出版社，1978.

[5] 史占彪. 非高炉炼铁学 [M]. 沈阳：东北工学院出版社，1991.

[6] 陈茂熙. 钒钛磁铁矿5立方米直接还原试验竖炉设计 [C]. 1979年炼铁学术年会，1979：265-268.

[7] 方觉. 非高炉炼铁工艺与理论 [M]. 北京：冶金工业出版社，2010.

[8] 张鸿林，金刚. 鲁南化肥厂应用德士古水煤浆加压气化技术十年回顾 [C]. 全国化工合成技术中心站 2003年技术交流会，2003：85-89.

[9] 余长春，李然家，李宁，等. 焦炉气干重整转化制直接还原铁合成气研究 [C]. 2014中国煤化工技术、市场、信息交流暨产业发展讨论会，2014：247-250.

[10] 侯云鹏. 焦炉气干法脱硫工艺探讨 [J]. 科学与财富，2019（27）：368-269.

[11] 李世谅. 流态化气体还原铁矿石的综述 [J]. 过程工程学报，1976（03）：50-74.

[12] Squires A M，Johnson C A. The H-iron process [J]. JOM, 1957, 9: 586-590.

[13] 张建良，刘征建，杨天钧. 非高炉炼铁 [M]. 北京：冶金工业出版社，2015.

[14] RM斯梅勒. 直接还原铁生产和引用的技术与经济 [M]. 浙江：浙江省冶金工业总公司-大冶钢厂科学技术协会，1985.

[15] 杨双平，王苗，折媛，等. 直接还原与熔融还原冶金技术 [M]. 北京：冶金工业出版社，2013.

[16] 张宇涛. 铁矿粉流态化还原动力学的比较实验研究 [D]. 重庆：重庆大学，2013.

[17] 赵华盛，王臣，李肇毅，等. 流态化技术在熔融还原工艺中的应用 [J]. 世界钢铁，2010（04）：6-12.

[18] Deimek G. FINMET直接还原铁厂的生产情况 [J]. 钢铁，2000（12）：13-15.

[19] Bresser W，Weber P. Circored and circofer: state of the art technology for low cost direct reduction[J]. Iron and Steel Engineer, 1995（4）: 81-85.

[20] 杨婷. 世界直接还原发展现状及未来发展动向[C]. 中国金属学会全国学会全国直接还原铁生产及应用学术交流会会议，1998：13-17.

[21] Sohn H Y. Suspension ironmaking technology with greatly reduced energy requirement and CO_2 emissions [J]. Steel Times International, 2007, 31（4）: 68.

[22] Sohn H Y，Mohassab Y. Development of a novel flash ironmaking technology with greatly reduced energy consumption and CO_2 emissions [J]. Journal of Sustainable Metallurgy, 2016, 3（2）: 216-227.

[23] 张波. 铁浴碳-氢复吹终还原反应器动力学研究 [D]. 上海：上海大学，2011.

[24] 周林，郑少波，王键，等. 500公斤级氢-碳熔融还原试验研究 [C]. 中国金属学会2010年非高炉炼铁学术年会暨钒钛磁铁矿综合利用技术研讨会，2010：223-228.

[25] Hoffman T W，肖南. MIDREX直接还原炼铁-无损环境之途径 [J]. 世界环境，1985（4）：39-42.

[26] 邹宗跃. Midrex直接还原工艺-直接生产洁净钢的方法（Ⅰ）[J]，山东冶金，1994，5：51-54.

[27] 王筱留. 钢铁冶金学[M]. 北京：冶金工业出版社，2013.

[28] 朱苗勇. 现代冶金工艺学-钢铁冶金卷 [M]. 北京：冶金工业出版社，2016.

[29] Souza B A W D，De C J A. Development of direct reduction CFD mathematical model: Midrex reactor[C]. Asia Steel International Conference 2012. 2012，1-6.

[30] 易明献. 关于Midrex工艺原料的研究 [J]. 烧结球团，1994，2：44-48.

[31] 储满生. 钢铁冶金原燃料及辅助材料 [M]. 北京：冶金工业出版社，2010.

[32] 梁中渝. 炼铁学 [M]. 北京：冶金工业出版社，2009.

[33] 钱良丰. 米德雷克思煤制气直接还原技术 [J]. 中国废钢铁，2015（5）：32-37.

[34] 徐辉，钱晖，周渝生，等. 南非撒旦那钢厂COREX与DR联合流程中的MIDREX生产工艺 [J]. 世界钢铁，2010，2：6-12.

[35] 温大威. 北仑钢铁厂COREX工艺及MIDREX工艺配矿方案浅析 [J]. 宝钢技术，1993（5）：27-32.

[36] MXCOL® Brochure[EB/OL]. 2014-08-01.

[37] Cavaliere P. Clean Ironmaking and Steelmaking Process [M]. Berlin：Springer，2019.

[38] 宋晋明. HYL-Ⅲ海绵铁生产技术[J]. 柳钢科技，2000（1）：69.

[39] 刘树立. 国外铁矿石直接还原厂 [M]. 北京：冶金工业出版社，1990.

[40] 钱晖，周渝生. HYL-Ⅲ直接还原技术 [J]. 世界钢铁，2005，5（1）：16-21.

[41] Quintero R，Becerra J，刘树立. 不断进行革新的HYL-Ⅲ直接还原工艺 [J]. 烧结球团，1988（5）：60-69.

[42] 彭宇慧，代正华，龚欣，等. 气流床粉煤气化技术在直接还原铁生产过程中的应用 [J]. 化工进展，2009，28（3）：528-533.

[43] 储满生，葛慧超，艾明星，等. CO$_2$脱除与固定技术概论 [C]. 2006年中国非高炉炼铁会议. 沈阳：中国金属学会炼铁分会高炉炼铁学术委员会，2006：236-241.

[44] 李天成. 二氧化碳处理技术现状及其发展趋势 [J]. 化学工业与工程，2002，19（2）：191-196.

[45] 程鹏辉. HYL-ZR法冶炼直接还原铁工艺概述 [J]. 陕西冶金，2013，36（6）：1-2.

[46] 于恒，周继程，郦秀萍，等. 气基竖炉直接还原炼铁流程重构优化 [J]. 中国冶金，2021，31（1）：31-35.

[47] 徐宽. 气基直接还原竖炉内物料下行及还原气流场研究 [D]. 秦皇岛：燕山大学，2017.

[48] Tonomura S. Outline of course 50 [J]. Energy Procedia, 2013, 37: 7160-7167.

[49] 魏侦凯，郭瑞，谢全安. 日本环保炼铁工艺COURSE50新技术 [J]. 华北理工大学学报（自然科学版），2018，40（3）：26-30.

[50] 国际矿山与亚洲钢企重点低碳合作项目盘点[N]. 世界金属导报，2021-07-25.

[51] HYBRIT Brochure[EB/OL]. 2020-05-22.

[52] Vogl V，Åhman M，Nilsson L J. Assessment of hydrogen direct reduction for fossil-free steelmaking [J]. Journal of Cleaner Production, 2018, 203: 736-745.

[53] A fossil-free development [EB/OL]. https://www.hybritdevelopment.se/en/a-fossil-free-development/.

[54] Kushnir D，Hansen T，Vogl V，et al. Adopting hydrogen direct reduction for the Swedish steel industry: A technological innovation system （TIS） study [J]. Journal of Cleaner Production, 2019, 242（11）: 81-85.

[55] MIDREX H$_2$[EB/OL]. https://www.midrex.com/technology/midrex-process/midrex-h2/.

[56] Hydrogen：an energy carrier for the future[EB/OL]. https://hydrogen.thyssenkrupp.com/en/.

[57] 康斌. "氢能炼钢"哪家强？[N]. 中国冶金报，2019-07-19.

[58] Sustainble steel production [EB/OL]. https://salcos.salzgitter-ag.com/en/ index.html?no_cache=1.

[59] Project "Wind H$_2$" [EB/OL]. https://salcos.salzgitter-ag.com/en/windh2.html.

[60] Stagge M. Unsere Klimastrategie zur nachhaltigen Stahlproduktion [EB/OL]. https://www.thyssenkrupp-steel.com/de/unternehmen/nachhaltigkeit/klimastrategie/.

[61] H$_2$ future. H$_2$ future technology [EB/OL].

[62] 普锐特冶金技术与 Mikhailovsky 签订最大HBI设备[EB/OL]. https://www.163.com/news/article/GAS2366P00019OH3.html.

[63] 钢铁未来：用氢气制造绿色钢[EB/OL]. https://baijiahao.baidu.com/s?id=1707687739595540158&wfr=spider&for=pc.

[64] 日韩钢铁界推进氢还原炼铁工艺技术开发 [N]. 世界金属导报，2020-02-04.

[65] Exploring Hydrogen with POSCO[EB/OL]. https://newsroom.posco.com/en/tag/exploring-hydrogen-with-posco/.

[66] 对氢冶金发展有重大影响的欧盟政策解读[EB/OL]. https://www.sohu.com/a/425807080_754864.

[67] Abdul Quader M，Ahmed S，Dawal S Z，et al. Present needs, recent progress and future trends of energy-efficient Ultra-Low Carbon Dioxide （CO$_2$） Steelmaking （ULCOS） program [J]. Renewable and Sustainable Energy Reviews, 2016, 55: 537-549.

[68] Meijer K，Denys M，Lasar J，et al. ULCOS: Ultra-low CO$_2$ steelmaking [J]. Ironmaking & Steelmaking, 2013, 36（4）: 249-251.

[69] 严珺洁. 超低二氧化碳排放炼钢项目的进展与未来 [J]. 中国冶金，2017，27（2）：6-11.

[70] 毛晓明. 宝钢低碳冶炼技术路线[C]. 第十二届中国钢铁年会. 北京：中国金属学会，2019.

[71] 张奔，范志辉，吴道洪，等. 神雾气基竖炉直接还原炼铁技术研究新进展 [C]. 2014年全国非高炉炼铁学术年会[C]. 苏州：中国金属学会炼铁分会高炉炼铁学术委员会，2014.

[72] 酒钢王明华团队煤基氢冶金理论研究获重大进展 [N]. 酒钢日报，2019-09-16.

[73] 王维兴. 高炉炼铁与非高炉炼铁技术比较[C]. 2012年全国非高炉炼铁学术年会. 沈阳：中国金属学会炼铁分会非高炉炼铁学术委员会，2012：8-12.

[74] 杨若仪. 用煤气化生产海绵铁的流程探讨 [J]. 钢铁技术，2007（5）：1-6.

[75] 雷利军. 国内外几种主要煤制气技术的发展现状及利弊简评 [J]. 安徽化工，2003（1）：10-11.

[76] 韩梅. 德士古与壳牌两种煤气化技术的比较 [J]. 煤炭加工与综合利用，1999（1）：15-17.

[77] 方月兰，林阿彪，王彬. Texaco与Shell煤气化工艺比较分析 [J]. 化学工业与工程技术，2007，28（6）：57-60.

[78] 张金阳. 煤气化工艺选择之我见 [J]. 河南化工，2008（5）：8-10.

[79] 章荣林. 基于煤气化工艺技术的选择与评述 [J]. 化肥设计，2008，46（2）：3-8.

[80] 汪家铭. Shell煤气化装置逐步实现长周期运行 [J]. 大氮肥，2011，34（4）：236.

[81] 赵麦玲. 煤气化技术及各种气化炉实际应用现状综述 [J]. 化工设计通讯，2011，37（1）：8-15.

[82] 宋之杰，高晓红. 一种多指标综合评价中确定指标权重的方法 [J]. 燕山大学学报，2002，26（1）：20-26.

[83] 白雪梅，赵松山. 由指标重要性确定权重的方法探讨[J]. 应用研究，1998（3）：22-24.

[84] 任之华，姚飞，俞珠峰. 洁净煤技术评价指标体系权重确定[J]. 洁净煤技术，2005，11（1）：9-12.

[85] 赵嘉琦. 超高品位铁精矿直接还原-熔分制备高纯铁新工艺实验研究[D]. 沈阳：东北大学，2016.

[86] 刘颖昊. 钢铁产品的LCA方法学研究及其案例分析[D]. 北京：钢铁研究总院，2010.

[87] Burchart-Korol D. Life cycle assessment of steel production in Poland: a case study [J]. Journal of Cleaner Production, 2013, 54: 235-243.

[88] Chen Q Q, Gu Y, Tang Z Y, et al. Assessment of low-carbon iron and steel production with CO_2 recycling and utilization technologies: A case study in China [J]. Applied Energy，2018, 220: 192-207.

[89] Li F, Chu M, Tang J, et al. Life-cycle assessment of the coal gasification-shaft furnace-electric furnace steel production process [J]. Journal of Cleaner Production, 2021, 287: 125075.

[90] Iosif A M , Hanrot F, Ablitzer D. Process integrated modelling for steelmaking Life Cycle Inventory analysis [J]. Environmental Impact Assessment Review, 2008, 28: 429-438.

[91] Guinée J. Handbook on life cycle assessment operational guide to the ISO standards [J]. International Journal of Life Cycle Assessment, 2002（7）：311-313.

第 3 章
我国发展氢冶金的相关
条件及技术路径

3.1 大规模低成本制氢技术调研

3.1.1 煤气化制氢技术调研

煤气化技术应用历史悠久，广泛用于煤化工、石油炼制、冶金等行业。一般而言，煤气化过程是在纯氧条件下，煤与氧气发生部分氧化反应，获得富含氢气和一氧化碳的粗合成气的工艺过程。粗合成气经下游装置的进一步净化和处理，获得各种不同的产品。

目前，煤气化广泛应用的产品领域主要是煤气化制氢、煤气化制取合成氨、煤气化制取甲醇，进而生产烯烃、汽油、芳烃，煤气化制取 SNG（替代天然气）、煤气化制取低热值燃料气、煤气化制取乙二醇、一氧化碳和丁辛醇等化学品。

3.1.1.1 我国国内在建和投产的煤制气项目及分布

煤制氢气是过去十几年炼油企业大型氢气生产装置的主要工艺路线。从元素的利用来说，在煤制氢气的过程中，煤炭中的碳元素没有得到利用，全部转化为二氧化碳排放了，其优势是原料价格低廉。虽然煤气化制氢过程工艺流程长、一次性投资高、公用工程消耗量大，但生产出的氢气价格依然极具竞争力，是目前大型制氢装置首选的生产工艺。

煤气化装置在国内分布广，但在中西部煤炭资源区，煤气化装置主要用于生产化工产品，如神华 - 宁煤在宁东的间接液化项目，其合成气有效气体（$CO+H_2$）产量高达 280 万 m^3(标)/h；位于内蒙古鄂尔多斯的中天合创煤制烯烃项目，合成气有效气体（$CO+H_2$）产量约为 95 万 m^3(标)/h；位于内蒙古自治区包头市的世界上第一套工业化煤制烯烃装置——神华包头煤制烯烃项目，其合成气有效气体（$CO+H_2$）产量约为 48 万 m^3(标)/h[1]。

我国的炼油企业主要分布在东部沿海地区，煤制氢主要为炼厂提供氢气，因此煤制氢装置主要分布在我国的东部沿海地区，从广东的茂名沿海岸线向北直到大连分布了多套煤制氢装置，具体见表 3.1。国内在建大型石化基地的制氢装置大多选择了煤气化工艺，主要在建煤制氢装置见表 3.2。

表3.1 国内已建成的主要煤气化制氢装置

序号	项目名称	建设地点	产氢能力 /[万 m^3(标)/h]	投产时间 / 年
1	中科炼化煤制氢装置	广东湛江	18.0	2020
2	恒力石化煤制氢装置	辽宁大连	32.1	2019
3	浙江石化一期项目煤制氢装置	浙江镇海	14.5	2019
4	镇海石化煤制氢装置	浙江镇海	10	2019
5	荆门盈德煤制氢综合利用项目	湖北荆门	5.3	2019
6	中国海洋石油惠州煤制氢装置	广东惠州	20	2018
7	九江石化煤制氢装置	江西九江	10	2015
8	中国石化茂名石化煤制氢装置	广东茂名	20	2014
9	神华直接液化项目煤制氢装置	内蒙古鄂尔多斯	20.0	2009

表3.2 国内在建的主要煤气化制氢装置

序号	项目名称	建设地点	产氢能力 /[万 m³(标)/h]	预计投产时间 / 年
1	盛虹炼化煤制氢装置	江苏连云港	23.0	2021
2	浙江石化二期项目煤制氢装置	浙江镇海	20.0	2022
3	北方华锦煤制氢装置	辽宁营口	18.3	2023
4	裕龙石化煤气化制氢装置	山东烟台	23.5	2023

煤气化制氢由于 CO_2 排放量大，对于区域的碳排放影响较大。以采用水煤浆气化技术的 20 万 m³(标)/h 制氢装置为例，CO_2 排放量约 280 万 t/a。在我国的东部地区，国家严格限制煤炭的使用量，按地区统计，煤炭用量只能逐年递减，这限制了煤气化制氢装置在这些地区的应用。同时，征收碳税的呼声越来越高，一旦实施，煤气化制氢成本将大幅提高，竞争力会急剧下降。

3.1.1.2 我国煤制气工艺特点以及投资运行费用

我国是煤气化技术应用最为广泛的地区，可以说世界上各种煤气化技术在我国都有应用，这是我国"多煤、少气、缺油"的能源禀赋决定的。

按照进入气化炉的煤炭颗粒大小以及煤炭在气化炉内的流动方式，煤气化技术可以分成固定床（亦称移动床）、流化床、气流床三种类型，应用最多最为成熟的是气流床气化技术 [2—5]。实际上单就煤气化装置而言只能获得富含氢气和一氧化碳的粗合成气，生产氢气还需要下游一系列工艺处理装置，参见图 3.1。三种煤气化技术的主要特点见表3.3。

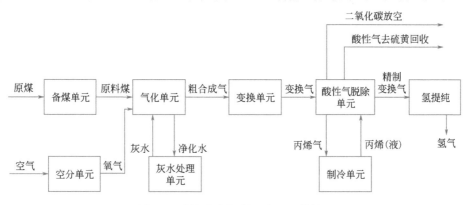

图 3.1 煤气化制氢装置主要工艺单元

表3.3 固定床（移动床）、流化床和气流床煤气化技术的主要特点

项目	固定床		流化床		气流床
排灰形式	干灰	熔渣	干灰	灰团聚	熔渣
原料煤特性	块煤	块煤	粉煤	粉煤	粉煤 / 水煤浆
粒度	5 ~ 50mm	5 ~ 50mm	0 ~ 8mm	0 ~ 8mm	0.1mm
煤阶	低	高	低	不限	受限

项目	固定床		流化床		气流床
操作压力 /MPa	2.24	2.24	1.0	0.03 ～ 2.5	2.5 ～ 6.5
操作温度 /℃	400 ～ 1200	400 ～ 1200	900 ～ 1000	950 ～ 1100	1200 ～ 1400
煤气温度 /℃	低	低	中	中	高
氧气消耗	低	低	中	中	高
蒸汽消耗	高	低	中	中	低
代表技术	Lurgi	LurgiBGL	HTW	KRW/ICC	Shell/Texaco

固定床气化技术分为常压固定床煤气化技术和碎煤固定层加压气化技术。常压固定床煤气化技术是以空气、蒸气、氧为气化剂，将固体燃料转化成煤气的过程 [6—7]。自 1882 年第一台常压固定床煤气发生炉在德国投产以来，该项技术不断得到完善。由于技术成熟可靠、投资少、建设期短，在国内外仍广泛使用。在冶金、建材、机械等行业用于制取燃气，在中小型合成氨厂用于制取合成气 [8]。但可以预测，随着生产技术不断更新，企业生产规模不断扩大，装置大型化，这种气化技术由于对原料要求严格、生产能力小、能耗高等缺点，随着时间的推移终将被淘汰。常压固定床气化生成煤气的有效成分主要有 H_2、CO 和少量 CH_4，用于合成氨生产的半水煤气中的氮也是有效成分。用作燃料的煤气以单位发热量来衡量，而用作成气的煤气则以 CO 和 H_2 的体积分数来表示。碎煤固定层加压气化采用的原料煤粒度为 6 ～ 50mm，气化剂采用水蒸气与纯氧，原料煤炭和气化剂氧气 / 蒸汽逆流接触，气化温度低，合成气中甲烷含量高，可以达到 10% 左右。该技术氧耗量较低，原料适应性广，可以气化变质程度较低的煤种（如褐煤、泥煤等），得到各种有价值的焦油、轻质油及粗酚等多种副产品 [9—10]。该技术的典型代表是鲁奇加压气化技术和 BGL 碎煤熔渣气化技术。该气化技术的优点：①原料适应范围广，除黏结性较强的烟煤外，从褐煤到无烟煤均可气化，可气化水分、灰分较高的劣质煤；②耗氧量较低，气化较年轻的煤时，可以得到各种有价值的焦油、轻质油及粗酚等多种副产品。该技术存在的不足：①该技术出炉煤气中 CH_4 和 CO 的含量较高，有效气的含量较低；②蒸汽分解率低，一般蒸汽分解率约为 40%，蒸汽消耗较大，未分解的蒸汽在后序工段冷却，造成气化废水较多，废水中含有酚类物质，导致废水处理工序流程长、投资高 [11]。目前的煤气化制氢装置基本上没有选择固定床气化技术。

流化床气化技术也有常压和加压之分。常压流化床气化技术采用固态排渣，小于 6mm 的碎煤进料，气化温度在 1000℃左右，氧气消耗较低。但到目前为止，工业应用的流化床气化装置的操作压力只有 1.0MPa，在同样的产氢量下，设备大、产量低，因此也少有煤制氢装置选择流化床气化技术。粉煤流化床加压气化技术又称为沸腾床气化，是一种成熟的气化工艺，在国外应用较多。该工艺可直接使用 0 ～ 6mm 碎煤作为原料，备煤工艺简单，气化剂同时作为流化介质，炉内气化温度均匀，典型的代表有德国温克勒气化技术和山西煤化所的 ICC 灰融聚气化技术 [12]。虽然近年来流化床气化技术已有较大发展，相继开发了如高温温柯勒（HTW）、U-Gas 等加压流化床气化新工艺及循环流化床工艺（CFB），在一定程度上解决了常压流化床气化存在的带出物过多等问题，但仍存在煤气中带出物含量高、带出物碳含量高且又难分离等问题，以及要求煤高活性、高灰熔点等多方面问题。

气流床气化技术是以干粉煤或水煤浆为原料，氧气或空气为气化剂，在气流床气化炉中制取合成气的过程。将原煤磨制成煤浆或煤粉，采用煤浆泵或锁斗的进料方式，气化温度高，通常气化温度在1300℃以上，操作压力最高可以达到8.7MPa，煤的碳转化率高、单套设备的产能大，目前建成和在建煤气化制氢装置，基本上都选择了气流床气化技术[13-14]。气流床气化作为一种先进的连续给料气化技术，代表着今后煤气化技术的发展方向。我国煤气化制氢装置采用的气化技术基本上都是气流床气化技术。气流床气化技术按照进料方式的不同分成水煤浆气化技术和粉煤气化技术。

水煤浆气化技术是将煤与水混合，在磨煤机中磨制成符合一定粒径分布的水煤浆，采用液体泵输送的方式将反应原料煤浆通过气化喷嘴送入气化炉。从气化喷嘴不同通道送入的氧气高速喷出与煤浆并流混合雾化，在高温和高压下发生气化反应生成富含一氧化碳和氢气的粗合成气，灰渣采用液态排渣。水煤浆进料气化炉具有进料可靠、运行经验丰富、流程简单、过程控制安全可靠的优势，但采用水煤浆为原料，能耗较高，且对煤种要求较高，难以进一步提高水煤浆浓度和冷煤气气化效率。相对于粉煤进料气化工艺，水煤浆气化的进料方式简单、可靠。由于制得的水煤浆中的固体含量受磨制技术的制约，煤浆中的水含量远超化学计量所需，同时也由于大多数水煤浆气化炉采用高铬砖隔热，受砖使用条件的限制，水煤浆气化技术的反应温度比粉煤气化低，限制了对灰熔点较高的煤的使用。

粉煤气化技术是将原煤干燥并磨制成满足一定粒径分布的粉煤，再通过载气输送进入气化炉，粉煤与氧气在气化炉的高温高压下发生燃烧和气化反应，生成以一氧化碳和氢气为主要组分的粗合成气，灰渣采用液态排渣[15]。

相对于水煤浆气化技术的制浆和煤浆升压，粉煤气化技术的煤粉磨制和升压过程要复杂得多。常用的煤粉制备设备包括称重给料机、磨煤机、惰性气体发生器（热风炉）、煤粉袋式过滤器和循环风机。其原理是利用来自热风炉产生的热风将原煤送入磨煤机，在磨煤的同时实现煤粉的干燥。磨制完成并脱水后的煤粉在煤粉袋式过滤器中分离，落入常压煤粉储槽暂存。分离出的烟气部分排空，大部分经循环风机送回热风炉循环使用。

粉煤是采用闭锁料斗系统实现升压并通过输送气体送入气化炉烧嘴的。粉煤靠重力由粉煤放料罐流入粉煤给料罐。当粉煤放料罐排空后，关闭粉煤放料罐底部与粉煤给料罐之间的切断阀，实现与粉煤给料罐隔离[16]。粉煤放料罐开始泄压，泄压后重新接受来自常压粉煤储槽的干粉煤，待料位到预定值后关闭粉煤放料罐顶部与常压粉煤储槽之间的切断阀，实现粉煤放料罐与常压粉煤储槽之间的隔离。隔离后的粉煤放料罐开始用惰性气体（可以是氮气或二氧化碳）充压，达到与其下游的粉煤给料罐相同的压力后停止充压，此时重新开启粉煤放料罐和粉煤给料罐之间的切断阀，实现向粉煤给料罐的送料。粉煤放料罐有接料、加压、卸料、泄压4个不同过程循环操作，将粉煤由常压加压输送至高压系统。通常设置至少两组上述粉煤放料罐系统，一台放料罐接受粉煤，一台将升压后的粉煤送入粉煤给料罐，见图3.2。煤和氧气发生部分氧化反应后获得的合成气温度在1300℃以上，这部分高温热量在合成气进行下一步加工处理前需要回收热量。根据回收热量的不同，气流床气化工艺又可以分成激冷流程和余热锅炉流程。

激冷流程中，高温合成气直接与水接触，在合成气冷却的同时，水大量气化，获得含

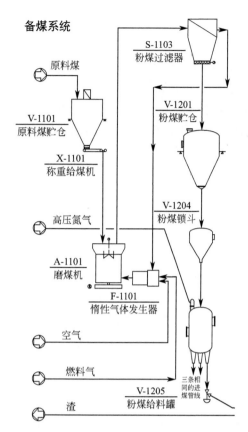

备煤系统

原料煤

V-1101
原料煤贮仓

X-1101
称重给煤机

高压氮气

A-1101
磨煤机

F-1101
惰性气体发生器

空气

燃料气

渣

S-1103
粉煤过滤器

V-1201
粉煤贮仓

V-1204
粉煤锁斗

三条相同的进煤管线

V-1205
粉煤给料罐

图 3.2 粉煤气化工艺粉煤磨制和升压示意图

水蒸气量很高的粗合成气，最高的粗合成气水蒸气含量可以超过 50%。和余热锅炉流程相比，激冷流程简单、可靠性高、投资低、便于管理。但是合成气中的高温位能量都转变成与合成气混合在一起的水蒸气，有效能量没有充分利用。余热锅炉流程将高温合成气与锅炉给水间接换热，在形成超高压饱和蒸汽的同时，合成气自身得到冷却。余热锅炉流程能效高，但设备的投资高、流程复杂，和激冷流程相比，运行可靠性较低。水煤浆进料和粉煤进料都有各自的激冷流程和余热锅炉流程工艺。

煤气化装置由于操作温度高，同时在流程的不同部位操作介质是固体或含固体量很高的气固介质或液固介质，对工艺设备和管道的磨蚀和堵塞风险很大。因此，煤气化制氢装置的气化部分都设有备用系列。通常水煤浆气化装置连续运行 3 个月就需要进行定期检修，此时，切换成备用系列运行。粉煤气化装置的连续运行周期比煤浆气化要长，但一般连续运行周期在 6 个月左右。备用系列的设置，增加了装置的建设投资，增加了氢气的生产成本。

我国目前工业应用的水煤浆气化技术主要有：华东理工大学研发的多喷嘴对置式水煤浆气化技术、中国石化开发的 SE 水煤浆气化技术、清华大学开发的分级气化技术、清华大学与晋城煤业联合开发的晋华炉水煤浆气化技术[17]，另外还有近来已经很少应用的西北化工研究院研发的多元料浆气化技术。

以国内应用较多的华东理工大学开发的多喷嘴对置式水煤浆气化技术为例，其工艺流程见图 3.3。

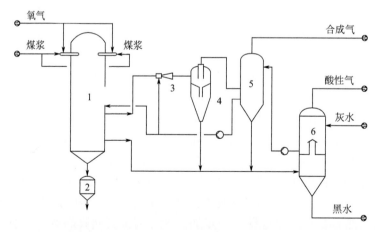

图 3.3 多喷嘴对置式水煤浆气化技术工艺流程
1—气化炉；2—锁斗；3—混合器；4—旋风分离器；5—洗涤塔；6—蒸发热水塔

水煤浆气化技术的关键设备是气化炉、烧嘴和高压煤浆泵，气化炉和烧嘴已经可以完全国产化，最大直径可以达到 4500mm。由于高压煤浆泵的操作介质固体含量高，出口压力高，目前基本上还是依靠引进。

不同水煤浆气化技术的投资略有不同，但相差不大。对于产氢能力为 20 万 m^3（标）/h 的煤气化制氢装置而言，采用表 3.4 的水煤浆气化技术，采用 2 开 1 备的气化炉配置，下游选择耐硫变换和低温甲醇洗的酸性气脱除工艺，最后采用变压吸附氢气提纯工艺，整个煤气化制氢的工程费用在 14.5 亿元左右，不含原煤储运和空分部分的投资。

表3.4 几种国内主要水煤浆气化技术的特点

项目	多喷嘴对置	SE 水煤浆	分级气化	多元料浆
工艺简介	水煤浆分别经过 4 台高压煤浆泵加压计量后送至 4 个对置布置的喷嘴，在炉内进行部分氧化反应。流程包括：对置喷嘴水煤浆气化炉、分级式合成气初步净化系统和采用直接换热技术的渣水处理系统[18]	水煤浆分别经过 1 台高压煤浆泵加压计量后送至 1 个布置在气化炉顶部的喷嘴，在炉内进行部分氧化反应。流程包括：水煤浆气化炉、分级式合成气初步净化系统和采用直接换热技术的渣水处理系统	水煤浆分别经过 1 台高压煤浆泵加压计量后送至 1 个布置在气化炉顶部的喷嘴，分级给氧，可以降低主喷嘴附近温度	可利用多种原料混合后气化。基本原理是含碳物质和油（原油、重油、渣油等）以及水经过优化混配形成多元料浆，增加入炉料浆的有效反应物浓度，提高所生成煤气中 CO、H_2 的含量，减少氧气消耗
原料处理	磨煤、制浆	磨煤、制浆	磨煤、制浆	制浆
进料方式	水煤浆	水煤浆	水煤浆	料浆
进料位置	气化炉侧部	气化炉顶	气化炉顶	气化炉顶
合成气出口位置	气化炉下部	气化炉下部	气化炉下部	气化炉下部
合成气冷却方式	冷却水激冷	冷却水激冷	冷却水激冷	冷却水激冷
操作压力 /MPa	2.0 ~ 6.5	2.0 ~ 6.5	2.0 ~ 6.5	2.0 ~ 6.5
操作温度 /℃	1100 ~ 1480	1100 ~ 1480	1100 ~ 1480	1100 ~ 1480
单炉投煤量 /(t/d)	4000	2000	1000	1000
H_2/CO	0.7 ~ 1.1	0.7 ~ 1.1	0.7 ~ 1.1	0.7 ~ 1.1
单炉最大合成气 $(CO+H_2)$ 产量 /[m^3（标）/h]	220000	100000	55000	55000

目前应用的主要粉煤气化技术包括航天化工开发的航天炉粉煤气化技术、中国石化开发的 SE 东方炉气化技术、神华宁煤开发的神宁炉气化技术、华能热工院开发的两段干煤粉气化技术。主要特点见表 3.5。

煤粉气化装置的核心设备是气化炉和烧嘴，已全部实现了国产化。以应用最多的航天炉为例，最大的气化炉直径已经超过了 4000mm。粉煤气化装置的流程复杂，气化炉采用模式水冷壁结构，因此投资较水煤浆气化要高，就 20 万 m^3（标）/h 产氢能力的煤气化制氢装置而言，采用航天炉气化 2 开 1 备的气化炉配置，下游选择耐硫变换和低温甲醇洗的酸性气脱除工艺，最后采用变压吸附氢气提纯工艺，整个煤气化制氢的工程费用在 17.5 亿人民币左右，不含原煤储运和空分部分的投资。

表3.5　几种国内主要粉煤气化技术的特点

项目	航天炉	SE 东方炉	神宁炉	两段干煤粉
工艺简介	煤粉通过顶置单喷嘴与氧气混合后进入气化炉，合成气激冷后离开气化炉，经文丘里洗涤和水洗后送出单元。气化炉采用膜式水冷壁隔热，水冷壁布管位环向	煤粉通过顶置单喷嘴与氧气混合后进入气化炉，合成气激冷后离开气化炉，经文丘里洗涤和水洗后送出单元。气化炉采用膜式水冷壁隔热，水冷壁布管位竖向	煤粉通过顶置单喷嘴与氧气混合后进入气化炉，合成气激冷后离开气化炉，经文丘里洗涤和水洗后送出单元。气化炉采用膜式水冷壁隔热，水冷壁布管位环向	煤粉通过顶置单喷嘴与氧气混合后进入气化炉，合成气激冷后离开气化炉，经文丘里洗涤和水洗后送出单元。气化炉采用膜式水冷壁隔热，余热锅炉回收热量
原料处理	磨煤、干燥	磨煤、干燥	磨煤、干燥	磨煤、干燥
进料方式	干粉	干粉	干粉	干粉
进料位置	气化炉顶	气化炉顶	气化炉顶	气化炉下侧部
合成气出口位置	气化炉下部	气化炉下部	气化炉下部	气化炉上部
合成气冷却方式	冷却水激冷	冷却水激冷	冷却水激冷	余热锅炉
操作压力 /MPa	4.0	4.0	4.0	4.0
操作温度 /℃	1300 ~ 1400	1300 ~ 1400	1300 ~ 1400	1300 ~ 1400
单炉投煤量 /(t/d)	2000	2000	2000	2000
H_2/CO	0.4 ~ 0.8	0.4 ~ 0.8	0.4 ~ 0.8	0.4 ~ 0.8
单炉最大合成气 (CO+H_2) 产量 / [m^3(标)/h]	120000	120000	1300 ~ 1400	1300 ~ 1400

以航天炉为例的粉煤气化技术工艺流程见图 3.4。煤气化技术对煤种的要求：

① 不同的气化技术对煤种有不同的要求。对于气流床气化技术，由于是液相排渣，需要将气化温度控制在灰熔点以上，因此对灰熔点有较高的要求。

② 对于水煤浆气化技术，不仅要考虑煤种的灰熔点，还要考虑煤种的成浆性，成浆性差的煤种不适宜采用水煤浆气化。从经济性考虑，水煤浆气化煤种内水含量以不大于8% 为宜、灰分宜小于 15%，灰熔点宜低于 1300℃。

③ 对于粉煤气化技术，由于采用膜式水冷壁的隔热方式，可使用煤的灰熔点可以适当放高，但不应太高，以免影响气化装置的经济性，通常灰熔点不应高于 1450℃。如果不能满足，可通过添加助熔剂的方式适当降低煤的灰熔点。

3.1.1.3　不同工艺获得粗煤气成分、指标以及净化设备投资

就煤制氢装置采用的气流床气化技术而言，其产品粗合成气的组分主要与工艺路线和煤种有关，即采用水煤浆气化还是粉煤气化，而与具体的专利技术关系不是很大。水煤浆气化技术和粉煤气化技术的粗合成气干基组成见表 3.6。

除气化装置外，煤气化制氢装置还包含了将粗合成气中的一氧化碳进一步转化为氢气的变换装置，脱除粗合成气中硫化物和二氧化碳的酸性气脱除装置，以及氢气提纯装置，这些装置合并称作净化装置。和煤气化装置相比，净化装置的投资只占煤气化制氢装置工程费用（不含空分和煤的储运）的 40% 左右。

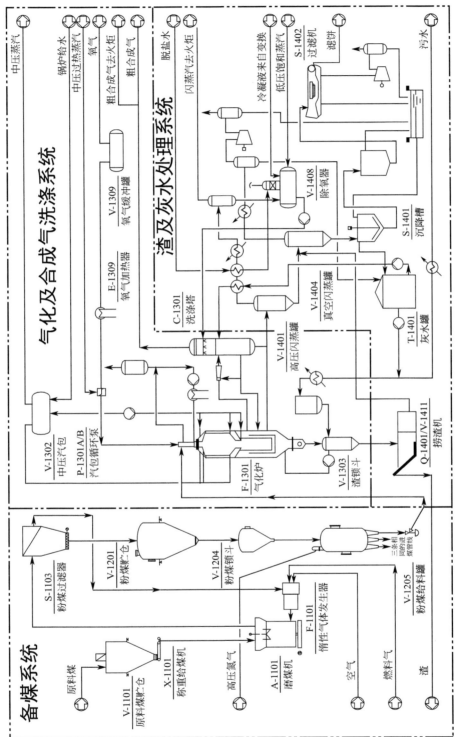

气化及合成气洗涤系统

渣及灰水处理系统

备煤系统

中压蒸汽
锅炉给水
中压过热蒸汽
氧气
粗合成气去火炬
粗合成气

脱盐水
闪蒸汽去火炬
冷凝液来自变换
低压饱和蒸汽
污水

V-1309 氧气缓冲罐
E-1309 氧气加热器
V-1302 中压汽包
P-1301A/B 汽包循环泵
F-1301 气化炉
V-1303 渣锁斗

S-1402 过滤机
滤饼
V-1408 除氧器
S-1401 沉降槽
T-1401 灰水罐
V-1404 真空闪蒸罐
V-1401 高压闪蒸罐
C-1301 洗涤塔
Q-1401/V-1411 捞渣机

S-1103 粉煤过滤器
V-1201 粉煤贮仓
V-1204 粉煤锁斗
V-1205 粉煤给料罐
三条相同的进煤管线

原料煤
V-1101 原料煤贮仓
X-1101 称重给煤机
A-1101 磨煤机
F-1101 惰性气体发生器
高压氮气
空气
燃料气
渣

图3.4 HT-L 航天加压粉煤气化工艺流程

表3.6　水煤浆气化和粉煤气化的典型合成气干基组成　　　　单位：%

组成	水煤浆气化	粉煤气化
H_2	34	23
CO	48	67
CO_2	17 ~ 20	9.9
CH_4	0.1	0.1

3.1.1.4　综合评价选择合适的煤制气工艺，并测算还原气成本

单从煤气化制氢而言，上面分析了三类气化技术中只有气流床气化技术广泛用于煤气化制氢装置。产氢过程中，煤炭中的碳全部转化为二氧化碳后放散，没有利用，粗合成气中的一氧化碳还需要在变换装置中与水蒸气进一步反应转化为氢气和二氧化碳。因此，就水煤浆气化和粉煤气化而言，粉煤气化粗合成气中的一氧化碳含量更高，变换流程更为复杂，投资也就会增加。同时，粉煤气化在装置投资和操作复杂程度上也较水煤浆气化更高和更复杂。因此，目前建成的煤气化制氢装置，只要有合适的煤，主要还是选择水煤浆气化技术。因此认为，只要能够获得适合水煤浆气化工艺的煤，煤气化制氢装置还是首选水煤浆气化工艺。

煤制氢装置的产品氢气的成本，主要由煤炭价格、氧气价格和装置投资（也就是装置规模，规模越大，投资占比越小）决定。对于一套 90000m³(标)/h 制氢装置，煤炭价格450 元 /t（不含税），氧气外购，价格 0.5 元 /m³(标)，3.5MPa 蒸汽价格 100 元 /t，1.0MPa蒸汽价格 70 元 /t，电价 0.56 元 /（kW·h），煤气化制氢采用水煤浆激冷工艺，氢气成本在 9000 元 /t 纯氢左右。

3.1.1.5　我国煤制气作氢冶金还原气的能力以及与国外的差距

日本、韩国、欧盟、美国等国家和地区均出台相应政策，将发展氢能产业提升到国家能源战略高度，各钢铁企业单位也纷纷开展氢冶金研究 [19]。煤气化制氢是指煤与水蒸气在一定温度、压力条件下发生反应而得到合成气，再通过对合成气中 CO 的转化处理，将合成气全部转化为氢气的技术。煤气化制氢技术在我国有良好的应用基础，目前主要存在污染严重等环保问题 [20-21]。煤气化制氢需在现有基础上进行升级改造，从设备、系统运行等方面全面提高技术水平，才能顺应可持续发展的战略需求。目前成熟的煤气化制氢工艺是指将煤运输到气化炉内进行气化反应制氢的过程。煤气化制氢包含煤的获取、煤的运输、氢气制备与收集、氢气的运输 4 个流程。

从全球角度来看，近十几年，欧美没有煤气化制氢装置的建成，也没有规划煤气化制氢装置项目，这一方面是对于环境要求的反应，限制煤炭的使用，更重要的是这些地区有丰富的天然气资源，天然气价格低廉，采用以天然气为原料的水蒸气转化制氢路线，不仅环境友好、流程简单、投资低、便于操作，而且氢气的价格也低。目前，国际上建设煤气化制氢装置主要在中国和印度。澳大利亚也有零星装置建设，为日本提供氢气。

（1）国外

波兰克拉科夫 AGH 科技大学的 Burmistrz 等组成的研究团队致力于实际制氢项目的整体效益研究，该团队对比了 Shell 和 Texaco/GE 公司两种煤气化制氢工艺的影响情况，综

合评价煤气化制氢工艺的具体效益。两家公司均采用地面加压气流床气化制氢工艺，不同点主要在于煤样的选择和预处理工艺。Texaco/GE 的工艺采用水煤浆预处理技术，即先将煤样与水混合制成水煤浆后，再进入加压气流床进行气化反应；Shell 的工艺采用煤粉预处理技术，向气化反应炉输送干煤粉燃料，之后再与蒸汽、空气发生气化反应。两个系统均加入了二氧化碳捕集单元，制氢效率均为 85%，评价结果整理如表 3.7 所示。

表 3.7　Texaco/GE 和 Shell 煤气化制氢数据结果对比

气化技术公司	气化煤样	温室气体释放当量 /[g(CO$_2$)/kg(H$_2$)]	能耗 /[MJ/kg(H$_2$)]
Texaco/GE	次烟煤	5206	214.1
Shell	次烟煤	4413	197.1
Shell	褐煤	7142	215.6

总体而言，煤气化制氢技术能耗高，对环境也不够友好。通过对比上述案例可发现，在煤气化制氢系统中，采用二氧化碳捕集设备可大大减少二氧化碳的直接排放，对系统的环保效益产生积极影响。但是，加入二氧化碳捕集装置无疑也会造成较大的能耗，降低了制氢系统的能源利用率；同时，二氧化碳捕集单元的建设成本较高，这给制氢系统的经济效益会带来不良影响，容易打击制氢企业的投入积极性。二氧化碳捕集技术的发展应朝低能耗低成本的方向进行，才能为煤气化制氢技术的环保效益带来实质性推动。

（2）国内

就制氢路线而言，煤气化制氢中的碳在产品中没有得到利用，碳的排放量大、流程长、投资高，只是原料价格相对低廉导致可以获得较为低价的产品氢气。这些特点再加上我国能源禀赋中少气、天然气价格高的因素，煤气化制氢在我国近十几年来得到了快速发展，建设了许多煤制氢工业装置并获得了较好的经济效益。

随着化工行业煤制气技术的发展和成熟，以及竖炉直接还原技术的发展和进步，煤制气 - 气基竖炉直接还原技术应运而生，并成为发展热点 [22]。从国内能源结构考虑，我国因石油、天然气资源匮乏、价格昂贵，不适合大规模发展气基直接还原技术。但我国拥有丰富的煤炭资源，特别是非焦煤储量很大，将煤制合成气作为还原气来发展气基竖炉直接还原，是我国钢铁企业未来直接还原铁生产的重点发展方向，我国具有发展煤制气 - 气基竖炉直接还原工艺所涉及的化工、冶金、装备制造等学科、行业技术基础。

实际上，只有在规模较大的制氢装置中，采用煤气化制氢的经济性才具有竞争优势。有公司曾经就我国的煤气化制氢和水蒸气转化制氢的价格进行过比较，在 90000m³(标)/h 以上的制氢规模下，煤气化制氢的价格才具有优势，这没有考虑征收碳税。一旦征收碳税，煤气化制氢的竞争力将大为减小。

3.1.2　焦炉煤气制氢技术调研

3.1.2.1　焦炭的产能及焦炉煤气的产量

（1）焦炭的产能

2019 年我国生产焦炭 4.7126 亿 t，其中半焦产量 4500 万 t，气化焦 1000 万 t，铸造焦

500 万 t，冶金焦（全焦）4.1 亿 t。2019 年，全国钢铁联合企业焦化厂焦炭产量为 11414 万 t（占 24%），其他焦化企业焦炭产量为 35712 万 t（占 76%）。2020 年全年中国焦炭累计产量达到 4.7116 亿 t，3 ～ 12 月份焦炭月度产量统计及增长情况见图 3.5。

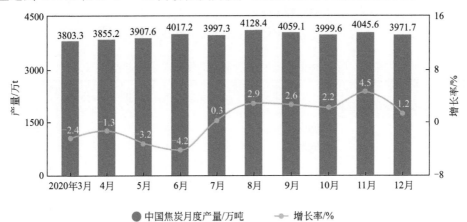

图 3.5 2020 年 3 ～ 12 月中国焦炭月度产量统计及增长情况

据统计，2021 年 1 ～ 6 月，全国焦炭产量为 23709 万 t，同比增长 3.5%。其中，钢铁联合焦化企业焦炭产量为 5569 万 t，同比增长 8.03%；其他焦化企业焦炭产量为 18140 万 t，同比增长 2.95%。自 2019 年部分省份进行焦化产业结构优化调整以来，随着焦炭产能置换项目的陆续投产，2021 年焦炭的供给状况比 2020 年总体偏紧的状况有所改善；由于钢铁产量大幅增长带动的旺盛需求，焦炭生产企业和用户的库存仍保持在合理范围。焦炭产量增长基本与生铁产量增长保持同步节奏，焦化行业经济运行基本平稳。焦化主产区正在强力推进产业结构优化调整。如 2021 ～ 2023 年，内蒙古将进行焦化大整合，退出 1705 万 t 焦炭产能，涉及 9 家钢企、17 家焦企、5.5m 以下焦炉 36 座；2021 年不再审批焦炭等高能耗行业新增产能项目；炭化室高度小于 6.0m 顶装焦炉、炭化室高度小于 5.5m 捣固焦炉、100 万 t/a 以下焦化项目，原则上在 2023 年年底前全部退出；符合条件的可以按国家标准实施产能置换。焦炭出口明显增长，焦炭进口趋势放缓。据海关总署统计，2021 年上半年，我国焦炭累计出口 342 万 t，同比增长 94.5%，累计平均价格为 329.3 美元 /t，同比上涨 48.27%。1 ～ 5 月份，我国累计进口焦炭 80.95 万 t，同比增长 53.87%（2020 年累计进口焦炭 297.98 万 t，同比增长 469.64%），进口焦炭累计平均价格为 307.57 美元 /t，同比上涨 28.45%。

（2）钢铁联合企业焦炉煤气总量

2019 年，全国钢铁联合企业焦化厂焦炭产量为 11414 万 t，与全国钢铁联合企业焦化厂焦炭产量匹配的焦炉煤气产量约 376.66 亿 m³(标)。

3.1.2.2 焦炉煤气的用途

焦炉煤气又称粗煤气或荒煤气，由于可燃成分多，属于高热值煤气。焦炉煤气是指用几种烟煤配制成炼焦用煤，在炼焦炉中经过高温干馏后，在产出焦炭和焦油产品的同时所产生的一种可燃性气体，是炼焦工业的副产品。焦炉煤气是混合物，其产率和组成因炼焦用煤质量和焦化过程条件不同而有所差别，一般每吨干煤可生产焦炉气 300 ～ 350m³

（标）。其主要成分为氢气（55%～60%）和甲烷（23%～27%），另外还含有少量的一氧化碳（5%～8%）、C2 以上不饱和烃（2%～4%）、二氧化碳（1.5%～3%）、氧气（0.3%～0.8%）、氮气（3%～7%）。其中氢气、甲烷、一氧化碳、C2 以上不饱和烃为可燃组分，二氧化碳、氮气、氧气为不可燃组分。

目前，焦炉煤气的利用主要在以下几个方面[23-24]：①用作燃料；②用作化工原料；③用作还原剂；④用于制取氢气等。焦炉煤气综合利用途径如图 3.6 所示。

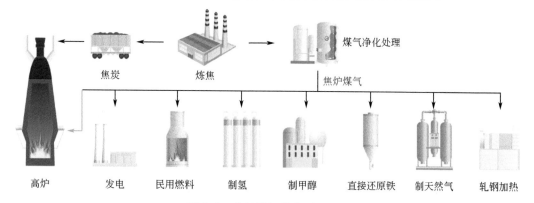

图 3.6 焦炉煤气综合利用途径

（1）焦炉煤气用作燃料

焦炉煤气作为气体燃料，可用于生产铝矾土、金属镁、水泥、建材、耐火材料和钢铁企业的轧钢。虽然用于民用燃气的焦炉煤气逐渐被天然气替代，但焦炉煤气用作城镇民用燃料仍有一定需求。焦炉煤气还可用于发电，利用焦炉煤气发电是较为成熟的技术，有：蒸汽发电、燃气轮机发电、内燃机发电、燃气 - 蒸汽联合循环发电 4 类。蒸汽机的发电效率最低，不到30%；其次是燃气轮机发电和内燃机发电，发电效率30%～35%。图 3.7 为以焦炉煤气为燃料的内燃机发电系统示意图。燃气 - 蒸汽联合循环发电技术是我国大中型钢铁联合企业正在积极推广的技术，是热能资源的高效梯级综合利用，其发电效率高达45%以上，在兰州厚壁无缝钢管、济钢、宝钢（中国宝武钢铁）、太钢（太原钢铁）等企业得到推广。

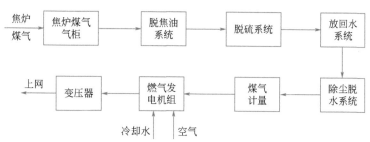

图 3.7 以焦炉煤气为燃料的内燃机发电系统示意图

2003 年美国学者采用数值模拟的方法，对高热值的焦炉煤气和低热值的高炉煤气的燃烧过程进行比较，配以不同的过量空气系数，得到了能够稳定燃烧的不同的气体燃烧速度，为气体速度选择提供了参考。日本三菱公司通过引进借鉴美国西屋公司的燃气轮机技术，针对焦炉煤气的特性，在 2004 年成功研发了利用焦炉煤气的发电机组。这种机组效率非常高，并在燃气轮机侧加装了钝体燃烧器，使高温烟气产生回流，能有效提高燃烧稳定性。利用焦炉煤气的发电机组，效率比正常燃煤机组效率提高 10% 以上，能极大地发挥出焦炉煤气的内在价值。

由于种种原因，我国对焦炉煤气的开发力度不够，很多钢铁企业的煤气放散率都在 10% 以上，浪费巨量的二次能源，同时对周围环境也造成了不好影响。近些年，随着国家对环保工作的重视，以及企业对节能工作的重视，焦炉煤气富余的问题得到了更多关注。国内的钢铁企业，结合自身实际，制定消耗富余焦炉煤气措施，或是对自备的电厂锅炉进行掺烧煤气或全烧煤气改造，或者是新建燃气锅炉，每种方式都有其特点。

很多钢铁企业富余的焦炉煤气有季节性特点，在夏季时较多，在冬季时为了保证供暖，将焦炉煤气用于煤气炉或是解冻库，富余量最少。在这种情况下，就需要根据焦炉煤气的季节特性进行分析，进行合理的规划改造。太钢富余的焦炉煤气就具有季节性特点，为了能根据现有锅炉状况，把煤气的季节性特性充分发挥好，组织对老旧的锅炉进行了改造。只是进行了局部改造，改造后需要在两种工况下运行。太钢对原有的锅炉进行改造，充分利用了已有的各项辅助设备，花费了 1500 万元左右，停机工期不到 2 个月。改造后的锅炉能够根据太钢煤气平衡的结果，及时进行切换运行，既充分消化了富余的煤气，避免了放散，又为企业提供动力。可以说，太钢根据自身的情况进行改造，成果是非常显著的，为其他钢铁企业消化利用富余的煤气探索出新途径。

鞍山钢铁集团公司生产面对的状况和太钢非常相似，经过认真的调研分析，认为对第二发电厂现有 3# 燃煤锅炉进行改造更符合企业实际。改造后的锅炉能够在燃煤、燃气两种不同的情况下稳定燃烧运行，并能根据燃料情况实现灵活的切换运行，能够适应公司大生产的节奏变化，使鞍山钢铁集团公司富余的焦炉煤气得以充分利用，争取零放散。

（2）焦炉煤气用作化工原料

焦炉煤气中富含氢气，甲烷的含量也较高。通过重整反应将甲烷转化为 H_2 和 CO，进而可用于生产化工产品。焦炉煤气中甲烷的转化主要有催化转化和非催化部分氧化转化两大类工艺。用外部燃料燃烧提供的热量经过反应器的金属壁传递为反应体系供热，在镍催化剂作用下，可将甲烷转化成 CO 和 H_2。以甲烷所转化成的 H_2 和 CO 合成气为原料可以生产出合成油。理论上合成油的最大产率为 208g/m³(CO+H_2)[25]。焦炉煤气生产甲醇工艺，如图 3.8 所示，每生产 1t 甲醇可消耗焦炉煤气 2000 ～ 2200m³，对富余的炼焦煤气消费非常可观。焦炉煤气也可用于生产天然气，在焦炉煤气组成中，甲烷含量占 23% ～ 27%，一氧化碳含量占近 10%，其余为氢和少量氮，因此焦炉气通过甲烷化反应，可以使绝大部分一氧化碳和二氧化碳转化成甲烷，得到主要含氢、甲烷、氮的混合气体，经进一步分离提纯后可以得到甲烷体积分数在 90% 以上的合成天然气，再经过压缩得到压缩天然气或经液化得到液化天然气 [26-27]。

神华乌海能源有限责任公司 30 万 t/a 焦炉煤气制甲醇项目，总投资 8.96 亿元，占地 147120m²，是国内单系列以焦炉煤气为原料生产甲醇规模最大的工业装置 [28]。该项目于 2008 年 9 月开工建设，2010 年 10 月 21 日一次投料试车成功，生产出的甲醇产品质量符合 GB/T 338—2011 标准优等品指标，及工业甲醇美国联邦标准 (O-M-232G)"AA" 级指标，标志着我国焦炉煤气制甲醇工艺集成创新跃上新的台阶。

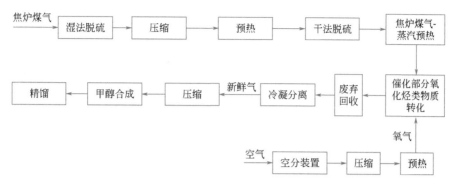

图 3.8 焦炉煤气制甲醇工艺流程示意图

其工艺流程为：由焦化而来的焦炉煤气首先进入脱萘罐，除去焦炉煤气中所含的焦油和萘等杂质，然后进入气柜，经气柜储存后再送入焦炉煤气压缩机。经压缩机加压后的焦炉煤气进入脱油罐和活性炭粗脱硫罐，脱除焦炉煤气中的油水和大部分硫化氢后，再进入综合加热炉焦炉煤气加热段加热，然后进入加氢罐，将部分有机硫加氢转化成硫化氢；之后进入一级脱硫罐除去焦炉煤气中的硫化氢。剩余的部分有机硫经过二级加氢进一步转化后经二级脱硫罐脱除，使得出口总硫小于 $4mg/m^3$ 后送到转化工序。经精脱硫后的焦炉煤气与一定比例的蒸汽混合后，进入综合加热炉蒸焦预热段、蒸焦加热段加热后进入纯氧转化炉，与来自空分的氧气在纯氧转化炉中进行燃烧和转化反应，得到 CH_4 含量小于 0.5% 的转化气。然后经过换热器将温度降至约 40℃左右，通过气液分离器分离掉转化气中的游离水后进入常温氧化锌脱硫罐，将转化气中的硫和氯均脱至体积分数 $\leqslant 0.1\% \sim 10\%$ 后去合成气压缩工序。

转化气经由汽轮机带动的两台离心式压缩机加压后，送入合成工序，在合成塔管程内的催化剂上进行反应，反应后的合成气经甲醇空冷器和甲醇水冷器进一步冷却，温度降至40℃后进入甲醇分离器进行分离。从甲醇分离器下部得到的液体粗甲醇经减压后进入闪蒸槽，闪蒸后的粗甲醇送入精馏工序经粗甲醇预热器预热后再进入预塔，除掉粗甲醇中的轻组分，通过预后甲醇泵打入加压塔预热器经预热后进入加压塔。为了节约能量，将加压塔甲醇蒸气作为常压塔再沸器热源加热常压塔釜液，冷凝后的甲醇进入加压塔回流槽，一部分作为回流，另一部分经过加压塔产品冷却器冷却后作为产品送往精甲醇计量槽。在加压塔塔底质量分数约为 72％甲醇溶液，在压差作用下进入常压塔继续分离，在常压塔塔顶得到的甲醇蒸气进入常压塔冷凝器冷凝，冷凝后的甲醇进入常压塔回流槽，一部分作为回流，另一部分经常压塔产品冷却器冷却后作为产品送往精甲醇计量槽[29]。工艺流程如下图 3.9 所示。

该工艺具有以下特点：

① 在焦炉煤气进气柜前设脱萘系统，利用焦炭的吸附性将焦炉煤气中的萘、焦油等杂质进一步脱除以保护后续系统。

② 原料气进气柜及去火炬放空均采用远程及联锁调节，在系统原料气波动或故障停车时可由自调阀调节进入系统的焦炉煤气，多余的气体去火炬燃烧。

③ 设置了废水汽提塔，将转化工艺冷凝液中溶解的气体及精馏常压塔废液中的有机杂质提取后，进一步进入转化炉再重新利用，提取后的水经精馏加压塔入塔预热器进一步回收热量后，送脱盐水站作脱盐水制备原水，减少了资源的浪费和水质的污染。

④ 该装置烧嘴保护水系统以锅炉给水为补水,整个系统密闭循环,经过改造后将转化系统工艺冷凝液补入烧嘴冷却水泵出口,若出现停电、停脱盐水等故障,可以靠转化系统压力将冷凝液送入转化烧嘴,解决了烧嘴断冷却水的困扰。

⑤ 转化炉内离燃烧室最近处两侧各有一测温点,这样可以更清楚地观测到转化炉燃烧室的温度,投氧时能以最快速度判断投氧成功与否,从而提高安全性能。

⑥ 转化炉出口温度小于980℃,用废热锅炉副产更多的中压蒸汽作为汽轮机的动力蒸汽,充分回收高位热能,从而减轻动力锅炉的负荷。

⑦ 综合加热炉烟道设计烟气废锅,用废热锅炉副产更多的中压蒸汽作为汽轮机的动力蒸汽,充分回收高位热能,从而减轻动力锅炉的负荷。

⑧ 甲醇合成塔采用先进可靠的等温合成技术,床层温度分布均匀,接近最佳合成温度,合成反应热可以副产中压蒸汽。

⑨ 三塔精馏和转化气低压热能利用的节能工艺,不仅提高甲醇收率,而且使废水达标直接排放;将加压塔塔顶蒸汽作为常压塔塔釜再沸器热源,节能效果十分明显;三个塔采用高效板式浮阀塔,甲醇产品质量高。

⑩ 甲醇装置自控系统采用DCS集散控制系统,使得全厂操作控制稳定、便利迅捷;同时采用一套安全仪表联锁系统(SIS系统),为全装置关键的设备和系统提供安全保证。

⑪ 整个甲醇装置正常生产过程中,无"三废"排放(无有毒、有害的废水、废气及固体废物排放),做到了清洁文明生产。

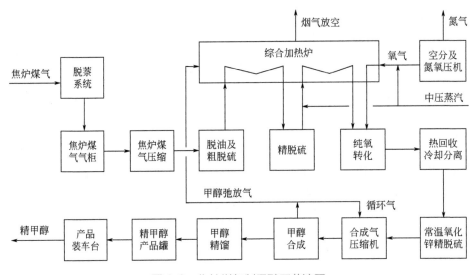

图3.9 焦炉煤气制甲醇工艺流程

用焦炉煤气制合成氨也是焦炉煤气综合利用的重要途径之一。数据表明,1720m³焦炉煤气可以生产1t合成氨,进而合成尿素,生产成本低于以天然气或无烟煤为原料的尿素生产工艺,成本优势明显。由于规定尿素为国家免税产品,因此相比甲醇等化工产品来说,合成氨经济效益具有较好的优势。

(3)焦炉煤气用作还原剂

传统的炼铁工业完全依靠碳为还原剂,随着炼焦煤和焦炭资源的日益短缺,业界正在开发资源节约、环境友好的氢冶金。高炉喷吹焦炉煤气也是焦炉煤气作为还原剂的一个重要方面，是指在压力的作用下将处理后的焦炉煤气经过管路系统送到各风口，并通过喷枪喷入高炉[30—32]。高炉喷吹焦炉煤气的目的是部分替代焦炭，降低二氧化碳的排放。鉴于高炉喷吹焦炉煤气能够给钢铁企业带来经济上以及环保上的双重效益，国内外很多科研机构对此开展了大量的研究。

早在 20 世纪 60 年代本钢就进行了高炉喷吹焦炉煤气试验[33]。在当时的喷吹条件下，高炉产量提高了 10.8%，焦比降了 3%～10%，炉温稳定，崩悬料大幅降低，炉况顺行程度好转。1964 年 12 月，鞍钢炼铁厂结合本钢高炉喷吹焦炉煤气的经验，在 9 号高炉进行了焦炉煤气喷吹试验，每喷吹 1m³ 焦炉煤气，可节约焦炭 0.6～0.7kg，高炉冶炼过程得到了改善，促进了炉况顺行。高建军等通过建立数学模型的方式，研究了高炉富氧喷吹焦炉煤气对 CO_2 减排规律和理论燃烧温度的影响。结果表明，焦炉煤气喷吹量每增加 1m³，高炉 CO_2 排放量减少 0.1%，理论燃烧温度降低 0.7℃；若保持风口理论燃烧温度和现有高炉相同，则随着焦炉煤气喷吹量的增加，炼铁工序 CO_2 排放量要比不考虑风口理论燃烧温度时大，而且随着富氧率的提高，增大幅度逐渐减小，当氧气含量为 30% 时，与传统高炉操作相比，CO_2 排放量降低约 12%。饶昌润等基于高温区的物料平衡和热量平衡理论，对武钢 7 号高炉喷吹焦炉煤气的降焦效果、极限喷吹量以及对焦炭的置换比进行了数值计算。结果表明，高炉喷吹焦炉煤气能够显著降低焦比；当焦炉煤气的喷吹温度为 25℃时，焦炉煤气的极限喷吹量为 506.42m³/t，对焦炭的置换比为 0.32kg/m³；当焦炉煤气的喷吹温度为 950℃时，焦炉煤气的极限喷吹量为 585.40m³/t，对焦炭的置换比为 0.42kg/m³。李昊堃对高炉喷吹焦炉煤气的热平衡规律进行了模拟计算，计算过程中同时考虑了焦炉煤气替代燃料的种类和焦炉煤气的置换比两个方面。结果表明，当焦炉煤气替换焦炭时，每喷吹 1m³ 焦炉煤气，理论燃烧温度下降 2.4～2.6℃，炉腹煤气量增加 0.46～0.97m³，炉腹煤气中还原气含量增加 0.045%；当焦炉煤气替换煤粉时，每喷吹 1m³ 焦炉煤气，理论燃烧温度下降 1.3～1.5℃，炉腹煤气量增加 0.41～0.87m³，炉腹煤气中还原气含量增加 0.034%。陈永星对高炉富氧喷吹焦炉煤气后炉料的还原情况以及碳排放规律进行了研究。结果表明，喷吹焦炉煤气改善了高炉内部铁氧化物的还原环境，促进了间接还原，直接还原度和焦比均降低，炉顶煤气热值升高，CO_2 净排放量减少。

国内对高炉风口喷吹焦炉煤气的研究较少，而国外对此已经进行了大量研究工作，而且有些企业已经将该工艺成熟应用于生产实践，并取得了很好的效果以及获得大量的宝贵经验。

20 世纪 80 年代初期，苏联在多座高炉上进行了焦炉煤气取代天然气的试验研究，掌握了 1.8～2.2m³ 焦炉煤气替代 1m³ 天然气的冶炼技术，喷吹量达到了 227m³/t[34]。通过对比分析发现，焦炉煤气喷吹后高炉料柱的透气性得到了改善，节焦增产效果显著。当用 2～3m³ 焦炉煤气替换 1m³ 天然气时，焦比降低幅度为 4%～7%，高炉产量增幅 2%～6%；喷吹焦炉煤气也提高了经济效益，每年可节约 104 万卢布；焦炉煤气燃烧放散的问题也得到了解决，当地环境得到了改善。20 世纪 80 年代中期，法国索尔梅厂 2 号高炉采取了喷吹焦炉煤气操作，该工艺用螺旋压缩机将净化后的焦炉煤气加压使其压力高于热风压力，然后通过风口喷入高炉。焦炉煤气喷吹量为 5.83m³/s，喷吹压力为 0.58MPa，喷吹温度为 42℃，喷吹后得到焦炉煤气对焦炭的置换比为 0.9，高炉冶炼条件得到了改善，炉况稳定，喷管使用寿命低的问题也得到了缓解，该厂继 2 号高炉喷吹焦炉煤气后，又在 1 号高炉上安装了同样的设备。20 世纪 80 年代末期，由于天然气涨价和焦炉煤气过剩，苏联马凯耶沃钢铁公司在该公司的两座高炉上安装了喷吹焦炉煤气装置，喷吹量达 160m³/t。喷吹后，焦比降低了 6% ～ 8%，产量增加了 5% ～ 8%，获得了良好的经济效益，同时有害物质的排放量也大大降低，每年减排 5767t。在焦炉煤气的喷吹过程中，以 3m³ 的焦炉煤气代替 1m³ 的天然气技术证实是可行性的；当风温为 1100 ～ 1150℃，含氧量为 25% ～ 28%，置换比为 0.4kg/m³ 时，焦炉煤气的喷吹量增加到了 250 ～ 300m³/t，确定了有效利用这种冶炼制度的条件。20 世纪 90 年代中期，美国的埃德加 - 汤姆森钢铁厂在 3 号高炉上喷吹焦炉煤气，喷吹后高炉炉况稳定顺行、下料正常、产量提高。随后该厂在当年 9 月份对 1 号高炉也进行了焦炉煤气喷吹，喷吹效果显著，喷吹量达到 700000m³/d，为风量的 19%，同时富氧量也得到了提高，为风量的 3.5%，达到当时喷吹的最高水平。2005 年该厂的喷吹总量为 141600t，吨铁喷吹量约 65kg，喷吹后，降低了天然气的喷吹量，消除了焦炉煤气的放空燃烧，降低了能源成本，年节省开支超过 610 万美元。

由于氢的高温还原潜能远大于 CO，开发焦炉煤气用作还原剂来生产直接还原铁也已逐渐成为主流趋势。直接还原是当今钢铁工业三大前沿技术之一。目前世界年产直接还原铁量达到 20000 多万 t，所采用的工艺又多是气基竖炉法。气基法生产的直接还原铁量约占总海绵铁产量的 90%，而且过去都是采用天然气，利用重整炉先将天然气中的 CH_4 转化为 H_2（即所谓的预转化），然后再通入竖炉进行还原反应来生产直接还原铁的。这样势必依赖昂贵的镍催化剂和造价很高的重整炉，设备庞大。

针对上述问题，本钢钢研所曾经进行了非预转化直接还原生产直接还原铁的实验室固定床试验和半工业试验，取得了一些可喜的成绩。以焦炉煤气代替天然气（焦炉煤气主要成分是：55% ～ 60% H_2、9% CO、23% ～ 25% CH_4、3% CO_2，发热值约 122MJ），不装备重整炉，焦炉煤气也不经转化直接通入竖炉（即所谓的非预转化），进行直接还原铁生产。此种工艺方法的优点是无需重整炉，不依赖昂贵的镍催化剂，煤气直接进入竖炉，并在竖炉里靠直接还原铁和新生成的金属铁作催化剂来完成 CH_4 的裂化反应，同时设备又可小型化，工艺流程简单。

在实验室固定床试验的基础上（CH_4 转化率约为 90%，直接还原铁成分合格），本钢钢研所又进行了扩大规模的流动床生产直接还原铁的试验。设计的竖炉炉腹直径为 0.35m，炉顶直径为 0.3m，容积为 0.3m³。上料系统采用了电动料车，实现了机械化上料。炉底排料器采用无级调速装置，可以任意调整排料量，并通过调整排料量来控制炉料在竖炉里的停留时间。加热炉采用煤气燃烧的加热方式，即采用由耐热侵蚀的钢管制成的管式加热炉来加热煤气。被加热的高温煤气从竖炉炉腹进入竖炉内，进行转化和还原。还原后的气体再从炉顶引出，经过冷却及脱 S、CO_2 处理后，再部分重新进入加热炉，循环利用，这样便可减少能耗。冷却系统的气体从炉底吹入，在炉腹下部引出，经过冷却处理后再从炉底吹入，这样便可以循环利用，形成一个封闭的自循环系统。在整个系统中，设有多处流量、压力及温度检测点，以获得较全面的技术参数。整个系统做到了连续生产，生产能力为 17kg/h。

（4）焦炉煤气用于制取氢气

焦炉煤气含氢 55% ～ 60%，是非常好的制氢原料气。焦炉煤气制氢只需按现有煤气处理工艺，将其中的有害杂质去除，即可提取出纯度达 99.99% 的高纯度氢气。目前，技术已相当成熟，1m³ 焦炉煤气约可制取 0.44m³ 氢气。另外，也可将焦炉煤气重整转化为合成气（CO+H_2），再通过水煤气变换反应 CO+$H_2O \longrightarrow CO_2$+$H_2$，将焦炉煤气转化成 H_2。

与天然气制氢相比,省去了蒸汽转换或部分氧化等甲烷裂解过程,从而省去了与这一过程相关的能源消耗。

神马尼龙化工有限责任公司利用平煤与神马重组后的合理资源配置,坚持"以煤为主,相关多元"的化工格局,先后利用天宏焦化公司、首山焦化公司富余焦炉煤气(COG)作原料,采用四川同盛、上海华西的变压吸附(PSA)技术制取纯氢[35]。2005年利用天宏焦化公司建设三源制氢公司[36],2006年11月建成投产,产氢能力10000m³/h;2008年建设首山焦化制氢公司,2009年10月建成投产,产氢能力30000m³/h。装置建设时国内焦炉煤气制氢技术已应用于石化、冶金行业,最大生产规模为1500m³/h,大部分规模在1000m³/h以下。如何结合焦炉煤气气体条件将设计规模放大,成为装置能否成功的关键。装置投运后在工艺设计、设备、运行等方面出现诸多问题,主要原因是工艺、设备都是国内第一次工业放大,尤其是预处理、压缩部分无成熟经验可以参考,各控制技术指标缺少准确值,没有一个标准,基本上是在设计值基础上摸索,经过调整、改造,目前生产达到了设计条件,运行稳定。

① 两套焦炉煤气制氢装置的工艺流程及特点。焦炉煤气制氢装置采用PSA工艺技术提取纯氢,其基本原理是利用固体吸附剂对气体的吸附有选择性,以及气体在吸附剂上的吸附量随其分压的降低而减少的特性,实现气体混合物的分离,同时采用抽真空的办法完成吸附剂的再生,不耗用氢气,因此氢气回收率高。原料气进行PSA提纯前,需根据原料气组分复杂情况进行预处理。整个流程基本分为以下几个处理工段:原料气脱焦油及提压;原料气脱除高碳烃类杂质及净化;原料气脱除强吸附组分;半成品气进行压缩和精脱硫;半成品气进行PSA提纯及外送。焦炉煤气组成见表3.8,压力为5kPa(G),温度为40℃,$\varphi(H_2)>99.99\%$,压力≥1.6MPa,温度≤50℃。杂质要求见表3.9。

表3.8 焦炉煤气组成

成分	H_2	O_2	CO	CO_2	CH_4	C2～C5
含量/%	55	0.44	8.5	6.0	24	3.6
成分	苯	焦油	萘	H_2S	有机硫	
含量/(mg/m³)	0.5	550	600	3000～4500	180	

表3.9 产品氢气杂质要求

成分	O_2	CO	CO_2	H_2O	S	Cl/(mg/m³)
含量/10^{-6}	≤30	≤0.1	≤10	≤50	≤0.1	≤0.1

② 运行情况。三源制氢公司一次建成投产,产品质量达到了设计要求。三源制氢公司受民用煤气的季节性波动和焦炭市场行情影响,因为当时原料气供应不足,没有达到产品设计规模。在生产过程中发现了影响生产能力及长周期运行的设计问题及设备问题、操作问题,经过公司技术人员及四川同盛设计人员不断的探讨、改进,后经过上海华西的技术改造,最终装置生产能力提高到12000m³/h。

首山焦化制氢公司是在三源制氢公司焦炉煤气制氢技术的基础上设计建设,装置一次建成投产,产品质量达到了设计要求,因为受原料气供应不足局限没有达到产品设计规模。在生产过程中发现了影响生产能力、产品质量的设备等问题,经过上海华西的技术改造，装置生产能力稳定到 30000m³/h。

③ 存在问题。两套焦炉煤气制氢装置自开车以来，存在问题如下：

a. 原料气中氧设计条件与实际数据有偏离，存在产品气氧指标不合格。设计时原料气中 O_2 含量为 0.43%，气源没有把关装置或措施，导致上游天宏焦化公司送来气体无处理，公司在管理方面无能为力。在工艺处理上没有弹性，存在氧超问题，如 O_2 含量最高竟达到 3.6%，导致后续吸附剂不能把关，产品氢气因不合格而放空，并导致电捕焦运行存在安全隐患。

b. 除油器系统问题。除油器内装有活性炭和焦粒，原设计一台吸附，一台再生，吸附时间为 20 天，当一个塔吸附饱和后，用蒸汽加热至 250 ~ 300℃，进行反吹再生，重复利用。但实际一天就吸附饱和，再生时间至少两天，因再生时间与吸附时间不对应，两个除油器吸附和再生不能同步，不能保证除油系统正常运行，可能导致大量焦油、萘等杂质穿透除油器床层进入变压吸附系统。

c. 冷冻分离系统问题。从投用运行状况来看，由于焦炉煤气中苯、萘等有机物严重超标，结果大量的苯、部分萘、柴油等在冷冻分离系统不能脱除，全部进入除油系统，在除油器也不能把关后，导致吸附剂中毒，被迫多次停车检修，最终只能更换吸附剂。

d. 吸附剂有中毒现象，生产能力迅速下降。从开车初期来看，两套 PSA 工序吸附时间都已经达到了极限值，几乎没有调整的余地；一旦原料气中氧含量超标，必须进行减负荷操作，才能保证氢气产量。前端 PSA 装置吸附剂由于除油器原因有中毒现象，影响到后端 PSA 吸附剂的吸附效果，在生产指标方面，前端 PSA 工段提纯吸附塔的吸附剂对 CO 和 O_2 吸附能力下降，出口氢气纯度低于设计值，导致后系统的 CO 容易超标。

e. 存在部分设备设计、选型和配置不当。电捕焦油器运行 10 天就需要停车处理，无备台处理杂质，且除焦能力低等；螺杆压缩机存在漏气、漏油、影响润滑油油质问题，后冷却器的气液分离器油气分离效果差，导致喷油系统、螺杆机非正常使用，同时严重影响冰机的制冷效果等。

f. 公用工程不合格，不能满足生产正常应用。循环水水质及水温差、低压蒸汽压力过低、冷源能力低等问题制约生产稳定运行。

④ 问题分析及改进措施

a. 原料气中氧不合格及处理措施。通过调研发现，公司对产品氢中氧含量 $[\varphi(O_2) \leqslant 30 \times 10^{-6}]$ 的要求并不高，而国内其他有控氧要求的厂家一般控制 $\varphi(O_2)$ 在 $(1 ~ 10) \times 10^{-6}$ 的水平，所以预期在焦炉煤气中氧含量正常的情况下，可以停用装置配套的脱氧系统，而通过前端的脱硫脱碳工序脱除部分氧，以达到控氧目标。但在实际生产过程中，原料气中的氧含量频繁超标，而且脱硫脱碳装置中 O_2 和 H_2 的分离系数较小，并未达到控氧目的，而出现氧超标的严重生产问题。解决措施主要有：首先从源头控制天宏焦化的焦炉煤气运行指标，防范原料气中的氧含量频繁波动；同时因实际运行中原料气的氧含量比设计值高的问题，对现有脱氧系统的钯催化剂进行重新配置，解决氧含量超出正常情况下的处理瓶颈；对脱氧系统进行常规运行，以保证产品氢中氧含量长期控制在要求之内。

b. 除油器飞温问题。通过取样分析除油器中焦炭、活性炭中硫和碳情况可知，在再生的过程中由于没有把床层内的热量及时带出，且床层有焦油、萘等高分子烃类和硫化物，在逆放气中有氧条件下，硫化物会产生单质硫，活性炭的自燃温度较低（通常在 400℃左右），最终超过燃点导致飞温。所以保证除油器系统再生彻底，减少除油器中的水、苯、萘、高碳烃物质的积累，提高吸附剂活性是关键。解决措施：在除油器内吸附剂配置上杜绝存在飞温的可能性，如增加氧化铝、去掉水分、杜绝单质硫的生成。将原有的 2 塔除油系统改为塔流程，这样可以实现不停车更换吸附剂和检修，提高装置的可靠性和连续生产能力。

c. 冷冻分离系统。该技术是国内首次把冷冻分离技术大规模地运用到工业生产中，该技术采用冷冻盐水将原料气两级降温，利用原料气中各组分的饱和蒸气压不同进行杂质分离，将原料气中的萘等杂质冷凝后结晶并经过气液分离器进行分离、脱除。在实际生产过程中，理论计算值与实际生产值存在一定差别，不能指导生产。如冷冻分离需多长时间再生，冷冻分离对萘脱除至多少才进入除油器，都没有一个量的概念。解决措施是在冷系统前增加冷却器，以保证将原料气冷却温度。增加冰机和强制性风冷塔，改变制冷机组制冷量。

d. 两套 PSA 工序产能下降。吸附剂失活，当无机硫在含氧和水的环境下，会有少量的化学硫氧化生成单质硫并沉积于吸附剂的微孔中，随着时间的推移，生成的单质硫会逐渐堵塞吸附剂的微孔，从而使吸附剂慢慢失活。对于不同的吸附剂其失活的时间不同，活性炭类吸附剂由于其孔结构中中孔较多，生成的单质硫大部分可以经过加热再生出来。但吸附剂每再生一次后其吸附容量会逐渐下降，故其失活的时间会较长一些。如分子筛类吸附剂因其微孔较多、中孔较少，一旦吸附硫单质就会完全失活。预处理系统穿透，现装置因原料气中 $\varphi(H_2S)$ 在 $4000 \sim 5000mg/m^3$，焦油、萘、氧含量较高，加上压缩后冷却器偏小，预处理效果不好，使大量焦油、萘等类杂质聚集到 PSA 吸附剂微孔中，导致 PSA 吸附剂性能迅速下降而失效，进一步影响下段 PSA 吸附剂的性能，致使装置生产能力迅速下降，长久运行将影响到产品质量。解决措施为：更改吸附剂配置，使其适合现有工艺条件。

e. 改进、优化部分设备。电捕焦油器：电压 $35 \sim 45kW$，配置不高，导致电场除焦能力低等，通过采用提高电压配置操作，提高电场强度、电晕分离，达到杂质分离目的；同时在电捕焦油器入口设置旁路，便于电捕焦油器的在线检修，达到备台要求。螺杆压缩机的选型与密封制造系统不配套导致漏气、漏油、影响润滑油油质等问题，后冷却器换热面积小无法保证气液分离器的油气分离，导致喷油系统、螺杆机非正常使用，同时严重影响冰机的制冷效果等。解决措施主要有系统增加冷却器，以保证原料气冷却温度；同时，通过国内技术调研、设备选型与密封制造系统配套，避免漏气、漏油问题。

f. 公用工程满足生产正常应用。公用工程是保证工艺技术正常发挥、生产稳定、长周期的基本条件，解决措施如下：循环水系统通过新增凉水塔改变原有温度差，满足工艺要求，并通过加药系统解决循环水水质问题；增加了一台管式炉，用来提高低压蒸汽的吹扫温度；通过新增一套溴化锂冰机设备提高冷源能力，做好原料气预处理。

3.1.2.3 用于氢冶金还原气的煤气量

我国焦化行业产能概况见表 3.10，某长流程钢厂煤气平衡表见表 3.11。结果表明，年产 700 万 t 钢厂钢铁生产消耗的煤气占 58.5%，剩余煤气占 41.5%，剩余煤气的高效资源化利用具有十分重要的意义。

表3.10 截至2017年底我国焦化行业产能

全国焦化生产企业470多家，焦炭总产能6.5亿t	常规焦炉产能56000万t，其中：钢铁焦化产能约占32%，独立焦化产能约占68%	山西、河北产能超过1亿t，山东、陕西、内蒙古产能超过5000万t
	半焦（兰炭）产能7000万t	主要集中在陕西、内蒙古、宁夏、山西及新疆等地区
	热回收焦炉产能1900万t	主要在山西、山东等地区
焦炉煤气制甲醇产能	1300万t左右	
焦炉煤气制天然气产能	50多亿m³/a	40余套装置投产运行

表3.11 某长流程钢厂煤气平衡表

序号	名称	生产量	单产煤气（单耗煤气）	煤气热值	煤气种类	年总产煤气（年总耗煤气）	比例
		万t/a	GJ/t	kJ/m³（标）		万GJ/a	%
1	煤气发生						
1.1	焦炉	210	7.52	17900	COG	1579.2	30.52
1.2	高炉	600	5.09	3350	BFG	3054	59.01
1.3	炼钢	712.8	0.76	7200	LDG	541.7	10.47
	发生合计					5174.9	100
2	煤气消耗						
2.1	焦化	210	0.91	17900	COG	191.1	14.65
			2.7	3350	BFG	567	
2.2	球团	180	0.81	17900	COG	145.8	2.82
2.3	烧结	869.5	0.15	18820	COG	130.4	2.52
2.4	高炉	600	0.02	18820	COG	12	22.96
			1.96	3350	BFG	1176	
2.5	炼钢	712.8	0.11	17900	COG	78.4	1.51
2.6	连铸	695	0.06	17900	COG	41.7	0.81
2.7	大H型钢	220	0.97	3350	BFG	213.4	4.12
2.8	中H型钢	180	0.98	3350	BFG	176.4	3.41
2.9	中小H型钢	140	0.98	3350	BFG	137.2	2.65
2.10	小型钢	120	0.91	3350	BFG	109.2	2.11
2.11	矿渣微粉	90	0.54	3350	BFG	48.6	0.94
	消耗合计					3027.2	58.50
3	剩余煤气					2147.7	41.50

注：COG为焦炉煤气，BFG为高炉煤气，LDG为转炉煤气。

3.1.2.4 焦炉煤气质量和价格

煤气净化装置是焦化厂的重要组成部分之一，该装置不仅要高效地净化焦炉生产的荒煤气，制取优质的焦炉煤气产品，而且还要回收生产煤焦油、硫（硫酸/硫黄）、氨（硫酸铵/无水氨）、焦化苯等煤化工产品，以满足用户对焦炉煤气和煤化工产品的高质量要求。常见焦炉煤气的成分和杂质含量分别见表3.12和表3.13。各钢铁企业的焦炉煤气价格不一，价格区间在0.5～1.0元/m³（煤气）。

表3.12　焦炉煤气成分

成分	H_2	CH_4	CO	C_2H_4	C_2H_6	C_3H_6	N_2	CO_2	O_2
含量(摩尔分数)/%	55 ~ 60	25 ~ 30	5 ~ 7		2 ~ 3		2.5 ~ 3.5	2 ~ 3	0.1 ~ 0.3

表3.13　焦炉煤气杂质含量

组成	焦油	H_2S	NH_3	萘	苯
含量/(g/m³)	0.02	0.2	0.1	0.1	4

3.1.2.5　焦炉煤气净化技术及生产成本

煤气净化工艺技术主要取决于脱硫、脱氰和脱氨工艺，广泛应用的煤气净化主流工艺主要有：采用氨法湿式氧化脱硫脱氰工艺的煤气净化工艺、采用钾法湿式吸收真空解吸脱硫脱氰工艺的煤气净化工艺、采用钠法湿式吸收-空气催化氧化再生脱硫脱氰工艺（ADA、PDS、栲胶）的煤气净化工艺等。

氨法湿式氧化脱硫脱氰工艺是以氨为碱源、HPF为催化剂（复合型）的湿式液相催化氧化脱硫脱氰工艺。与其他催化剂相比，不仅对脱硫脱氰过程起催化作用，而且对再生过程也有催化作用。因HPF催化剂具有活性高、流动性好等优点，从而可减缓设备和管道的堵塞。整个反应可分为吸收反应、催化化学反应、催化再生反应和副反应。在脱硫脱氰过程中，循环脱硫液中盐类积累速度缓慢，废液量较其他湿式氧化法少。因此脱硫脱氰废液的处理简单，可直接掺入炼焦配煤中。研究表明，在焦炉的炼焦条件下，掺入配煤中脱硫废液的盐类，在炭化室内高温裂解生成H_2S后，大部分进入荒煤气中，仅有极少部分与焦炭反应。所得焦炭含硫量仅为0.03% ~ 0.05%，焦炭强度和耐磨性等指标也无明显变化。而废液中的NH_4CNS，在高温裂解时转化为N_2、NH_3和CO_2，并不转化为HCN。因此，煤气脱硫脱氰装置中不会产生NH_4CNS的积累问题。采用氨法湿式氧化脱硫脱氰工艺的煤气净化工艺流程见图3.10。

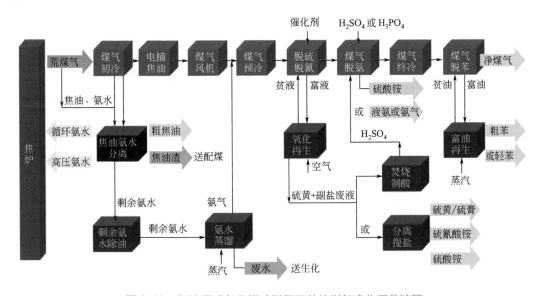

图3.10　氨法湿式氧化脱硫脱氰工艺的煤气净化工艺流程

采用钾法湿式吸收真空解吸脱硫脱氰工艺的煤气净化工艺流程见图 3.11。真空碳酸钾法脱硫其主要工作原理为以下 3 个可逆反应：a. 通过分离反应场所，提供反应有利条件，实现高效脱硫和解吸；b. 在脱硫塔内为正压放热反应，塔内为正压低温吸收环境，吸收煤气中的酸性气体；c. 在再生塔内真空条件下，塔内为负压（-85kPa）、加热（60℃）、高温环境，吸热解吸出酸性气体[37]。

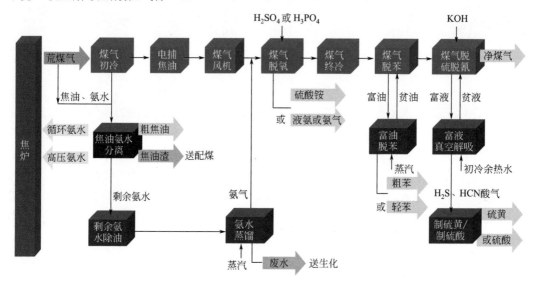

图 3.11　钾法湿式吸收真空解吸脱硫脱氰工艺的煤气净化工艺流程

从投资、生产运行和环保等方面对目前在焦化行业广泛应用的主流脱硫工艺进行比较，主要为以下三种脱硫工艺：HPF 脱硫配低品质硫黄及脱硫废液制酸工艺、真空碳酸钾脱硫配制酸 + 干法脱硫工艺、ADA 脱硫配提盐工艺。

（1）HPF 脱硫工艺

HPF 脱硫工艺采用 HPF 复合催化剂，它是以氨为碱源液相催化氧化脱硫工艺，与其他催化剂相比，它对脱硫和再生过程均有催化作用（脱硫过程为全过程控制）。因此，HPF 与其他催化剂相比具有较高的活性和较好的流动性。

HPF 法脱硫工艺具有如下优点：①脱硫脱氰效率较高，三级脱硫后煤气含 H_2S 可降至 20mg/m³ 以下；②该工艺比 ADA 法废液积累缓慢，因而废液量相对较少；③工艺流程简单、占地小、投资低；④原材料和动力消耗低；⑤脱硫废液与低品质硫黄制浆液生产硫酸，产品硫酸作为硫铵单元的原料。

（2）真空碳酸钾脱硫配制酸 + 干法脱硫工艺

真空碳酸钾法脱硫是使用碳酸钾溶液直接吸收煤气中的 H_2S 和 HCN，属于湿式吸收法范畴。真空碳酸钾法脱硫产品为含 H_2S 和 HCN 的酸性气体，可以用接触法生产硫酸。真空碳酸钾法脱硫单元在粗苯回收单元后，位于焦炉煤气净化流程的末端。煤气通过脱硫塔与贫液（碳酸钾溶液）逆流接触，贫液吸收煤气中的酸性气体 H_2S、HCN，富液在再生塔进行再生。再生塔在真空和低温下运行，富液与再生塔底上升的水蒸气逆流接触，使酸性气体从富液中解吸出来。再生后贫液循环使用。为了使净化后煤气中 H_2S 含量达到 20mg/m³（标），需要在碳酸钾脱硫后配套干法脱硫。

真空碳酸钾法脱硫工艺具有如下优点[38—40]：①富液再生采用了真空解吸法，操作温度低，再加上操作系统中氧含量较少，故副反应的速度慢，生成的废液少，降低了碱的消耗，由于整个系统在低温低压下操作，对设备材质的要求也随之降低；②因系统为低温操作，所以吸收液再生用热源可由从集气管来的煤气供给，使用炼焦工程系统本身的能源，极大地降低了生产成本；③从再生塔顶逸出的酸性气体，经多次冷凝冷却并脱水后，浓度高，不仅减少了设备负荷，而且有利于酸性气体处理单元的稳定操作[41]。真空碳酸钾法脱硫工艺的缺点：①脱硫脱氰效率低，脱硫后煤气含 H_2S 指标为 $200mg/m^3$，要想实现煤气中 H_2S 含量降至 $20mg/m^3$，还需在碳酸钾脱硫后配套干法脱硫；②由于该法位于洗苯单元后即煤气净化流程末端，不能缓解洗苯单元前 H_2S 对煤气净化装置设备和管道的腐蚀。

（3）ADA 脱硫工艺

ADA 法脱硫工艺由脱硫和废液处理两部分组成，脱硫工艺是以钠为碱源、ADA 为催化剂的氧化法脱硫脱氰。钠法湿式吸收 - 空气催化氧化再生脱硫脱氰工艺见图 3.12。多数焦化厂、煤气厂的 ADA 脱硫单元均设置在洗苯后，废液处理采用蒸发、结晶法制取 $Na_2S_2O_3$ 和 NaSCN 产品。在吸收塔用循环脱硫液洗涤吸收煤气中的 H_2S、HCN，吸收了 H_2S、HCN 的循环脱硫液送再生塔用压缩空气进行再生，再生的循环脱硫液送回吸收塔顶部循环喷洒。浮于再生塔顶部的硫黄泡沫，自动流入泡沫槽，经加热搅拌、澄清分离，硫泡沫至熔硫釜加热熔融，再经冷却即为硫黄产品。泡沫槽的清液一部分流入反应槽，一部分送至废液处理部分，采用蒸发、结晶法制取 $Na_2S_2O_3$ 和 NaSCN 产品。

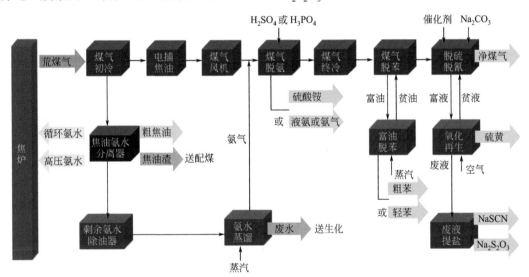

图 3.12 钠法湿式吸收 - 空气催化氧化再生脱硫脱氰工艺（ADA、PDS、栲胶）

ADA 法脱硫工艺具有如下优点：①脱硫脱氰效率较高，塔后煤气含 H_2S 可降至 $20mg/m^3$ 以下；②工艺流程简单、占地小、投资低。ADA 法脱硫工艺的缺点：①以钠为碱源，碱耗量大，硫黄质量差，效率低；② ADA 脱硫单元位于洗苯后即煤气净化流程末端，不能缓解洗苯单元前 H_2S 对煤气净化装置的设备和管道的腐蚀；③废液难处理，必须设提盐单元[42]，提盐单元操作环境恶劣，而且生产的 NaSCN 和 $Na_2S_2O_3$ 产品市场容量有限，销售困难。

由于各企业所采用的工艺不同，公辅价格也有所差距，所以煤气的生产成本也有所区

别，大约在 0.20～0.40 元 /m³（煤气）。HPF 脱硫配制酸工艺、真空碳酸钾脱硫配制酸 +
干法脱硫工艺、ADA 脱硫配提盐工艺等三种脱硫工艺的对比见表 3.14。

表3.14　三种脱硫工艺特点比较

项目	HPF 脱硫配制酸工艺	真空碳酸钾脱硫配制酸 + 干法脱硫工艺	ADA 脱硫配提盐工艺
碱源	以煤气中的氨为碱源，不需外加碱	以 KOH 为外加碱源	以 Na_2CO_3 为外加碱源
脱硫效率	脱硫传质推动力大，脱硫脱氰效率高	脱硫脱氰效率较低，需配套干法脱硫将煤气中 H_2S 降至 $20mg/m^3$	脱硫传质推动力大，脱硫脱氰效率高
净煤气指标	$H_2S \leqslant 20mg/m^3$；$HCN \leqslant 300mg/m^3$	$H_2S \leqslant 20mg/m^3$；$HCN \leqslant 300mg/m^3$	$H_2S \leqslant 20mg/m^3$；$HCN \leqslant 300mg/m^3$
操作环境	硫黄离心分离及废液浓缩区域有气味，操作环境一般	比较好	提盐操作环境比较差，间歇操作，需大量人工，类似于手工作坊
二次污染	基本没有二次污染	真空碳酸钾少量废液排入蒸氨，会影响废水含氰；干法脱硫的脱硫剂难以处理	基本没有二次污染，需解决劣质硫黄和盐的销路问题
循环经济	自产硫酸用于硫铵生产，还自产蒸汽并网	自产硫酸用于硫铵生产，还自产蒸汽并网。利用荒煤气余热作为脱硫解吸热源，蒸汽消耗少，节省能源	劣质硫黄、盐外卖
检修备用	制酸单元检修时，废液设事故槽储存	制酸单元检修时，真空碳酸钾解吸出来的硫化氢酸气无法处理，回焦炉加热造成烟道气 SO_2 超标	提盐检修时，设事故槽储存废液
操作复杂程度	HPF 脱硫单元操作比较容易，但硫黄及脱硫废液制硫酸单元操作难度大	操作难度中	ADA 脱硫单元操作比较容易，但提盐单元操作难度较大，且劳动定员多

3.1.2.6　焦炉煤气重整技术及生产成本

焦炉煤气含有约 55% 的氢气和 25% 的甲烷，是一种潜在的制氢原料 [43]。分析表明，利用焦炉煤气制氢不仅能取得很好的能量效益，还能减少温室气体的排放，是一个特别值得考虑的产氢途径。目前，从焦炉煤气中提取氢气的方法一般是先将焦炉煤气脱除杂质，净化的煤气利用变压吸附法（pressure swing adsorption，PSA）得到氢。焦炉煤气中除本身含有 H_2 外，还可用来制 H_2，其含有 CH_4 和 CO，如果把这些含能组分用合适的重整工艺来制氢，制氢量要高于焦炉煤气本身含氢量，可使氢气的获得率成倍提高。因此，焦炉煤气重整制氢技术显得尤为重要。

（1）变压吸附制氢

由于焦煤质量有高低之别，并且焦化过程不尽相同，受这两种因素影响，焦炉煤气状态会失去稳定性，一旦焦炉煤气制氢期间长时间接触空气，极易发生爆炸现象 [44]。加上焦炉煤气组分种类较多，其在净化处理过程中应对杂质高效处理，并合理设计制氢工艺流程（见图 3.13），选择优质焦煤，以此提高氢气纯度。其中，第一道工序主要以去除苯、NH₃、萘、H₂S、焦油为目标，并将其输送至第二道工序；第二道工序负责深入去除有害成分，具体包括气体机油、苯、硫化物、焦油、高级烃类、萘等；第三道工序负责去除杂质，确保提取高浓度氢气；最后一道工序主要去除些许水分和氮气，确保氢气纯度达到要求的标准[45]。

变压吸附工艺：应用于该工艺的吸附剂只能吸附定量杂质，因此，应做好深度吸附相关操作。在这一过程中，首先进行降压操作，针对塔内氢气通过顺向、逆向降压操作回收；然后冲洗吸附剂杂质；最后做好冲压准备。

变温吸附工艺：该工艺持续运转的过程中，高效应用预处理器，同时，对塔进行吸附、逆向放压、温度增加、温度冷却、压力增加这一步骤的处理。脱氧干燥工艺：增加适量催化剂，借助催化反应完成杂质吸附目的，从而氢气得到浓缩和提纯，氢气纯度可达99.9% 以上。作为产品，成本约 0.8 元 /m³（氢气）。

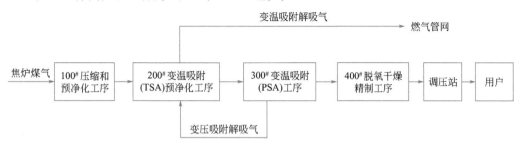

图 3.13　焦煤煤气变压吸附制氢工艺

（2）重整制氢

重整制氢的工艺过程包括焦炉煤气预处理系统、压缩系统、干法精脱硫系统、纯氧转化系统、变压吸附提氢系统。

① 焦炉煤气预处理系统

焦炉煤气进入并联除焦油和萘系统，在此除去焦炉煤气中的大部分萘、焦油及粉尘。经吸附处理后的焦炉煤气中萘含量降至 4mg/m³(标) 以下，焦油和粉尘降至 1mg/m³(标)以下。

② 焦炉煤气压缩系统和净化系统。变温吸附技术（temperature swing adsorption，TSA）的基本原理是利用吸附剂对气体的吸附容量随温度的变化而有较大差异的特性，在吸附剂选择吸附的条件下，常温吸附高沸点组分，高温脱附这些杂质组分，使吸附剂得到再生，循环操作达到连续净化原料气的目的[46]。

通过 TSA 工艺将原料气经变温吸附脱苯处理，脱除其中的苯，以及少量的萘和焦油等；TSA 系统将原料气通过杂质脱除系统和杂质回收处理系统进行处理，达到脱除杂质、净化原料气的目的。净化后原料气中总硫含量≤ 0.1mg/m³(标)。

③ 焦炉煤气纯氧转化系统。精脱硫后的焦炉煤气与部分转化用中压蒸汽混合，进入综合加热炉加热到约 650℃后进入纯氧转化炉顶部。来自空分的氧气与部分 3.82MPa、450℃的中压过热蒸汽混合后得到约 307℃的蒸氧混合气，蒸氧混合气从转化炉烧嘴进入转化炉，在转化炉烧嘴出口处与进入转化炉的蒸焦混合气混合燃烧，然后在转化炉中下部转化催化剂作用下发生甲烷转化反应，反应后的转化气由下部进入转化气热回收系统。

转化气热回收系统按顺序设置有转化气蒸汽发生器、给水加热器、加压塔再沸器、预塔再沸器、脱盐水加热器、水冷却器、气液分离器等。转化气经转化气蒸汽发生器、给水加热器、加压塔再沸器、预塔再沸器、脱盐水加热器回收热量后，再经水冷却器将转化气冷却至小于 40℃，进入气液分离器分离掉冷凝水，转化气经常温 ZnO 脱硫剂将总硫脱至小于 0.1ppm、并经过滤器过滤掉可能夹带的粉尘后送后续工序。

④ 焦炉煤气变压吸附提氢系统。变换气在 1.7MPa、20～40℃下进入变压吸附工序提纯氢气。在 PSA 系统中，每台吸附器在不同时间依次经历吸附、多级压力均衡降、顺放、逆放、冲洗、多级压力均衡升、最终升压。逆放步骤排出吸附器中吸留的部分杂质组分，剩余的杂质通过冲洗步骤进一步完全解吸。在逆放前期压力较高阶段的气体进入缓冲罐，在装置无逆放或冲洗气较少时送入混合罐，以保证混合罐中任何时候进气均匀，以减小混合罐的压力波动；在逆放后期压力较低部分的气体和冲洗部分的气体进入解吸气混合罐，解吸气经过解吸气缓冲罐和混合罐稳压后送出界区。经过变压吸附得到的 99.99% 纯氢气，压力约为 1.6MPa，送出界区。吸附尾气用作燃料。成本约 0.6 元 /m³（氢气）。

3.1.3　核能制氢技术调研

3.1.3.1　核能制氢的原理和方法

氢气作为一种二次能源或能源载体，需要利用一次能源从含氢物质中制取。核能制氢就是利用核反应堆产生的热作为一次能源，将含氢物质水或化石燃料分解制备出氢气的一种工艺技术[47—48]。

目前广泛用于发电的压水堆等堆型，利用高温蒸汽作为热载体，由于出口温度相对较低，主要用于发电。第四代核能系统论坛（GIF）筛选了六种堆型（包括钠冷快堆、气冷快堆、铅冷快堆、熔盐堆、超临界水堆、超 / 高温气冷堆）作为未来发展的方向，除了经济性、安全性、可持续性等目标要求外，希望能有效拓展核能在非发电领域的应用。在这六种堆型中，超 / 高温气冷堆由于具有固有安全性、高出口温度、功率适宜等特点，被认为是非常适合用于制氢的堆型。在 GIF 中专门设置了高温堆制氢项目管理部，协调国际上核能制氢相关的国家交流与合作。

图 3.14 为利用核能制取氢气的技术路线。在图中，核热辅助的烃类重整制氢方法，利用高温气冷堆的工艺热代替常规技术中的热源，可部分减少化石燃料的使用，也相应减少部分 CO_2 排放。利用核能发电再用常规水电解制氢，是已成熟技术的结合，但从一次能源转化为氢能的效率较低。在一些压水堆发电能力过剩、需要扩大电能使用或者特殊应用的场合，可利用电解制氢技术实现储能或者把制取的氢气供给需要的用户。要实现核能到氢能的高效转化，必须部分或全部利用核热，减少热 - 电转换过程的能量损失。目前研发的主流核能制氢技术包括热化学循环（碘硫循环和混合硫循环）和高温水蒸气电解技术。

（1）碘硫循环制氢

碘硫循环（IS cycle）由美国通用原子公司（GA）最早提出，被认为是最有应用前景的核能制氢技术。该循环由三步反应相耦合，组成一个闭合过程，净结果为水分解为氢气和氧气。这样可将原本需要在 2500℃以上高温下才能进行的水分解反应在 800～900℃下得以实现。

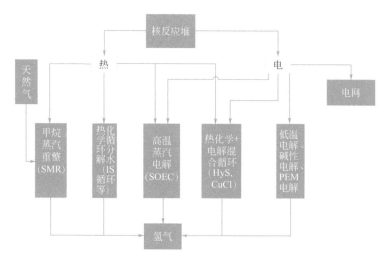

图 3.14 核能制氢技术路线

以高温气冷堆为热源,碘硫循环制氢过程的原理见表 3.15 和图 3.15。碘硫循环以硫酸分解作为高温吸热过程,可与高温气冷反应堆出口温度 900℃ 良好匹配,预期制氢效率可达 50% 以上。整个过程可全流态下运行,易于实现放大和连续操作,适于大规模制氢。在整个制氢过程中基本可以消除温室气体排放。

表3.15 碘硫循环制氢工艺原理

Bunsen 反应	$SO_2+I_2+2H_2O \Longrightarrow H_2SO_4+2HI$	20 ~ 120℃
硫酸分解反应 (产生氧)	$H_2SO_4 \Longrightarrow SO_2+1/2O_2+H_2O$	830 ~ 900℃
氢碘酸分解反应 (产生氢)	$2HI \Longrightarrow H_2+I_2$	400 ~ 500℃

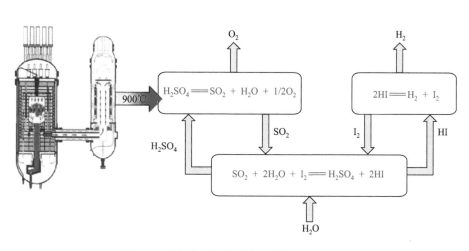

图 3.15 高温气冷堆碘硫循环制氢原理示意图

（2）混合硫循环制氢

混合硫循环（HyS cycle）最初由美国西屋公司提出,是筛选出的另一种有工业应用前景的核能制氢流程,其原理如图 3.16 所示。

HyS 循环包括如下两步反应。

SO_2 去极化电解：$SO_2 + 2H_2O \Longrightarrow H_2SO_4 + H_2$　$30 \sim 120℃$

硫酸分解反应：$H_2SO_4 \Longrightarrow H_2O + SO_2 + 1/2O_2$　约 $850℃$

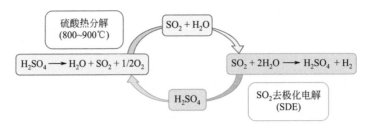

图 3.16　混合硫循环原理示意图

SO_2 电解产生硫酸和氢气，硫酸分解产生 SO_2 再用于电解反应，如此组成闭合循环，净结果为水分解产生氢气和氧气。循环只有两步过程，同时利用高温热和电，其效率远高于常规电解，又可部分避免纯高温热过程带来材料和工程问题。

（3）高温水蒸气电解制氢

固体氧化物电解池（SOEC）电解水制氢是目前发展的固体氧化物燃料电池[49]（solid oxide fuel cells，SOFC）的逆运行，基本过程如图 3.17 所示。水蒸气进入 SOEC 氢电极，与外电路提供的电子结合，发生还原反应生成氢气，同时产生氧离子；氧离子在外加电场作用下，经电解质层中的氧空穴传递至氧电极，随后发生氧化反应生成氧气，失去的电子回到外电路，形成闭合回路。

利用如图 3.17 所示的固体氧化物电解池（SOEC）实现高温水蒸气电解。与常规电解相比，所需能量一部分以热的形式供给，因此过程效率可显著提高。

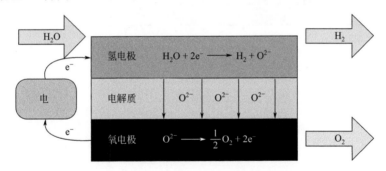

图 3.17　固体氧化物电解制氢原理示意图

3.1.3.2　核能制氢技术研发和试验现状

在可用于核能制氢的反应堆堆型中，高温气冷堆因其高出口温度和固有安全性等优势，被认为是最适合用于制氢的堆型。核能制氢是高温气冷堆除发电外最重要的用途，将为未来高温堆工艺热的应用拓展新领域。核能制氢技术研发既有利于保持我国高温气冷堆技术的国际领先优势，也为未来氢气的大规模供应提供了一种有效解决方案，对实现我国未来的能源战略转变具有重大意义。

（1）国内核能制氢技术研发和试验现状

我国从二十世纪七八十年代即开始了高温气冷堆技术的研究。1995 年作为国家"863

计划"重点项目的高温气冷实验堆（HTR-10）在清华大学核研院开始建设，1999 年实现临界，2003 年实现满功率运行，标志着我国在这一先进堆型的研发方面进入世界先进行列。

2006 年，《国家科技发展中长期规划（2006～2020）》将"高温气冷堆示范电站"列入国家科技重大专项，总体目标是建设 200MW 高温气冷堆示范站，并开展核能制氢和氦气透平等前瞻性技术的研发。

清华大学核能制氢的研发起步于"十一五"期间，对核能制氢的主流工艺——热化学循环分解水制氢和高温蒸汽电解制氢进行了基础研究，建成了原理验证设施并进行了初步运行试验，验证了工艺可行性。

"十二五"期间，国家科技重大专项"先进压水堆与高温气冷堆核电站"中设置了前瞻性研究课题——高温堆制氢工艺关键技术，并在"高温气冷堆重大专项总体实施方案"中提出"开展氦气透平直接循环发电及高温堆制氢等技术研究"，为发展第四代核电技术奠定基础。主要目标是掌握碘硫循环和高温蒸汽电解的关键工艺技术，建成实验室规模碘硫循环台架，实现闭合连续运行，同时建成高温电解设施并进行电解实验。

清华大学核研院对碘硫循环的化学反应和分离过程进行了系统研究，包括多相反应动力学、相平衡、催化剂、电解渗析、反应精馏等，同时解决了循环闭合运行涉及的过程模拟与优化，强腐蚀性、高密度浆料输送，在线测量与控制等多方面工程难题。在工艺关键技术方面取得了多项成果，包括：①建立了碘硫循环涉及的主要物种的四元体系四面体相图，提出相态判据，建立了组成预测模型，并开发为相态判断的软件，可为循环闭合操作时的相态及组成预测提供指导；②开发了可在高温、强腐蚀环境下使用的高性能硫酸和氢碘酸分解催化剂，可实现两种酸的高效分解，且催化剂在 100h 寿命试验中性能无明显衰减；③开发了用于氢碘酸浓缩的电解渗析堆及物性预测、传质、操作电压计算的模型与软件，成功用于解决氢碘酸浓缩的难题；④建立了碘硫循环全流程模拟模型并开发为过程稳态模拟软件，经过实验验证了可靠性，该软件可用于进行碘硫循环流程设计优化与效率评估；⑤建成了产氢能力 100L(标)/h 的集成实验室规模台架，提出了关于系统开停车、稳态运行、典型故障排除等多方面的运行策略，并成功实现了计划的产氢率 60L(标)/h、60h 连续稳定运行，证实了碘硫循环制氢技术的工艺可靠性。

混合硫热化学循环制氢是另一种有工业应用前景的核能制氢工艺，其硫酸分解步骤与碘硫循环完全相同，再通过 SO_2 去极化电解（SDE）过程得到硫酸和氢气，形成闭合循环。对 SDE 进行了系统基础研究，研究了膜电极组件制备条件和电解过程工艺参数对电解性能的影响，得到了膜电极组件的最优制备方法。为确定电解过程阳极极化电势及其组成，建立了适应液态进料的 SO_2 去极化电解过程的原位电化学阻抗谱方法，并通过实验和计算相结合，解析出了电解过程各极化阻抗组成。研究结果表明，阳极极化过电势在电解电压中所占比例最高；电解反应动力学受到不同过程的控制。在较低电解电压下，SO_2 去极化电解反应的速控步骤为电化学极化过程；在较高电压下，速控步骤为电化学极化过程和浓差极化过程。为降低阳极极化过电势、降低催化剂成本，对 SO_2 去极化电解过程的新型催化剂进行了探索。利用浸渍还原法制备了活性炭负载的系列 Pt 基双金属催化剂，并对其结构、形貌、电化学性能等进行了研究。研究了不同条件下 SO_2 去极化电解反应的电流效率。通过测定电解池阴极出口气体产物组成和速率，证实了电解体系中 SO_2 跨膜扩散现象的存在和副反应的发生。对不同条件下的电流效率研究表明，采用低温、高电流密度的操作条件，电解池的电流效率接近 100%。

建立了电解过程计算半经验模型，将该模型与 Aspen Plus 结合，实现了对混合硫循环过程的整体模拟。利用该模型对建立的混合硫循环流程进行了物料平衡计算、灵敏度分析及制氢效率初步计算，为该流程的设计和优化提供了重要参考和有效工具。

水蒸气高温电解具有过程简单、高效的优点。固体氧化物电解池（SOEC）电堆是高温电解制氢技术的核心装置，由陶瓷电解池片、金属密封框、双极板、集流网、底板、顶板等多个组件构成。各个组件的材料组成，化学、物理及机械性能各异，且工作环境为高温（830℃）、高湿（水蒸气含量 >70%）的苛刻条件。在对高温水蒸气电解特性深入研究的基础上，采用了创新性电堆结构设计，结合关键材料筛选、运行工艺摸索，解决了电堆组件热膨胀系数匹配、电堆密封、电堆电性能改进、电堆机械定位等多项技术难题，成功设计和制备出性能优良的电解池堆。还完成了实验室规模的高温水蒸气电解制氢实验系统的设计、建造和运行调试。解决了水蒸气稳定供应和精准控制等难题，建立了可实现高温电解长期稳定运行的运行程序。在该测试平台上成功实现了 10 片电堆（电池片面积 10cm×10cm）的高效连续稳定运行，系统运行时间 115h，稳定产氢 60h，产氢速率 105L/h。研发电堆可以满足高温蒸汽电解高温、高湿环境的苛刻要求，电池堆结构设计具有创新性和技术可靠性，测试系统运行正常、过程控制稳定。

"十三五"期间，高温堆制氢关键设备研究继续得到国家科技重大专项的支持，清华大学重点对碘硫/混合硫循环技术进行了研发，主要内容及进展如下：

① 热化学循环制氢工程材料的筛选与评价。已考察了多种材料在硫酸和氢碘酸等不同介质和工况下的耐腐蚀性能，基本确定了碘硫循环各单元可用的工程材料。

从前期对高温堆碘硫循环制氢材料文献调研及对备选材料的国内外供应情况来看，目前大部分反应器结构材料国内可以提供，少数反应器材料需要进口，国内也有相应产品，但需要验证。个别材料的性能需要进一步研究确认。

② 热化学循环制氢技术关键设备的科研样机研制。研制了氦气加热的换热式硫酸分解器和氢碘酸分解器科研样机。解决高温、高压、强腐蚀条件下，实现 H_2SO_4 和 HI 酸催化分解设备的模型建立、流体力学计算、温度分布、结构设计、多相流体换热、高效化学反应等科学问题，以及设备制造、密封等工程难题。同时开展了 SO_2 去极化电解电堆研发，构建了产氢率为 100L(标)/h 的 SO_2 去极化电解设施，成功进行了电解实验。

③ 高温氦回路研制及与换热式反应器的连接与性能研究。针对硫酸分解器、HI 分解器的结构特点与供热需求，解决高温氦气换热技术问题，尤其是特殊加热体和氦气管道的材质研究与筛选、供热 / 保温策略研究、关键设备选型等。

④ 高温堆制氢安全特性分析。建立了碘硫循环制氢流程稳态模拟和动态模拟的模型，完成了系统模拟。完成了基于制氢厂概念设计的安全分析，研究了高温堆与制氢厂耦合时的相互影响，分析了可燃性气体和有害化学气体的扩散及反应堆的影响，并评价了高温堆产氚对制氢厂最终产品的影响，提出了热化学循环制氢厂非核设计的对策。

⑤ 热化学循环制氢中试厂概念设计。完成了目标产氢率 100m³(标)/h 的碘硫循环和混合硫循环的概念设计，包括工艺流程图、物料与能量平衡、设备条件、公用工程、中试厂布置等。

（2）国外核能制氢技术研发和试验现状

国际上开展核能制氢研究的主要国家包括日本、美国、法国、韩国、加拿大等，有相对明确的国家计划和项目支持。此外，德国、意大利、印度、俄罗斯等也开展了相关的基础研究或工艺研究。

① 日本。20 世纪 80 年代至今，日本原子力机构（JAEA）一直进行高温气冷堆和碘硫循环制氢的研究。开发的 30MW 高温气冷试验堆（HTTR）反应堆出口温度在 2004 年提高到 950℃。JAEA 设计了氢电联产的商业反应堆 GTHTR300C，重点应用领域为核能制氢和氦气透平。JAEA 先后建成了碘硫循环原理验证台架 [1L(标)/h]、实验室规模台架 [50L(标)/h H$_2$]，实现了过程连续运行。近年来建立了工程材料台架 [200L(标)/h]，正在进行材料检验、设备完整性、长时间运行、膜分离等研发工作，目的在于考察和验证设备的可制造性和在苛刻环境中的性能，并研究提高过程效率的强化技术。此外，还进行了过程的动态模拟、核氢安全等多方面研究。后续计划利用 HTTR 对核氢技术进行示范。同时，JAEA 还在进行多功能商用高温堆示范设计，用于制氢、发电和海水淡化，并且对核氢炼铁的应用可行性进行了设计和研究。

② 美国。进入 21 世纪，美国重新重视并开展核能制氢的研究，在出台的一系列氢能发展计划，如国家氢能技术路线图、氢燃料计划、核氢启动计划以及下一代核电站计划中，都包含了核能制氢的相关内容。研发集中在由先进核系统驱动的高温水分解技术及相关基础科学研究方面，包括碘硫循环、混合硫循环和高温电解。碘硫循环的研究由 GA、桑迪亚国家实验室和法国原子能安全委员会合作进行，2009 年建成了工程材料制造的小型台架并进行了试验。混合硫循环由萨凡纳河国家实验室和一些大学联合开发，成功研发了二氧化硫去极化电解装置。高温蒸汽电解主要在爱达荷国家实验室进行，开发了 10kW 级电解堆并在高温电解设施上进行了试验。

③ 法国。法国的核工业非常发达，对利用核能进行制氢的研究也很重视。法国原子能与可再生能源委员会（CEA）组织针对碘硫循环、混合硫循环、铜氯循环等进行了大量基础研究。除参与欧盟整体框架协议项目外，法国还与美国共同进行碘硫循环国际合作开发。近年来，法国能源政策希望降低核能依赖、提高可再生能源比例，CEA 相关研发重点转移到制氢规模相对较小、比较灵活的高温电解方面。

④ 韩国。韩国从 2004 年起开始执行核氢开发与示范（NHDD）计划，最终目标是在 2030 年以后实现核氢技术商业化。目前已确定了利用高温气冷堆进行经济、高效制氢的技术路线，完成了商用核能制氢厂的前期概念设计。核氢工艺主要选择碘硫循环。相关研究由韩国原子能研究院负责，目前在研发采用工程材料的反应器，建立了产氢率 50L(标)/h 的回路，正在进行闭合循环试验。韩国多个研发机构和企业共同成立了核能制氢产业联盟，对核能制氢在钢铁行业铁矿石富氢还原、纯氢还原上的应用进行了可行性研究。

⑤ 加拿大。加拿大天然资源委员会制定的第四代国家计划中，要发展超临界水堆，其用途之一是实现制氢。制氢工艺主要选择可与超临界水堆（SCWR）最高出口温度相匹配的中温热化学铜氯循环，也正在研究对碘硫循环进行改进以适应 SCWR 的较低出口温度。目前研发重点为铜氯循环，由安大略理工大学负责，加拿大国家核实验室（CNL）、美国阿贡国家实验室等机构参与。此外，CNL 也在开展 HTSE 的模型建立及电解的初步工作。

3.1.3.3 核能制氢的规模、效率和成本分析

由于核反应堆具有能量密度高、功率较大等特性，决定了以其为基础的核能制氢适合于进行大规模氢气生产。

根据氢气的热值和核能制氢的效率（大约按 40% 计算），可以估算出，反应堆 1MW 相当于产氢量 100m³(标)/h。目前我国设计的高温气冷堆标准电站 HTR-PM600，其电功率为 600MW，热功率为 1500MW，若全部用于制氢，则产氢能力可达 15 万 m³(标)/h，年产氢气约为 10 万 t。

采用热化学碘硫循环或混合硫循环核能制氢技术的效率，国内外进行了很多计算，认为在 38% ～ 48% 之间。中、日、韩等国研究者大都认为，40% 的核氢转换效率在工业上实现的可能性较大，在低碳制氢技术中也具有很强竞争力。关于核能制氢的成本，国际上进行了很多研究，国际原子能机构（IAEA）组织开发了主要用于核能制氢经济评价的软件 HEEP（Hydrogen Economy Evaluation Program），美国、韩国也开发了评价模型。我国参与了 IAEA 组织的协调项目"核能制氢经济性评价"。在目前技术阶段，得到的经济性评价结果差异较大，成本大致在 2.4 ～ 5 美元 /kg（氢）范围。美国能源部提出的指导价格为 3 美元 /kg（氢）（参考天然气制氢加碳捕获技术的成本）。电解制氢成本主要取决于电能消耗，目前我国电解制氢电耗约 5kW·h/m³(标)（氢），仅电力部分的成本约 30 元 /kg（氢）[电价以 0.6 元 /(kW·h) 计]。

3.1.4　电解水制氢技术调研

3.1.4.1　我国绿色电能的来源分布场地与能力

我国风能、太阳能等绿色能源充足，风电、光伏发电廉价制氢发展潜力巨大。2020 年我国非化石能源比例已达到 15%，风电装机将达到 2.1 亿～ 2.5 亿 kW，光伏装机将达到 1.5 亿 kW。按照规划，到 2030 年，我国非化石能源比例要达到 20%，风电装机加光伏装机将达到 10 亿 kW。远期的风电装机和光伏装机分别达到 10 亿 kW 和 20 亿 kW。由于风电、光伏发电的地域、季节特征明显，电力输出的不确定性大，目前电力系统尚不能完全适应其大规模介入和消纳，因此怎样充分利用风、太阳能产生的电力，减少能源浪费，是亟待解决的问题。利用风电和光伏发电电解水制氢，将电能转化为可长期储存的氢气，既可为工业生产提供优质原料和二次能源载体，又可削峰填谷、消纳弃风弃光的电能、提高能源利用效率，是可再生电力利用的重要技术选择之一。

3.1.4.2　电解水制氢催化剂的研究与应用及实际转化效率

目前，根据使用电解质的不同，电解水技术主要有碱性水电解、聚合物电解质膜（PEM）水电解和高温固体氧化物水电解（SOEC）三种。其中，碱性水电解技术历史悠久，广泛采用镍合金电极材料，技术最成熟，生产成本较低，国内建成投产单台最大产气量为 1000m³/h；PEM 水电解技术流程简单、电流密度高、氢气纯度高，正在进入应用阶段，但需要使用贵金属催化剂等材料，成本偏高；SOEC 电解水，采用水蒸气电解，高温下工作，能效最高，但尚处于实验室研发阶段。

当前 PEM 电解水制氢催化剂研究重点方向是高催化活性、高稳定性、低成本。电解水催化剂主要可分为贵金属催化剂和非贵金属催化剂两大类[50]。

贵金属催化剂电导率高、化学稳定性好、性能更优良[51]。目前，贵金属 Pt 和贵金属氧化物 IrO_2、RuO_2 是催化活性最高的电解水催化剂。IrO_2 的氧析出催化性能略低于 RuO_2，但稳定性却更高；对氢析出，Pt 及其化合物催化性较好。但是贵金属资源有限、价格昂贵，大规模应用受限。为了降低电解水催化剂成本和满足大规模应用要求，寻找廉价、储量高、具有高催化活性的电解水催化剂成为研究热点。

过渡金属（铁、钴、镍、锰、钼、铜、锌、锂等）基催化剂，包括金属氧化物、金属氢氧化物、羟基氧化物、硫化物、硒化物、氮化物、磷化物等材料，作为电解水催化剂展现了优异的催化性能，有望成为贵金属催化剂的替代品。但目前，其催化性能仍很难与贵金属催化剂相媲美。

在提高催化剂活性方面，目前已有一些研究成果，如：催化剂多孔纳米结构调控、非金属元素（氧、硫、硒、硼、氮、磷等）或金属元素（镍、钴、铁等）的掺杂、复合结构的构建，以及采用商业化的二维、三维材料（泡沫镍、泡沫铜、泡沫碳、铜箔、碳纸、碳布等）作为集流体负载非贵金属等。其中，采用商业化的集流体负载高催化活性的电解水催化剂，是一种最有效的提高催化性能方法。首先，集成三维的催化剂通过在集流体上形成独立的膜可以直接作为工作电极，无需外来引入其他的聚合物黏合剂（如 Nafion）。其次，集流体可以提供更大比表面积、提高活性位点分散性、增强电解液的渗透和气体扩散，从而提高催化剂的催化性能。最后，三维集流体具有良好的导电性、快速的电子扩散路径和较高的机械强度，有利于电解水反应的进行。

我国水电解制氢装置的安装总量超 2000 套，制氢产能约每年 9 亿 m^3，还不到我国制氢产能的 1%。水电解制氢装置分为普通型和纯气型，产品氢气纯度分别为 99.7% 和 99.99%，杂质含量可根据用户要求商定。

水电解制氢的电能消耗主要是电解槽的直流电能消耗，《水电解制氢系统技术要求》（GB/T 19774—2005）中规定以单位氢气产量的直流电能消耗评定设备品质，设备品质等级见表 3.16。

表3.16　制氢设备能耗表

等级	优良	一级	二级 (A)	三级 (B)
氢气电能消耗 /(kW·h/m³)	≤ 4.4	≤ 4.6	≤ 4.8	≤ 5.0

对产氢量大于 60m³/h 的中大型电解水制氢装置，《水电解制氢系统能效限定值及能效等级》（GB/T 32311—2015）的规定见表 3.17。

表3.17　制氢系统能效等级表

能效等级	单位氢气电能消耗 /(kW·h/m³)	制氢系统能效值 /%
1	4.3	82
2	4.6	77
3	4.9	72

实测数据显示，国内主要电解水设备的直流能效在 71.5% ～ 77.9% 之间，以 2、3 能效等级为主。如何提高能量转化效率、降低电耗是各厂家关注的焦点。对水电解制氢，规定了氢气产量，通过电解小室的电量也就是定值，降低能耗的重点集中在电解小室的电压上。在常温常压下，仅通过电能来维持水电解为氢气的最低小室电压不可能小于 1.48V。无论碱性水电解制氢还是 PEM 水电解制氢，如不考虑变压器、整流部分、泵

和控制仪表的能量转化效率，在寿命期内两种装置的电解小室电压差不多，所以从能效上看相差不大。

3.1.4.3 氢气高效储存及运输技术

由于氢气的分子量小、气体密度低，其储运是制约氢能发展的最主要技术瓶颈之一，如何安全、高密度储存和运输氢气，是业界关注的重点。

（1）氢气储存

一般条件下氢以气态形式存在，储存困难。常用储存方法有 3 种方式，包括：高压气态储存、低温液氢储存和与固体结合储存（储氢合金、吸附材料等）。高压储氢已广泛应用，低温液态氢从航空航天逐渐扩展到工业应用，有机液态储氢和固态储氢尚处于示范阶段。多种储氢技术各有优缺点，有些技术比较成熟，如高压储氢、液氢储氢、金属氢化物储氢等，有些技术还在发展的初级阶段。

① 高压气态储存。高压气态存储是最普通和最直接的储氢方式[52]，储存压力一般为 12 ～ 15MPa，其应用广泛、简便易行，而且压缩储氢成本低、充放气速度快、常温下就可进行。缺点是能量密度低，当增大容器内气体的压力时，需要消耗较多的压缩功，而且存在氢气易泄漏和容器爆破等不安全因素。

氢气还可以像天然气一样使用巨大的水密封储存罐在低压下储存，此方法适合大规模储存气体时使用。

② 低温液氢储存。将氢气冷却到 −253℃变为液态，密度大大提高，是气态氢密度的 845 倍，然后将其储存在高真空的绝热容器中，对同等体积的储氢容器，其储氢量大幅度提高，从能量密度看是一种极为理想的储存方式。

氢的液化主要面临三个问题：a. 氢气的深冷液化能耗高，理论上液化 1kg 氢气约需耗电 4kW·h，占 1kg 氢气自身能量的 10%，而实际上约为此值的 3 倍，即占液化氢能的 30%；b. 液氢的储存和保养问题，由于液氢储存器内的温度与环境的温差大，对液氢的保冷、防止挥发、储存器材料和结构设计、加工工艺等提出了苛刻的要求，液氢储存容器必须使用耐超低温的特殊容器，需用多层绝热的真空夹套结构；c. 液氢在绝热不完善时会导致蒸发损失，因而其储存成本较高。高度绝热的储氢容器是液氢存储的关键。

③ 与固体结合储存。金属氢化物储氢的机理是在一定的压力和温度下，氢分子被吸附在金属表面后，离解成氢原子嵌入金属的晶格中形成含氢固溶体，随后固溶体继续与氢反应，生成金属氢化物，生成氢化物是一个放热的可逆过程，加热后氢化物即可释放出氢气。现在已研究成功的多种储氢合金可以分为四大类：a. 稀土镧镍等；b. 铁 - 钛系；c. 镁系；d. 钒、铌、锆等多元素系。目前在金属氢化物储存方面存在的主要问题是：储氢量低、成本高及释氢温度高，研究集中在稀土系和钛系合金。

近年来，碳质材料如活性炭、纳米碳纤维、富勒烯等被用作储氢材料，其可逆氢吸附过程是基于物理吸附的[53]。从当前研究文献报道的结果来看，普遍看好超比表面积活性炭的低温（液氮温度）、适度压力（< 6MPa）和新型碳纳米吸附材料的常温、较高压力（< 15MPa）两种储氢方式。超级活性炭、活性炭纤维、碳纳米管、硅凝胶、不饱和液体有机化合物、MOF 等固体材料，可以降低存储压力，提高安全性。

（2）氢的运输

氢气绝大多数是现场生产和消费（约85%），以及通过运输工具进行较长距离运输（约15%）。目前氢的运输方式主要有气态运输、液态运输和固态运输三种。气态运输包括移动运输、输氢管线等方法。

移动运输包括利用集装格、长管拖车等。集装格由多个水容积为40L的高压氢气钢瓶组成，充装压力通常为15MPa。集装格运输灵活，对于需求量较小的用户运输非常理想。长管拖车由车头和拖车组成，常用的管束一般由9个直径约为0.5m，长约10m的钢瓶组成，其设计工作压力为20MPa，约可充装氢气3500m³(标)。管束内氢气利用率与压缩机的吸入压力有关，大约为75%～85%，长管拖车运输技术成熟、规范完善，因此国外较多加氢站都采用长管拖车运输氢气。槽罐车的容量大约为65m³，每次可净运输约350～400kg氢气[54]。

输氢管线可将氢气像运输天然气一样用管道输送，目前世界上有近16000km氢气管道，主要位于化工厂和炼油厂。管道运氢成本低，使用寿命在40～80年之间。其中德国有条200多千米的输氢管道，主要用于化工厂，使用年限已超过40年，运行情况仍然良好。南非在20世纪90年代也建成了一条80多千米的输氢管道。可见氢气的管道输送技术较为成熟，但一般认为短距离较好，距离过长，要有中间加压措施，建造比较复杂。我国最长的氢气输送管道在巴陵石化，长42km。从管道输送氢气的技术发展、压力等级的提高和规模增加，预计将在未来输送氢气成本将接近天然气能量输送成本。

运输液态氢短距离可用专门的液氢管道输送，长距离用绝热保护的车、船运输。如国外已有3.5～80m³的公路专用液氢槽车；深冷铁路槽车也已问世，储液氢量可达100～200m³，可以满足用氢大户的需要，是较快速和经济的运氢方法。美国宇航局还专门建造了输送液氢的大型驳船，船上的杜瓦罐储液氢的容积可达1000m³左右，能从海上将路易斯安那州的液氢运到佛罗里达州的肯尼迪空间发射中心，比陆上运氢更加经济和安全。几种运氢方式的比较见表3.18。

表3.18 几种运氢方式比较

运输方式	运输工具	压力/MPa	载氢量/(kg/车)	体积储氢密度/(kg/m³)	质量储氢密度(质量分数)/%	成本/(元/kg)	能耗/(kW·h/kg)	经济距离/km
气态储运	长管拖车	20	300～400	14.5	1.1	2.02	1～1.3	≤150
	管道	1～4	—	3.2		0.3	0.2	≥500
液态储运	液氢槽罐车	0.6	7000	64	14	12.25	15	≥200
固体储运	货车	4	300～400	50	1.2	—	10～13.3	≤150
有机液体储运	槽罐车	常压	2000	40～50	4	15	—	≥200

3.1.4.4 电力输送、氢气输送以及直接还原铁输送成本比较

管道运氢的成本组成中包括压缩氢气所耗电费、管道折旧费和管道维护费，运输成本与运输距离之间呈正相关。以300mm直径的输送管网为例测算，每千米300万元，

每 100km 需要一个增压站，管道的成本达到每千克每百千米只要 0.7 元，这个是 200bar（1bar=10⁵Pa）长管拖车运输费用的 10%，是液氢运输费用的 50% 左右，由此可见管道运输成本优势明显。

罐车运氢成本包括压缩氢气所耗电费、设备折旧费、人工费、车辆成本等。100km 内罐车运氢的成本约为 6.93 元 /kg；100km 之后，运氢成本与运输距离之间呈正相关。

长距离（数百千米）电力输送既便宜又高效，成本为 0.035 ～ 0.14 元 /(kW·h)；依靠目前的技术，生产 1kg 氢气需要 50kW·h 的电，因此将上述成本进行折算，先输送电再制氢气成本大约为 1.75 ～ 7 元 /kg。且该成本与输送距离成反比，即距离越长，单位成本越低（见图 3.18）。由图可见，基于目前的技术条件，在距离小于 200km 之内，管道送氢成本更低；但距离更长（大于 200km），先输送电，再电解制氢成本明显更低。

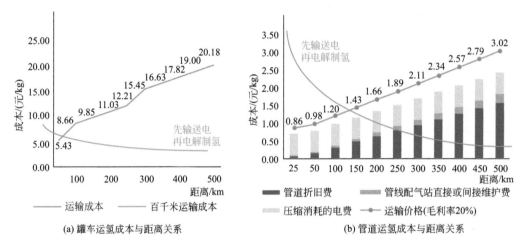

图 3.18　氢运输与电力输送成本比较

3.1.4.5　电解水制氢方案及还原气成本

已工业化应用的电解水制氢技术单位能耗在 4 ～ 5kW·h/m³，制氢成本受电价的影响很大，约占总成本的 70% 以上。若采用市电生产，制氢成本在 30 ～ 40 元 /kg，比化石能源制氢高很多。在电价低于 0.3 元 /(kW·h)，电解水制氢成本与传统化石燃料制氢接近。

表 3.19 给出了几种电解水制氢技术的对比。碱性水电解制氢技术自 20 世纪 20 年代工业化以来，应用较广泛，是一项成熟的工业技术。其操作范围从最小负荷 10% 到最大设计容量 110%。与其他电解槽技术相比，碱性水电解不使用贵重材料、设备投资较低、单套产氢规模最大，是目前工业应用的优先选择。

PEM 电解槽系统最早由通用电气公司于 20 世纪 60 年代开发，以纯水作为电解质溶液避免了氢氧化钾电解液的回收与循环。因体积小，在密集城市地区比碱性电解槽更受欢迎。它能够生产高度压缩的氢气，并且具有灵活的操作能力。工作范围可以从零负荷到设计容量的 160%。然而，它需要昂贵的电极催化剂（铂、铱）和膜材料，并且寿命比碱性电解槽要短。目前，PEM 电解槽的总成本高于碱性电解槽，单台产氢量较小，应用范围较窄。

表3.19　几种电解水制氢技术对比表

制氢技术	碱性水电解	PEM	SOEC
电解质	碱性电解液	质子交换膜 + 水	固体氧化物
隔膜	石棉或有机聚合物	特殊阳离子交换膜	阳离子导体
单台最大制氢能力 /(m³/h)	1000	200	实验室阶段
运行压力 /MPa	≤ 5.0	≤ 5.0	≤ 3.0
能量效率 /%	62 ~ 82	67 ~ 78	81 ~ 92
直流电耗 /[kW·h/m³(标)]	4.4 ~ 5.1	4.3 ~ 5.0	约 3.5
额定温度 /℃	85	55	500 ~ 1000
系统寿命 /a	20 ~ 30	10 ~ 20	—
氢气纯度 /%	≥ 99.8	≥ 99.999	—
投资	较低	较高	较高
应用领域	化工、电厂	燃料电池、高纯气体	太阳能光热发电
成本	成本低，碱液有腐蚀性	无腐蚀性，对水质要求高，成本为碱性槽 3 ~ 5 倍	—
技术成熟度	长期应用	开始应用	研发中

　　SOEC 是最不成熟的技术，尚未商业化。SOEC 使用固体氧化物作为电解质，材料成本低。在高温下作业使其具有很高的电气效率，但还需解决高温下材料降解等问题。因为用蒸汽电解，所以需要提供热源。

　　水电解制氢的生产成本受技术和工艺的影响，尤其是设备投资、转换效率、电力成本和年度工作时间。碱性水电解的设备投资为 500 ~ 1400 美元 /kW，PEM 电解为 1100 ~ 1800 美元 /kW，SOEC 电解槽估计范围在 2800 ~ 5600 美元 /kW。电解槽成本占碱性水电解总资本支出的 50%、占 PEM 电解系统的 60%。

　　未来降低成本有两条路径：一是技术创新（如开发成本较低的电极和薄膜材料），二是工业上采用规模经济（如开发容量更大的电解槽）。据美国能源署测算，当电解槽堆数量增加至 20 个时，碱性电解槽系统的成本可下降 20%；当电解槽堆数量增加至 6 个时，PEM 电解槽系统的成本可下降 40%。

　　随着电解槽运行时间的增加，设备投资对氢气成本的影响下降，而电力成本的影响上升。因此，生产低成本氢气要求电价低、电解槽运行时间长。在使用电网电力进行水电解制氢时，电解槽利用率的提高能使单位氢成本下降，能够达到 3000 ~ 6000 等效满载小时的最佳水平。除此之外，峰电的高价格会导致单位氢生产成本增加。在可再生资源丰富的地区建造电解槽制氢可大大降低太阳能发电和风力发电的成本，从而降低氢气总体成本。

　　参照我国风电上网标杆电价 0.4 ~ 0.57 元 /(kW·h)，光伏（普通）上网标杆电价 0.55 ~ 0.75 元 /(kW·h)，利用风电、光伏发电的水电解制氢成本分别为 24.25 元 /kg(H_2) 和 32.13 元 /kg(H_2)。表 3.20 为 1000m³/h 碱性电解水制氢装置的制氢成本估算。

表3.20　1000m³/h 碱性电解水制氢装置的制氢成本估算

电价 /[元 /(kW·h)]	0.1	0.2	0.3	0.4	0.5	0.6	0.7	0.8	0.9	1.0
成本 /[元 /kg(H_2)]	8.48	13.74	18.99	24.25	29.50	34.76	40.02	45.27	50.53	55.79

3.2 氢冶金竖炉炉料技术调研

氢冶金竖炉通常使用高品位块矿、氧化球团或两者的混合物作为入炉炉料。鉴于中国铁矿资源条件和国际市场的可供直接还原竖炉用高品位块矿供应情况，直接还原竖炉的原料采用氧化球团是我国目前的最优化选择。

一方面，自进入 21 世纪以来，钢铁产能在飞速上升，就中国来说，已经从 2000 年的 1.31 亿 t 增长到 7.71 亿 t，因此冶炼原料的需求量也一直在上升。另一方面，为了强化冶炼，整个钢铁行业都在实施"精料"方针，根据国际的要求，节能减排、保护环境也成了整个钢铁行业发展的方向。这使得球团在炉料中占比逐渐上升，世界各国对球团的需求量也在增加。

表 3.21 给出了近年来世界各国及各地区球团进出口量。可以发现，世界主要球团出口国集中在欧美地区，总出口量为 0.82 亿 t，占世界球团出口量的 74.1%。而亚洲是主要的球团进口地区，尤其是我国，虽然球团产量已经达到世界总球团产量的 28%，但依旧无法满足对球团的需求量。这主要是因为我国钢铁产能巨大，同时我国矿产资源多为贫矿，而且球团工艺发展不完备。表 3.22 给出了 2006 ~ 2015 年世界主要球团生产国家的产量。

表3.21　近年来世界各国家及地区的球团进出口量　　　单位：百万 t

地区	2015 年产量	2015 年出口量	2015 年进口量	2016 年产能
欧盟	25.3	6.1	37.8	33.2
欧盟外其他国家	1.5	—	6.0	1.5
独联体	66.1	25.0	2.0	80.4
北美自由贸易区	77.1	22.3	10.5	81.4
巴西	62.7	51.2	—	40.8
中南美洲	7.3	2.5	6.4	5.6
非洲和中东	37.2	0.2	14.2	48.0
印度	38.0	1.1	0.6	86.6
中国	125.0	—	23.7	310.0
日本	3.0	—	8.3	3.3
韩国	—		3.4	—
亚洲其他国家	4.0	2.3	3.8	4.3
总计	447.2	110.7	116.7	695.1

表3.22　2006 ~ 2015年主要球团生产国球团产量　　　单位：百万 t

地区	2006	2010	2011	2012	2013	2014	2015
瑞典	15.85	20.49	24.78	25.95	26.24	26.50	26.60
独联体	64.15	64.93	61.72	61.46	65.33	69.91	67.88
加拿大	26.78	24.94	26.33	26.43	26.43	26.43	26.43
墨西哥	14.36	13.25	14.34	14.98	14.50	15.94	16.28

地区	2006	2010	2011	2012	2013	2014	2015
美国	51.83	41.77	42.84	46.55	49.66	52.53	55.11
巴西	51.00	55.76	59.10	63.72	65.70	68.61	72.44
中国	75.47	124.50	128.37	142.53	157.39	171.58	185.86
印度	9.86	18.19	23.81	32.72	38.50	46.34	54.75
澳大利亚	2.88	4.44	4.87	4.84	5.32	6.35	8.39
合计	312.18	368.27	386.16	419.18	449.07	484.19	513.74

由上表可知，世界球团产量从 2006～2015 年已经增长 2.02 亿 t，增长比达 64.6%。这主要是由钢铁产品产能上升和高炉炉料结构发生变化引起的。而近几年来，我国在积极控制钢铁产能增速，严格把关钢铁产品质量，积极开展精料方针，优化钢铁冶炼工艺。球团作为优质的炼铁炉料，在未来发展中一定备受重视。

与传统高炉对原料的要求有所不同，直接还原炼铁工艺是不造渣、不熔化、在原燃料的熔化温度以下，将铁矿物还原成金属铁的方法 [55]。直接还原产品中几乎包含着含铁原料中全部的脉石和杂质。为了保证直接还原铁产品的品质，直接还原工艺对含铁原料，特别是对直接入炉铁矿球团的要求极为苛刻，不仅要求必须有足够高的含铁品位，尽可能低的有害杂质含量，还必须具有良好的冶金性能 [56—57]。

在直接还原时，含铁原料的主要化学变化是从铁氧化物中脱除氧，而所有杂质和渣仍留在直接还原产品中。因此，原料的铁含量应尽可能高，渣含量应尽可能低，这样才能使直接还原产品符合用户的要求。

3.2.1　高品位氧化球团制备工艺及设备

氧化球团的生产方法主要有竖炉法、带式焙烧机法以及链箅机-回转窑法。竖炉生产球团工艺由配料、烘干、润磨、造球、焙烧、冷却等环节组成，所需设备包括配料系统、润磨系统、造球系统、烘干系统、竖炉焙烧系统，以及辅助的煤气站、风机系统、循环系统、除尘及脱硫系统和熟球冷却系统。

竖炉法生产球团的工艺原理见图 3.19，工艺过程见图 3.20。竖炉法生产球团主要工艺过程为：①普通磁铁精矿（100%）要求品位在 63% 以上，矿粉粒度在 −200 目以下的占 85% 以上，膨润土配加 1%±0.2%，水分控制在 6%～7%。②在圆盘造球机上进行造球，矿粉借助于水在其中的毛细作用形成球核；球核在物料中不断滚动，粘附物料，球体越来越大，越来越密实。矿粉间借分子水膜维持牢固的黏结。采用亲水性好、粒度细、比表面积大和接角条件好的矿粉，加适当的水分，添加一定数量的黏结剂，就可获得有足够强度的生球。③将合格的生球送入竖炉进行焙烧，经过干燥（300～600℃）和预热（600～900℃）后在氧化气氛中焙烧，焙烧是球团固结的主要阶段。球团固结过程中，焙烧温度一般是 1000～1100℃。④焙烧后的球团由链板机送入带冷机进行冷却，然后送入熟球场堆放，完成球团生产。辅助设施主要有：煤气站消耗型煤生产煤气，供烘干和竖炉焙烧使用；风机系统负责给竖炉提供足够的冷却风和煤气助燃风，产生的废气从竖炉顶部用抽风机抽出，经除尘和脱硫处理后烟尘达标排放；循环水冷却系统由水泵向竖炉大小水梁提供冷却水，保证竖炉正常运行。由于竖炉法对原料要求苛刻、对原料的适应性差、对生球的强度要求高，且因装备条件的限制使焙烧热气流的分布难以均匀，从而造成产品的均匀性差、质量不稳定、难以大型化问题，已逐步退出市场。

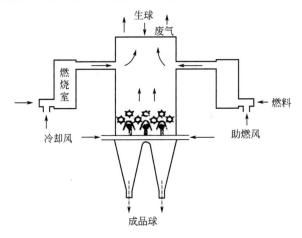

图 3.19 竖炉法生产球团工艺原理

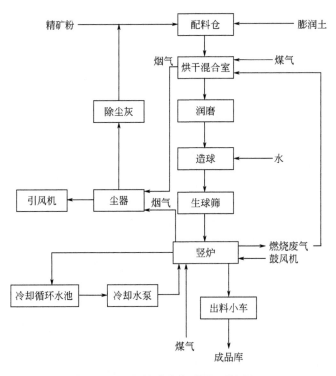

图 3.20 竖炉法生产球团工艺过程

　　带式焙烧机法由于生产工艺对生球强度的要求宽松，进而对矿粉的要求也相对宽松，且生产稳定，曾是氧化球团生产的主要方法。带式焙烧法生产球团工艺过程见图3.21。以首钢京唐第一代带式焙烧机为例[58]，焙烧机共192块台车，首尾有效长度126m，有效焙烧面积504m²，整个焙烧机共分为七个工艺段，分别为鼓风干燥段9m、抽风干燥段15m、预热段15m、焙烧段33m、均热段12m、冷却段Ⅰ33m、冷却段Ⅱ9m。利用铺底料系统，首先在台车上铺一层 90mm 厚、粒度为 9～16mm 的合格成品球团，然后通过布料系统将造好的生球均匀布到 4m×1.5m 的台车上，台车上料厚度总高度为 400mm。通过台车的循环运行，台车上的生球依次经过干燥、预热、焙烧和冷却，然后焙烧好的成品球团在机尾进行卸料，最终通过皮带系统运载到成品筛分部分进行筛分。但带式焙烧机设备需要大量耐热材料，设备造价高，设备维护费用高。

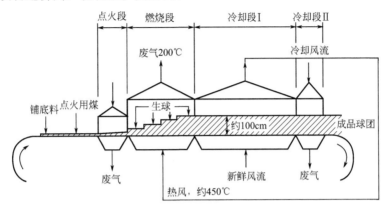

图 3.21　带式焙烧法生产球团工艺系统配置

链箅机 - 回转窑法工艺系统配置见图 3.22，工艺过程见图 3.23。生球经布料器布在链箅机上，球层厚度大约为 180～220mm，随箅条向前移动；在干燥室，生球被从预热室抽过来的 250～450℃ 的废气干燥，然后进入预热室，被从回转窑出来的 1000～1100℃ 氧化性废气加热，发生部分氧化和再结晶，具有一定强度，之后进入回转窑焙烧。随着窑体的旋转，球团在窑内滚动，并向排料端移动。烧嘴在排料端，可使用气体或液体燃料，也可以用固体燃料。燃烧废气与球团呈逆向运动由进料端排入预热室。窑内温度可达到 1300～1350℃。从回转窑排出的热球团矿卸入冷却机冷却后，温度降到 150℃ 以下。被加热的空气送入窑内作为燃料燃烧的二次空气，或送入链箅机干燥段，用来干燥生球，可以回收 70%～80% 的热量。由于链箅机 - 回转窑法对原料适应性强、球团焙烧均匀、质量稳定、不需高级耐高温材料等，近年得到迅速发展，成为氧化球团的主要生产方法。我国近十年来已建成链箅机 - 回转窑氧化球团生产线数十条，总生产能力超过 7000 万 t/a。设备已全部国产化，单机生产能力（20～500）万 t/a，产能的投资降低到 100～125 元 /(t·a) 以下。

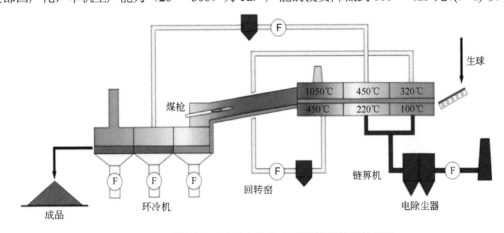

图 3.22　链箅机 - 回转窑法生产球团的工艺系统配置

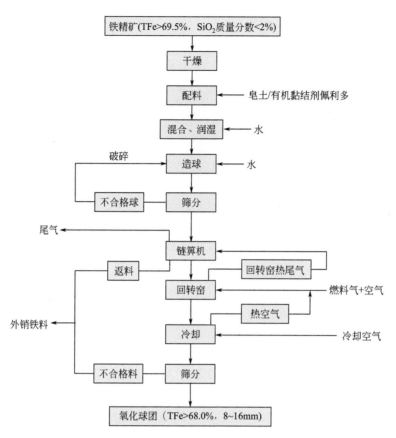

图 3.23 链箅机 - 回转窑球团生产工艺过程

三种氧化球团生产工艺方法对比见表 3.23。

表3.23 三种氧化球团生产工艺方法对比

项目	竖炉法	带式焙烧机法	链箅机 - 回转窑法
优点	1. 结构简单; 2. 材质无特殊要求; 3. 炉内热利用好	1. 便于操作、管理和维护; 2. 焙烧周期短、工作段长度易控制; 3. 原料适应性强,可处理易结团原料	1. 设备结构简单; 2. 焙烧均匀,产品质量好; 3. 不需耐热合金材料; 4. 原料适应性强
缺点	1. 焙烧不够均匀; 2. 单机生产能力低; 3. 处理对象受限	1. 上下层球团质量不均匀; 2. 台车箅条需用耐高温合金; 3. 铺边、铺底料流程复杂	1. 窑内易结圈; 2. 维修工作量大; 3. 大型部件运输困难
生产能力	单机生产能力小,约 2000t/d,适于中小型生产	单机生产能力大,约 6000～6500t/d,适于大型生产	单机生产能力大,约 6500～12000t/d,适于大型生产
产品质量	稍差	良好	良好
基建投资 / 万元	80	100	113
运行费用 / 万元	100	120	90

国内外的直接还原生产使用球团既有带式焙烧机球团，也有链算机 - 回转窑球团，但没有使用竖炉球团的实际情况。在充分考察国内外直接还原生产用球团的实际情况以及我国球团生产工艺的发展现状，建议采用链算机 - 回转窑球团工艺生产的球团作为直接还原竖炉炉料。其依据如下。

（1）原料适应性较强

链算机 - 回转窑法对原料及其性质波动的适应性强，磁铁矿精粉和赤铁矿精粉都可适用，这是因为链算机、回转窑、冷却机可分别在一定范围内调整速度，使其热工制度能较好地适应原料性质波动引起的变化，而带式焙烧工艺则很难做到。由于烘干预热过程中生球与链算机相对静止，生球强度不需很高，所以膨润土配量少，球团矿品位高；预热到一定程度的生球进入回转窑焙烧，在焙烧过程中，生球不断翻滚，焙烧均匀，避免了竖炉中由于气流分布不均匀而出现生球出炉的现象，所得球团矿质量高且均匀。

（2）可满足大规模生产要求

竖炉法单系列一般规模不能超过 50 万 t/a。而链算机 - 回转窑法更适于中、大型球团厂的建设，目前最大的（单系列）规模可达 500 万 t/a 以上。

（3）生产的球团矿质量好且均匀

灵活可调的热工制度和球团在窑内不断翻滚，这样的加热焙烧过程不但使成品球的焙烧质量好，而且特别均匀，避免了竖炉法由于球团料层断面上温度、气流的不均性，和球团在炉内向下运动速度的不均匀性，以及带式焙烧机球团料层上下焙烧时间、温度的差异造成的球团产品质量差异。

（4）链算机 - 回转窑工艺装备已全部国产化，无需大量耐热材料，单位生产能力投资比带式焙烧机法少。

（5）热能利用率高，能耗低。

3.2.2　生产高品位球团对铁精粉的要求

生产实践表明，MIDREX 和 HYL 气基竖炉生产直接还原铁以块矿或球团矿为原料，对块矿和球团矿的性能要求都比较苛刻。MIDREX 工艺对所用含铁原料的质量评价指标主要包括化学成分、物理性能、还原性能和高温特性等方面。表 3.24 为 MIDREX 工艺对直接还原用球团矿和块矿化学组成的要求[59]。

表3.24　MIDREX工艺对球团矿/块矿化学组成的要求

成分	含量 /%	成分	含量 /%
Fe	>67.00	P	<0.030
$SiO_2+Al_2O_3+TiO_2$	<3.000	Cu	<0.010
S	<0.008		

在直接还原时，含铁原料的主要化学变化是从铁氧化物中脱除氧，而所有杂质和渣仍留在直接还原产品中。因此，原料的铁含量应尽可能高，渣含量应尽可能低，这样才能使直接还原产品被用户所接受。铁矿石中的非铁元素除了 S 和 Ti 以外，其他对 MIDREX 工艺基本没有特殊影响。炉料中的 S 和 Ti 通过炉顶煤气进入转化炉会导致反应管镍基催化

剂中毒失效。因此，MIDREX 工艺流程对铁矿石的 S 和 Ti 含量要求较严。对于传统流程，铁矿石含硫量不允许超过 0.01%；对于采用炉顶煤气作冷却气的改进流程，铁矿石含硫量可放宽至 0.02%。表 3.25 列出了 MIDREX 工艺对球团矿和块矿高温冶金性能的要求。表 3.26 列出了 HYL 和 MIDREX 工艺生产中所用球团的物理性能及冶金性能指标。

表3.25 MIDREX工艺对球团矿/块矿高温冶金性能的要求

项 目		接受值		推荐值	
		球团矿	块矿	球团矿	块矿
林德试验结果 (760℃)	金属化率 /%	>91	>91	>93	>93
	碎裂率 (<3.36mm)/%	<5	<10	<2	<5
热负荷还原 试验结果 (815℃)	转鼓强度 (>6.73mm)/%			>90	>85
	抗压强度 /(N/ 个)	>500		>1000	
	黏结趋势 (10r 后，>25mm)/%	0	0	0	0

表3.26 HYL和MIDREX工艺用球团的性能指标

工艺	物理性能			冶金性能		
	粒度分布 /mm	机械强度 /(N/ 个)	冷态转鼓强度 /%	还原性指数 /%	还原膨胀率 /%	低温还原粉化率 /%
HYL	6 ~ 15	2000	$m_{+6.3mm}$ 93 $m_{-3.2mm}$ 6	4(900℃)	≤ 20	$m_{+6.3mm}$ 80 $m_{-3.2mm}$ 10
MIDREX	6 ~ 16	2500	$m_{+6.73mm}$ 95 $m_{-0.595mm}$ 4	—	—	$m_{+6.73mm}$ 90

长期以来，国内球团矿品质与国外先进水平相比存在较大距离，具体表现在以下五个方面：①由于铁矿原料品位低，造球过程中配加膨润土的比例高，球团矿含量升高，使渣量增加；②我国球团生产所用铁精矿粒度偏粗，小于 0.074mm 粒级含量占 65% 左右，部分甚至低于 60%，不利于成球过程，同时造成生球、预热球及焙烧球团强度差；③原料本身成球性不佳，同时黏结剂改善成球效果差，导致球团粒度不均匀；④生球热稳定性差，在干燥预热过程中易发生爆裂而产生粉末，导致成品球团矿粉化率升高，同时粉化率高易造成回转窑结块、结圈现象，为防止结圈，实际生产操作通常采取降低焙烧温度的方法来控制，由此导致成品球团矿含量偏高；⑤原料中 SiO_2 含量偏高，导致球团冶金性能较差。

我国钢铁企业一直致力于提高球团矿品质，采取的措施主要包括：①提高铁精矿质量和优化原料结构提高成品球团品位，如近年开展了全赤铁精矿链算机 - 回转窑生产工艺的研究，逐步提高了赤铁精矿原料的应用比；②采用复合或有机黏结剂完全或者部分替代无机膨润土，改善原料成球性，提高生球强度和热稳定性，同时提高球团品位和降低 SiO_2 含量；③采用润磨或高压辊磨等预处理工艺来改善混合料粒度组成及原料的比表面积，提高生球强度，降低黏结剂用量；④提高企业职工技术水平，改造设备及优化工艺参数；⑤配加少量碱性溶剂（如生石灰、白云石等）改善球团冶金性能。

发展高品位球团矿依赖于高品位铁矿粉。钢铁企业最缺的是能够利用企业现有铁粉矿资源（包括目前大量进口的烧结生产使用的 TFe 60% ～ 63% 粉矿），通过研发磁化焙烧等选矿技术以及 TFe ≥ 68% 的高品位铁精矿精选技术，建设生产高品位铁精矿生产线、大型优质球团矿生产设施、氢冶金生产线创新项目的支持和护航。

东北大学资源与土木工程学院、马鞍山矿山研究院、长沙矿冶研究院、北京矿冶研究总院均有红矿磁化焙烧甄别获得 TFe 不低于 68% 的铁精矿业绩，但需要积累更多的大规模赤铁矿磁化焙烧、精选 TFe 不低于 68% 高品位铁精矿选矿生产线建设和生产的实践经验。

与此同时，东北大学基于国内铁矿条件，成功研发了磁铁精矿精选制备高品位铁精矿技术和相关设备，并建成年处理普通铁精矿 10 万 t 示范性生产线。我国多地（河北、山西、吉林、辽宁、山东、湖北等）的磁铁矿资源丰富，通过细磨、单一磁选实现了经济生产 TFe 大于 70.5%、SiO_2 小于 2.0% 的高品位铁精矿粉，可直接用于生产气基竖炉还原专用氧化球团。以 TFe 65% ～ 67%、晶粒粗大、可磨的普通磁铁精矿为原料，采用细磨精选技术（典型流程见图 3.24，精选车间主要设备配置见表 3.27），可获得 TFe 70.5% ～ 71%、SiO_2 含量小于 2%、P 含量小于 0.005%、S 含量小于 0.035% 的高纯铁精矿，铁总回收率大于 93%，而高纯铁精矿加工成本为 60 ～ 80 元 /t（见表 3.28），为我国发展直接还原奠定了资源基础。

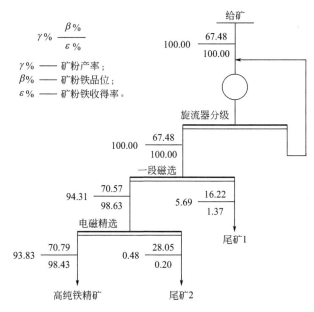

图 3.24　典型高品位铁精矿制备的选矿工艺流程（单位：%）

表 3.27　铁矿精选车间主要设备

序号	设备名称	规格型号	数量
1	给料机（特制）	Φ1500mm	3
2	球磨机	Φ2700mm×4500mm	3
3	旋流器	Φ250mm×8mm	3
4	磁选机	1024 型	3

序号	设备名称	规格型号	数量
5	电磁精选机	$\Phi 600mm$	21
6	过滤机	陶瓷过滤机 $30m^2$	6
7	泵		
8	皮带、管路		

表3.28　河北某铁矿精选制备高品位铁精矿的技术指标（原矿TFe 34.25%）

产品名称	总产率 /%	铁品位 /%	铁回收率 /%	加工成本 /（元 /t）
超级铁精矿	23.52	71.63	46.86	80.0
高纯铁精矿	23.39	70.59	45.92	60.0
尾矿	53.09	4.89	7.22	
合计	100.00	35.95	100.00	

3.2.3　氧化球团铁品位与成本的关系

氢冶金直接还原流程为铁矿石采矿—选矿—球团—竖炉的路线。进入市场经济以来，行业的经济效益得到了市场本身自发的优化，什么质量的铁精矿会使行业经济效益最优，由此引出了铁精矿质量评价的概念。如何确定合理精矿品位，如何来评价，需要有新观念。

十年前通常的评价方法为：在选矿厂范围内研究铁精矿、品位和选矿回收率的关系，最后采取一个铁精矿品位不太高，铁回收率不太低的中间值，作为选矿厂的合理技术指标。这种评价方法考虑问题往往只限于一个选矿厂范围内，结果势必导致铁精矿品位不是很高，这对本企业有一定效益，但对整个大行业来说，未必效益最大化。

有人曾研究选矿铁精矿品位、回收率与炼铁经济效益的关系，最后结论为总利润随铁精矿品位提高而增高，铁精矿品位为68%时达到最大值，见表3.29。

表3.29　铁精矿品位与其冶金价值的关系

精矿品位 /%	60	62	64	66	68
精矿价格 /（元 /t）	550	566	586	610	638
高炉燃料比 /[kg/t（生铁）]	594	575	549	528	499
生铁成本 /（元 /t）	1748.83	1703.13	1659.36	1636.82	1590.10
CO_2 排放量 /[m³/t（生铁）]	919	887	849	816	771

以品位为65%的铁精矿为例，假定售价为800元/t，那么每吨铁的价格是800/0.65=1231元，选矿厂将65%的铁精矿选至70%，按照回收率98%计算，售价=1231×70%/0.98=879元，这样提高每个品位精矿本身的价值是（879-800）/5=15.8元。如果产品销售过程中，达不到提高每个品位增加16元的售价，选矿企业会造成品位提高、利润下降的局面。

如果目前品位65%的铁精矿售价是1000元/t，那么每个品位精矿本身的价值是19.75元。在此差价下，选矿厂效益没有增加，炼铁厂即使在其他方面没有带来成本下降，由于产铁量相同，也没有损失。根据具体铁精矿品位与其冶金价值的关系，处理好选矿厂和炼铁厂的利益分配关系，根据我国铁矿资源概况，在我国目前的选矿技术经济条件下，国内多数选矿厂提供满足直接还原铁原料的数量和质量要求是可能的。

3.2.4 氧化球团铁品位与直接还原铁质量的关系

直接还原铁（DRI）是铁的氧化物在不熔化、不造渣的温度条件下，固态还原生成的金属化产品。DRI 的品质主要由 DRI 的化学成分、冶金和物理特性决定。化学成分主要指标包括全铁含量（TFe）、金属化率、SiO_2 含量、碳含量、脉石总量、有害元素含量等。冶金及物理特性主要指标包括形状、尺寸、粒度及粒度组成、密度、体密度、熔化特性、抗氧化性能、强度、抗压强度、抗磨强度等。直接还原铁的品质与其对应的氧化球团密切相关，氧化球团的品位决定着 DRI 的使用价值。

为了保证 DRI 的品位，减少炼钢过程的渣量，控制炼钢的电能以及造渣材料的消耗，对于炼钢生产用 DRI 及所需含铁原料的品位要高、脉石中 SiO_2 等杂质含量要低，其各项指标见表 3.30。

表 3.30　我国炼钢用 DRI 及所需含铁原料的各项指标

品级	DRI 成品 /%			含铁原料 /%		
	TFe	MFe	脉石	赤铁矿	磁铁矿	脉石
一级	≥ 92	≥ 94	≤ 4.5	—	—	≤ 3.0
二级	≥ 90	≥ 92	≤ 5.5	—	—	≤ 3.8
三级	≥ 89	≥ 91	≤ 6.5	—	—	≤ 4.5
四级	≥ 88	≥ 90	≤ 7.5	≥ 67	≥ 68	≤ 5.2

3.2.5 氧化球团铁品位与碳减排的关系

相比烧结矿，球团矿粒度小而均匀、抗压和抗磨强度高、便于运输、便于装卸和储存、粉末少、球团矿铁分高、堆密度大，有利于增加高炉料柱的有效重量，提高产量和降低焦比。球团矿还原性更好，有利于改善煤气化学能的利用。球团矿生产过程的能耗，排放的粉尘、NO_x、SO_2 和二噁英等污染物比烧结矿生产更低。

炼铁高炉的入炉平均品位每提高 1%，可以降低燃料比 1.5%，增产约 2.2%，CO_2 排放量下降 40kg。国产贫铁矿细磨深选多消耗的能量及成本完全可以被高炉炼铁的节能补偿而且有余。因为球团矿生产的能耗仅为 20 ～ 30kg(标准煤)/t，而烧结矿的能耗达 55 ～ 60kg(标准煤)/t，两者相差一倍以上，而且生产球团矿对环境的污染比烧结矿低很多。我国迁安和鞍山的铁矿等企业已采用了磨选提铁、链箅机 - 回转窑氧化球团矿生产工艺。由于我国以贫矿居多，更需要创造条件细磨深选，获得精矿粉品位达到 66% ～ 68% 的精矿粉后，采用链箅机 - 回转窑或带式焙烧机生产优质酸性球团矿或含氧化镁的优质球团矿，其中含铁 65% 的球团矿用于高炉配料可达 30% ～ 50%；含铁 68% 以上的可以用于氢基竖炉生产优质直接还原铁用于炼钢生产。

2018 年中国的碳排放量达 100 亿 t，世界占比约 28%，中国钢铁工业碳排放量占全国的 15%。如果制定并实施上述炼铁精料标准，高炉入炉原料平均铁品位由目前的 58% 全部提高到 62%，按照 2018 年中国生铁产量为 7.71 亿 t 计算，一年可减排 1.23 亿 t CO_2，改善精料水平一项措施就有望将我国一年钢铁工业的二氧化碳排放量减少 8.2%。

3.2.6　确定合适的氧化球团铁品位

氧化球团铁品位主要受铁精矿粉品位和膨润土配比的影响，合适的氧化球团品位应在充分考虑铁矿粉品位、铁矿粉成本、制备氧化球团的冶金性能满足的基础上，有效控制氧化球团的品位。

因此，需充分了解具体铁精矿品位与其冶金价值的关系，才能处理好选矿厂和炼铁厂的利益分配关系。根据我国铁矿资源概况，在我国目前的选矿技术经济条件下，国内很多选矿厂可以提供满足直接还原原料的数量和质量。技术进步与经济效益是紧密结合在一起的。

3.3　电炉短流程调研

3.3.1　近几年来一级优质废钢价格变化

3.3.1.1　国内废钢供应

我国"双碳"目标行动持续推进，废钢需求空间潜力巨大。废钢是一种可循环利用的高载能再生铁素资源，是钢铁工业的绿色原料，也是唯一可大量替代铁矿石的铁素资源。理论上，用废钢生产 1t 钢，可节约铁矿石（62% 铁精粉）1.6t 左右，节约约 0.35t 标准煤，减少约 1.6t 二氧化碳排放，减少约 3t 固体废弃物排放。在双碳背景下，充分利用废钢资源，提高废钢比，将有效降低能源消耗和二氧化碳排放。世界各国根据各自的发展历史和现实国情，对高炉 - 转炉长流程和废钢 - 电炉短流程的废钢利用进行了规划，并作为减排的重要措施，积极实施。

20 世纪 90 年代初期，我国粗钢表观消费量突破 1 亿 t 并保持快速增长，钢铁积蓄自此进入快速增长阶段，年均积蓄增量超过 8000 万 t。90 年代中期，我国积蓄总量超越日本达 12 亿 t 左右。90 年代末，我国钢铁积蓄增量突破 1 亿 t，此后每隔几年积蓄增量增加 1 亿 t 左右。2011 年前后，我国钢铁积蓄总量超越美国达 50 亿 t 左右。截至 2020 年底，我国钢铁积蓄总量达到 105 亿 t 左右（考虑到不同时期钢材成材率不同，钢铁积蓄量计算时采用钢材实际消费量为基数进行加和，即钢铁积蓄量 = Σ 钢材实际消费量 – 间接净出口量 – 社会回收废钢量 + 进口再生钢铁原料），人均钢铁积蓄量约 7.5t，与 20 世纪 40 ～ 50 年代的美国和 80 年代末的日本较为接近。未来几年，我国钢铁积蓄量仍将以年均 6 亿 t 左右的增速增长。预计到 2025 年，我国钢铁积蓄量将近 140 亿 t 左右，2030 年将达到 160 亿 t 左右，雄厚的钢铁资源积蓄将有效支撑废钢产量持续增长。图 3.25 给出了我国钢铁积蓄量与折旧废钢量的变化趋势预测。

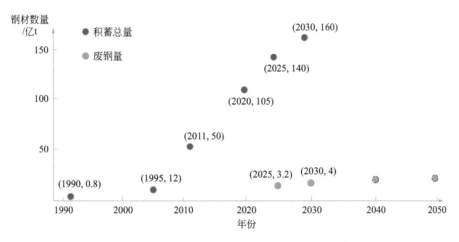

图 3.25 我国钢铁积蓄量与折旧废钢量的变化趋势预测

目前我国废钢供应稳定增长，截止到 2019 年全国废钢铁资源总量为 2.4 亿 t，同比增加 2000 多万 t，增幅为 9%。其中，钢铁企业自产废钢 0.4 亿 t，占资源总量的 16.7%；社会采购废钢 2 亿 t，占资源总量的 83.3%。在这 2.4 亿 t 资源总量中，炼钢生产消耗废钢 2.15 亿 t，占资源总量的 89.6%；铸造行业消耗 0.18 亿 t，占资源总量的 7.5%；还有近 1000 万 t 钢筋头和粉碎料用于高炉变成铁水。虽然理论供应量稳定增加，但从实际情况来看，资源供应偏紧，以 2019 年为例，我国废钢供应量增量有限，主要原因有：

① 2019 年部分制造业废钢产出量同比下降。以废钢产生量最大的汽车制造业为例，据中汽协数据，2019 年汽车产量 2572.1 万辆，同比下降 7.5%。

② 拆迁废钢较往年减少。根据 2017 年国务院常务会议确定的 2018 ～ 2020 年棚改攻坚计划，改造规模为 1500 万套，其中 2018 年实际开工 626 万套，2019 年计划 285 万套，1 ～ 9 月开工 274 万套，较 2018 年大幅减少。另外工厂搬迁、违建拆除逐渐减少，长江沿江 1km 内化工企业关停搬迁、涉污企业退城搬迁等项目，经过持续两年多的环保、"散乱污"整治，已逐渐拆迁完毕。

③ 废钢回收加工受环保检查影响较大。目前多数废钢回收点属于"散乱污"治理企业，多数没有环保证、土地证等，环境卫生条件差，"小散回收站"被取缔、关停极大地影响了折旧废钢的回收；而废钢加工基地，除了证照齐全，还要面临生态环境部门的检查，这对废钢资源供应也有一定影响。

3.3.1.2 国内废钢市场分布特点

废钢行业涉及废钢回收、废钢加工配送等环节。针对废钢加工配送环节，国家不断出台相关准入标准。2013 年以来，中国工业和信息化部节能与综合利用司分多批公布了符合《废钢铁加工行业准入条件》的企业名单。目前符合准入标准且能够提供废钢加工配送的企业逐年增加，而从企业的分布区域看，主要集中于华东地区，其次是华北地区和华南地区。从省份来看，江苏省废钢加工行业准入企业数量最多，其次是山东省，排在第三位的是辽宁省，见图 3.26。

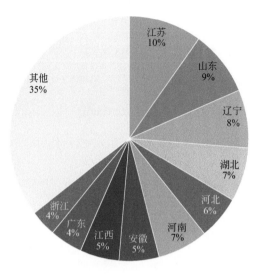

图 3.26 我国废钢加工配送准入企业的分布

3.3.1.3 进口废钢情况

我国废钢铁资源短缺，满足不了国内钢铁企业的需求，需要进口废钢铁以补充国内资源的不足。据统计，2015～2017 年我国废钢进口量在 200 万 t 以上，2018 年下降至 134.26 万 t，在进口废钢国家中位列第十；2019 年因禁止洋垃圾的缘故，废钢进口进一步收缩，2021 年第一季度（Q1）我国废钢进口量为 5.54 万 t，进口额为 0.3 亿美元。中国在国际废钢市场中话语权较少，主要还是以自产自销为主。图 3.27 为 2015～2021 年第一季度国内废钢进口情况。2020 年我国废钢主要来源国是韩国与日本，主要原因是日本与韩国废钢兼具船期短、运费低、价格较低、质量好等特点，受到国内钢厂的青睐。2020年我国从韩国进口废钢 12200.1t，从日本进口废钢 7522.1t。

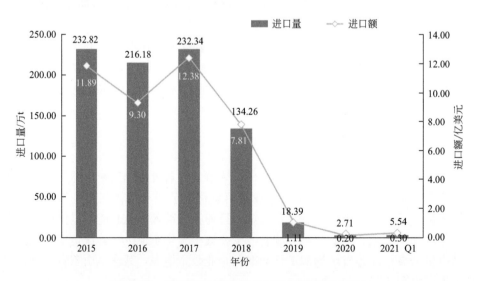

图 3.27 2015～2021 年 Q1 国内废钢进口情况

我国废钢进口量持续下降，图 3.28 为我国 2017～2019 年废钢进口数量累计值，一方面是国内废钢资源质量逐步提高，废钢总体供应量也在逐年增长；另一方面源于政策导向，进口废钢的阻力越来越大。

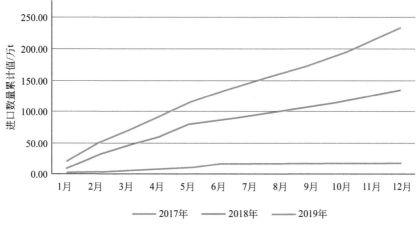

图 3.28 我国 2017～2019 年废钢进口数量累计值

3.3.1.4 废钢铁行业市场需求分析

据目前所知，废钢是唯一可以替代铁矿石炼钢的原料，每用 1t 废钢可节约 0.4t 焦炭，大约 1t 的原煤，同时还可以减少 2～3t 铁矿石的使用和 4～5t 原生矿的开采。

废钢是一种可以循环利用再生资源，是炼钢的重要原材料，其质量的优劣关系到冶炼钢的品种、质量及冶炼时间的长短，从而直接关系到企业经济效益。废钢铁是氧气顶吹转炉炼钢的主原料之一，同时也是冷却效果稳定的冷却剂 [60]。通常占装入量的 30% 以下，适当地增加废钢比，可以降低转炉炼钢消耗和成本。

2016 年 12 月中国废钢应用协会发布《废钢铁产业"十三五"发展规划》，现已经完成了其中提到的废钢比达到 20% 的预期目标，目前废钢铁产业发展已进入重要转折期，钢铁工业大批量应用废钢铁已进入新的时代。

未来的废钢市场将越来越规范，钢板边角料、拆船板及煤矿支架等各种重型废钢将会占据主导地位，需求会逐年增加。据国家统计局数据显示，2019 年我国粗钢产量为 9.96 亿 t，同比增长 8.3%（见图 3.29）。2020 年全国粗钢产量将会跨过 10 亿 t 关口，比上年增长 4% 左右，依然不会出现减量，另外废钢添加比例逐渐提高，废钢用量继续增加。

3.3.1.5 废钢市场价格走势分析

（1）废钢价格稳步上行

近三年来，我国废钢价格不断上涨（见图 3.30），2017 年全国主要城市废钢平均价格 1527.68 元 /t、2018 年 2110.34 元 /t、2019 年 2316.51 元 /t。2019 年由于优质资源紧缺，收货难度较大，钢厂抢夺优质资源多提价吸货，全年价格高位震荡运行，主要运行区间 2200～2400 元 /t。2019 年年初全国主要城市废钢均价 2163.57 元 /t，同比上涨 3.88%；年末均价 2362.14 元 /t，同比上涨 8.96%；年初至年末上涨 198.57 元 /t，涨幅 9.18%。

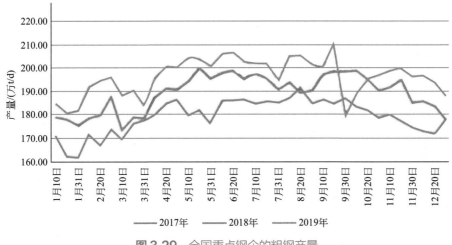

图 3.29 全国重点钢企的粗钢产量

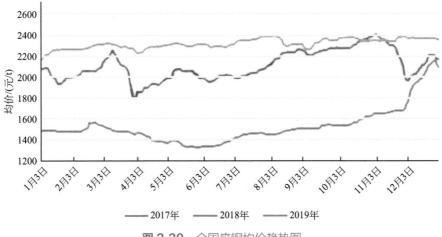

图 3.30 全国废钢均价趋势图

2019 年全年价格几乎高于 2017 年及 2018 年（只有 2018 年 10 月下旬至 11 月上旬高于 2019 年同期），见图 3.31。三年价格上涨的主要原因为：钢厂利润相对较好，生产积极性高，对废钢需求较大；铁矿石价格节节攀升，钢厂生产成本上升，钢厂加大废钢使用量，降本增效；废钢资源偏紧，钢厂多采取提价吸货措施，对废钢价格打压较少。

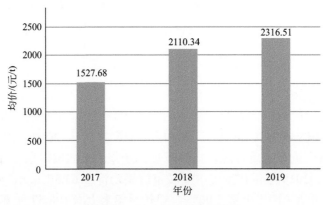

图 3.31 近三年全国废钢均价

（2）螺废价差收窄，废钢相对强势

选取 2019 年唐山螺纹钢与废钢价格进行对比，2019 年螺纹钢 - 废钢价差平均值 1272.63 元 /t，较 2018 年价差缩小 478.43 元 /t。见图 3.32 和图 3.33。可以看出相对于螺纹钢，废钢价格更为强势，钢厂也因废钢成本上升，吞噬了一部分钢厂利润。

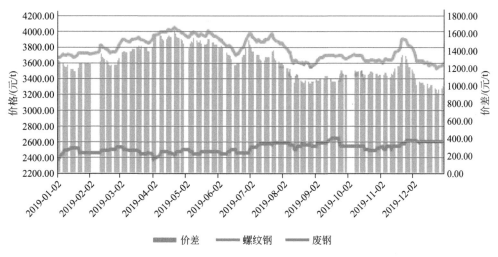

图 3.32 2019 年唐山地区螺纹钢 - 废钢价差趋势

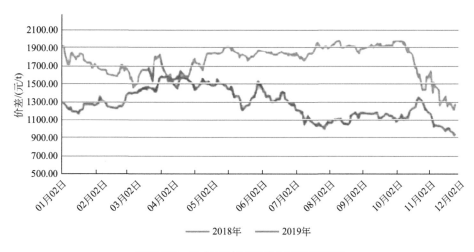

图 3.33 2019 年与 2018 年螺废差趋势

（3）钢厂集中地区为废钢价格高地

2019 年全国主要城市废钢价格多在 2100 ～ 2500 元 /t 价格区间运行，见图 3.34 和图 3.35。其中，唐山地区价格最高，全年均价 2516.12 元 /t；其次为张家港地区，全年均价 2403.52 元 /t；广州地区废钢价格也相对较高，全年均价为 2355.76 元 /t；哈尔滨地区全年均价 2232.6 元 /t；成都地区全年均价 2299.84 元 /t；兰州地区全年均价 2205.48 元 /t；武汉地区全年均价为 2203.56 元 /t。从全国废钢价格高低分布来看，华北、华东地区钢厂较为集中，对废钢需求较大，处于价格高地。

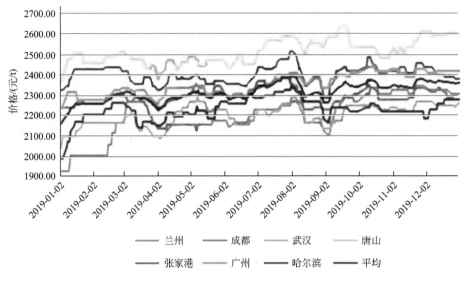

图 3.34　2019 年全国主要城市 6 ~ 8mm 废钢不含税价格

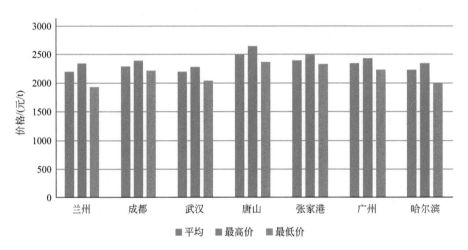

图 3.35　2019 年全国部分城市废钢均价、最高价和最低价

3.3.2　中国电炉产能分布以及氢冶金直接还原铁市场需求预测

3.3.2.1　电炉产能分布及变化情况

2016 ~ 2019 年，随着国家供给侧结构性改革的推进，我国钢铁行业累计压减 1.5 亿 t 粗钢产量，全面取缔 "中频炉"，出清相对应的 1.4 亿 t "地条钢"，成功打破钢铁产能过剩的局面。根据有关部门测算，2016 年中频炉的地条钢产量或达 7500 万 t。但在 2017 年 1 月 10 日，发改委副主任在中国钢铁工业协会 2017 年理事会议上表示，将在 2017 年 6 月 30 日前全面清除地条钢，此后电炉产能代表了我国全部的电炉产能。

2017 年，Mysteel 统计全国共有 249 座电炉，涉及粗钢产能 1.21 亿 t。据此估算，全国电炉产能或达 1.4 亿 t。2018 年，Mysteel 调研全国共有 244 座电炉，粗钢产能为 1.3112 亿 t。2019 年，Mysteel 调研全国 273 座电炉，粗钢产能为 1.65 亿 t，各省份情况见表 3.31。Mysteel 调研 2020 年全国电炉产能为 1.11 亿 t，其中新增产能 1489 万 t，计划淘汰产能 920 万 t，实际净增加 569 万 t。

表3.31   2019年我国不同省份电炉分布及产能

省份	安徽	福建	甘肃	广东	广西	贵州	河北
钢厂数量/个	9	18	1	28	14	7	10
电炉数量/座	8	18	1	28	14	7	10
粗钢产能/万 t	584	1223.5	40	1464	934	445	606
省份	河南	黑龙江	湖北	湖南	吉林	江苏	江西
钢厂数量/个	14	1	30	5	5	38	6
电炉数量/座	14	1	30	5	5	38	6
粗钢产能/万 t	1005	100	1459	198	290	2606	320
省份	辽宁	宁夏	青海	山东	山西	陕西	上海
钢厂数量/个	4	1	2	23	2	4	3
电炉数量/座	4	1	2	22	2	4	3
粗钢产能/万 t	122	60	200	1170	126	220	360
省份	四川	天津	新疆	云南	浙江	重庆	总计
钢厂数量/个	23	4	6	2	12	3	275
电炉数量/座	23	4	6	2	12	3	273
粗钢产能/万 t	1019	340	522	178	642	270	16504

我国不同地区电炉产能有着较大的差别。2019 年，华东、华中、华南和西南地区，电炉产能占比全国达到 85%，其中华东 39%、华中 18%、华南 15% 以及西南 13%。具体情况如下：华东地区，2019 年电炉产能同比增加 1043 万 t，增幅 17.88%，达到 6876 万 t。全国范围来看，华东地区电炉产能增加的绝对数量大，但是受到产能基数庞大的限制，增幅较小。华中地区，2019 年电炉产能同比增加 630 万 t，增幅 30.97%，达到 2664 万 t。华南地区，2019 年电炉产能同比增加 372 万 t，增幅 18.4%，达到 2394 万 t。西南地区，2019 年电炉产能同比增加 459 万 t，增幅 31.85%，达到 1900 万 t。

华北地区，作为全国最大的钢铁生产基地，仍然处在钢铁产能逐渐退出的历史阶段。其中，河北省 2019 年压减退出 1402 万 t，天津市 2019 年压减钢铁产能 800 多万 t，山西省和内蒙古 2019 年分别化解置换粗钢产能 175 万 t 和 235 万 t。因此，在华北地区钢铁产能压减退出的大环境下，电炉产能难以增长，主要增量来自电炉的产能置换。西北地区，距离东部沿海较远，铁矿石运输成本较高，发展环境友好的电炉拥有相对好的优势。东北地区，电炉绝对产能和增加产能都较小，原因是废钢价格高、成本不占优势，成材价格低、销售不占优势。

各地区电炉产量占比较高的省市，相对应的电炉产能增加量也较高。华东地区的江苏、福建、浙江以及安徽，2019 年电炉产能增加都超过了 200 万 t。华中地区的湖北，

2019年电炉产能增加量为461万t，河南增加191万t。华南地区的广东和广西，电炉产能分别增加163万t和209万t。西南地区的四川、贵州和重庆，电炉产能分别增加101万t、132万t和175万t，该地区水利资源丰富，电价相对便宜，大力发展电炉具有成本优势。西北地区的新疆和东北地区的吉林，电炉产能分别增加387万t以及155万t。

3.3.2.2　2022年后的钢铁行业产能置换情况分析

预计2022年及以后新建炼铁产能或将达到3611万t，新增炼钢产能或达到3189万t，计划退出炼铁产能3447万t，退出炼钢产能3139万t，净增加炼铁产能164万t，净增加炼钢产能50万t。新建装置规模方面，2022年及以后拟新建25座高炉、20座转炉及3座电炉。

2022年及以后，华东、西南地区将成为炼铁产能退出主要地区，而东北、华北地区则有部分炼铁产能新增计划，华北地区有部分新增炼钢产能有待投产，华东、东北及西南地区仍以产能退出为主。2022年及以后拟新建3座电炉，预计投放2座合金电炉，容积分别为52t、53t，以及1座80t的炼钢电炉，总投放产能达到142万t。

3.3.2.3　未来钢产量的预期

从2014年开始，我国经济增长速度逐步回落，第三产业增速和所占比重均超过第二产业；依据人均GDP标准，我国已经进入工业化后期，处在由工业主导向第三产业主导转变。受此影响，国内单位GDP耗钢系数出现回落，由2013年的1548t/亿元下降到2016年的1046t/亿元，2017～2019年又有小幅回升。其背后的逻辑一方面是工业化后期传统资本密集型制造型产业对国民经济的影响力减弱，技术密集型制造业和服务业会成为主导产业，整个国民经济体系对钢铁、有色等初级产品的需求下降；另一方面从发达经济体的经验来看，工业化步入后期，资本密集型产业并不会萎缩，整个国民经济体系中单位GDP耗钢系数将趋于稳定。

我国2020年钢铁总产能10.65亿t，其中行业产能结构中，电炉的产能逐渐增加，高炉产能持续上升，整体产能将继续上行。其中高炉产能10.29亿t、电炉产能1.84亿t，整体产能较2019年继续上升。从结构来看，电炉产能将继续上升2000万t，其中50%由高炉产能置换而来。

3.3.2.4　直接还原铁市场需求预测

根据有关统计分析（见表3.32），世界电炉钢需求量每年增长5%，直接还原铁需求将额外增加15%，至2030年需求量将增至1.4亿t。

表3.32　世界范围直接还原铁需求预测

项目	2020	2025	2030
粗钢产量/亿t	18.7	21.3	24.6
电炉钢产量/亿t	6.0	7.3	8.9
转炉钢产量/亿t	12.7	14.0	15.7
DRI/HBI需求量/万t	9500	11500	14000

数据来源：中国直接还原网（www.driinfo.com）。

我国电炉钢产量虽是世界第一，但目前电炉钢产量仅占粗钢总产量的10%左右。随着中国钢铁产品结构的调整、限制发展小高炉炼铁政策的实施、钢材质量优化和强化环保的需求强烈以及电力供应的改善，以直接还原铁和废钢为原料的电炉短流程有望得到迅速发展。但由于我国优质废钢短缺，故对优质直接还原铁的需求将不断增加。

对于直接还原铁需求市场大小的计算，主要有两种方法：第一种是按全球直接还原铁产量与粗钢总量的比值；第二种是按全球直接还原铁产量和电炉钢总量的比值。根据第一种方法，2015年世界直接还原铁产量为7257万t，粗钢产量为16.28亿t，两者的比例为4.46%。按照该比例，2020年我国粗钢产量为10.53亿t，则中国对直接还原铁的需求量应为4696万t。另外，根据估计，中国未来电炉炼钢比例至少需达到20%，则电炉粗钢产量近2亿t，直接还原铁的需求量至少为（5000～6000）万t/a。

因此，利用国内资源发展适合我国国情的直接还原铁生产，促进电炉钢生产发展是中国钢铁工业节能降耗和低碳发展的迫切需要。目前，中国直接还原铁产能仅为几十万吨，而年需求量却在几千万吨级别，供求严重不平衡。由此可以预期，基于氢基竖炉生产的优质直接还原铁在中国将具有广阔的发展前景和旺盛的市场需求。

参考文献

[1] 孙可华. 内蒙古神华公司60万t/a煤经甲醇制烯烃项目开工[J]. 国内外石油化工快报，2007，37（1）：14-15.

[2] 原小静. 现代煤气化技术及其煤种的适应性分析[J]. 山西化工，2011，31（3）：35-38.

[3] 刘成周. 煤气化技术新进展[J]. 图书情报导刊，2008，18（35）：98-100.

[4] Lee M W，Park J M. Biological nitrification removal from coke plant wastewater with external carbon addition[J]. Water Environment Research，1998（70）：1090-1095.

[5] 彭爱军，贺丰. 国内外几种主要的煤气化工艺技术浅谈[C]. 2007年第十五届全国造气技术年会，2007，44-56.

[6] 赵玉良，马玄恒，史建鹏. 燃料气制取技术的特点[J]. 煤炭加工与综合利用，2014（10）：29-33.

[7] 赵伟. UGI气化技术的系统分析和节能减排研究[D]. 天津：天津大学，2015.

[8] 汪会永. 4万t/a合成氨联产甲醇生产工艺研究[D]. 上海：华东理工大学，2005.

[9] 褚晓亮，苗阳，苗雨旺. 固定床气化技术在我的应用现状及发展前景[J]. 化工技术与开发，2013，11（11）：41.

[10] Koo K Y，Lee J H，Jung U H，et a1. Combined H_2O and CO_2 reforming of coke oven gas over Ca-promoted Ni/MgA1$_2$O$_4$ catalyst for direct reduced iron production[J]. Fuel，2015，153：303-309.

[11] 张成. 鲁奇碎煤加压气化技术探索[J]. 中国化工贸易，2014（27）：108，150.

[12] 王鹏，张科达. 碎煤加压固定床气化技术进展[J]. 煤化工，2010，38（1）：12-16.

[13] 梁钦锋，于广锁，牛苗任，等. 应用炉膛压力诊断气流床气化炉的火焰状态[J]. 煤炭转化，2005，28（1）：31-36.

[14] 付伟贤. 中国气流床气化技术现状及发展趋势[J]. 化工管理，2020，556（13）：86-88.

[15] 曾宪松. 水煤浆气化系统的优化研究[J]. 辽宁化工，2019，48（9）：879-881.

[16] 李永红. 煤气化装置中粉体输送用通气锥应用研究[D]. 上海：华东理工大学，2012.

[17] 戴厚良，何祚云. 煤气化技术发展的现状和进展[J]. 石油炼制与化工，2014，45（4）：1-7.

[18] 常玉红，马守涛，赵野. 高硫石油焦气化技术分析[C]. 2011年全国工业催化技术及应用年会，2011：110-113.

[19] 高慧，杨艳，赵旭，等.国内外氢能产业发展现状与思考[J].国际石油经济，2019，27（04）：17-25.

[20] 谢欣烁，杨卫娟，施伟. 制氢技术的生命周期评价研究进展[J].化工进展，2018，37（6）：122-133.

[21] Amran U I，Ahmad A，Othman M R. Life cycle assessment of simulated hydrogen production by methane steam reforming[J]. Australian Journal of Basic and Applied Sciences，2017，113（11）：43-50.

[22] 赵庆杰，魏国，姜鑫.直接还原技术现状及其在中国的发展展望[C]. 2014年全国炼铁生产技术会暨炼铁学术年会.郑州：中国金属学会，2014：49-55.

[23] 杨力，董跃，张永发，等. 中国焦炉煤气利用现状及发展前景[J]. 能源与节能，2006（1）：1-4.

[24] 杨敏建，张鸣林，韩梅. 焦炉煤气利用现状及发展方向[J]. 煤矿现代化，2011（6）：1-4.

[25] 陈金.焦炉掺烧甲醇驰放气提高甲醇产量的工艺及装备研究[D]. 天津：河北工业大学，2011.

[26] 白宗庆，白进，李文. 焦炉煤气综合利用及CO_2减排潜力分析[J]. 洁净煤技术，2016，101（1）：90-94.

[27] 孙银辉. 焦炉煤气制天然气改造可行性分析[J]. 煤炭加工与综合利用，2015（8）：15-18.

[28] 武振林. 30万t/a焦炉煤气制甲醇工艺在工业中的应用[J]. 天然气化工：C1化学与化工，2012（4）：34-39.

[29] 邢胜超，梅泽勇.甲醇精馏技术应用和节能减排[J]. 中小企业管理与科技，2019（26）：155-156.

[30] 何选明，曾宪灿，张杜. 高炉喷吹新材料的研究进展[J]. 燃料与化工，2015（2）：12-14.

[31] Machado G M，Osorio E，Vilela A C，et al. Reactivity and conversion behaviour of brazilian and imported coals，charcoal and blends in view of their injection into blast furnaces[J]. Steel Research International，2010，81（1）：9-15.

[32] Alexander B，Dieter S，Miguel F. Charcoal behaviour by its injection into the modem blast furnace[J]. ISIJ International，2010，50（1）：81-88.

[33] 王瑞军. 高炉喷吹焦炉煤气进展[J]. 包钢科技，2019，45（1）：36-40.

[34] 李昊堃，沙永志.焦炉煤气利用途径分析[J]. 冶金能源，2010（6）：39-42.

[35] 赵铎. 大型焦炉煤气制氢生产中的问题分析及应对措施[J].天然气化工：C1化学与化工，2015（3）：56-58.

[36] 王亚阁，王丽霞. 焦炉煤气制氢工艺现状[J]. 化工设计通讯，2020（8）：86-96.

[37] 朱忠文. 真空碳酸钾法脱硫工艺特点及生产问题的应对措施[J]. 中国化工贸易，2017（20）：80.

[38] 安占来，尚建方，柴春林. HPF和真空碳酸钾脱硫工艺比较[J]. 河北化工，2011，34（5）：14-15.

[39] 安占来，冯天伟，董海涛. 真空碳酸钾脱硫工艺运行实践[J]. 节能与环保，2010，41（6）：53-55.

[40] 郑晓雷，马富刚，夏伟. 真空碳酸钾脱硫工艺的应用与改进[J]. 燃料与化工，2010，2（5）：52-53.

[41] 柴春林. 邯钢焦化厂脱硫系统的改造[J]. 燃料与化工，2010，41（1）：48.

[42] 王小兵. 60万t/a焦化工程焦炉煤气脱硫方案比选案例[J]. 山西化工，2007，2（6）：69-71.

[43] 杨志彬，张玉文，丁伟中. 焦炉煤气甲烷重整制氢工艺研究[C]. 2013年全国冶金反应工程学学术会议. 太原：中国金属学会冶金反应工程分会，2013：40-47.

[44] 王琳. 刮板输送机故障分析与技术改进[J]. 矿山机械，2008（3）：111-112.

[45] 王国志. 浅谈焦炉煤气制氢工艺存在的问题和应对方案[J]. 建材与装饰，2018（14）：218-219.

[46] 王继锋. 变温吸附在焦炉煤气净化中的应用[J]. 煤炭与化工，2018，41（12）：130-132.

[47] 张平，徐景明，石磊，等. 中国高温气冷堆制氢发展战略研究[J]. 中国工程科学，2019，21（1）：

20-28.

[48] 张严，于波，陈靖，等.核能制氢与高温气冷堆[J].化工学报，2004（4）：26-31.

[49] 张磊，涂正凯，乔瑜.固体氧化物电解池共电解H_2O-CO_2的发展与应用研究[J].可再生能源，2018，36（10）：1554-1560.

[50] 李如春.新型催化剂的合成及其催化电解水性能的研究[D].广州：暨南大学，2016.

[51] 杨仲秋.非贵金属电解水催化剂研究进展[J].科技创新与应用，2019（20）：67-68.

[52] 沈承，宁涛.燃料电池用氢气燃料的制备和存储技术的研究现状[J].能源工程，2011（1）：1-7.

[53] 王景儒.制氢方法及储氢材料研制进展[J].化学推进剂与高分子材料，2004，2（2）：13-17.

[54] 马建新，刘绍军，周伟.加氢站氢气运输方案比选[J].同济大学学报（自然科学版），2008，36（5）：615-619.

[55] 储满生，王兆才，赵庆杰.我国发展煤制气-气基竖炉直接还原工艺的可行性探讨[C].2010年全国炼铁生产技术会议暨炼铁年会.北京：中国金属学会，2010：1026-1040.

[56] 吴开基.气基直接还原竖炉用氧化球团的制备及其冶金特性研究[D].沈阳：东北大学，2011.

[57] Sharma T. Swelling of iron ore pellets under non-isothermal condition[J]. Transactions of the Iron & Steel Institute of Japan，1994，34（12）：960-963.

[58] 夏雷阁，苏步新，李新宇.首钢504m^2带式焙烧机热工制度的试验研究[J].矿冶工程，2014，34（3）：69-75.

[59] 秦民生.非高炉炼铁：直接还原与熔融还原[M].北京：冶金工业出版社，1988.

[60] 喻可安.提高废钢质量实践[J].鄂钢科技，2009（1）：43-46.

第4章
氢冶金技术大规模应用可行性分析研究

4.1 分析比较废钢－电炉短流程以及氢冶金的优异性

4.1.1 污染物排放

以东北大学开发的废钢-电炉短流程、煤制气-富氢竖炉-电炉短流程和电解水制氢-全氢竖炉-电炉短流程为对象进行生命周期评价（LCA），分析 DRI 配比（30%、50%、70%、100%）对富氢/全氢竖炉-电炉短流程环境负荷的影响，并对比以上三个流程环境性能的优异。

废钢-电炉短流程、煤制气-富氢竖炉-电炉短流程和电解水制氢-全氢竖炉-电炉短流程的 LCA 评价体系边界分别如图 4.1、图 4.2 和图 4.3 所示，以 1t 电炉钢水为功能单位，目标产品为 GCr15（含 C 量 1.0%），废钢为普通碳素废钢（含 C 量 0.19%）。需要注意的是，电解水制氢-全氢竖炉-电炉短流程消耗的电能假设全部来自可再生能源发电（即电能生产的碳排放为零），而另外两个流程消耗的电能来自火力发电厂，电能的相关排放数据基于《中国发电企业温室气体排放核算方法》。

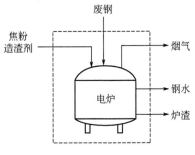

图 4.1 废钢－电炉短流程生命周期评价体系边界

基于 GaBi 软件和 CML2001 方法，选取资源消耗潜值（ADP）、酸化潜值（AP）、富营养化潜值（EP）、全球变暖潜值（GWP_{100}）、人体健康毒害潜值（HTP）、光化学臭氧合成潜值（POCP）六种影响类型进行环境影响评价。废钢-电炉短流程环境影响评价结果、吨钢能耗及主要污染物排放见图 4.4。可见，当电炉炉料全部为废钢时，废钢-电炉短流程环境影响为 1.80×10^{-11}，吨钢能耗仅为 103.23kg（标准煤），CO_2 排放量为 666.58kg。

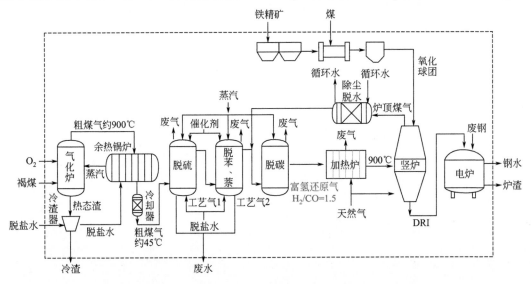

图 4.2 煤制气－富氢竖炉－电炉短流程生命周期评价体系边界

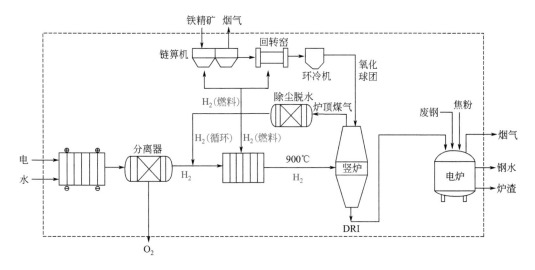

图 4.3 电解水制氢 – 全氢竖炉 – 电炉短流程生命周期评价体系边界

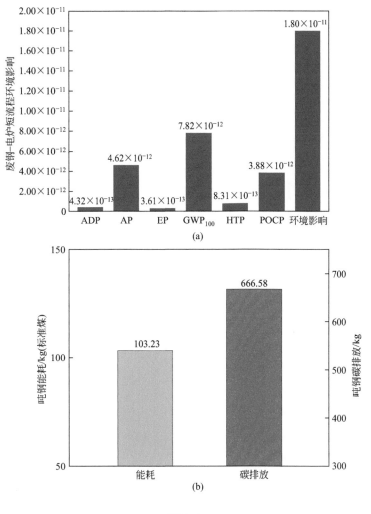

图 4.4

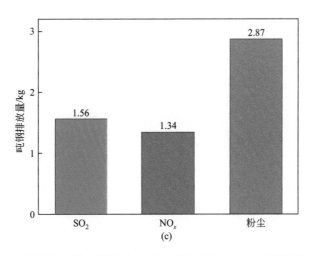

图 4.4 废钢 – 电炉短流程的环境影响（a）、吨钢能耗（b）及主要污染物排放（c）

不同 DRI 配比下，煤制气 - 富氢竖炉 - 电炉短流程环境影响、能耗和主要污染物排放情况见图 4.5。随电炉冶炼时 DRI 配比增加，煤制气 - 富氢竖炉 - 电炉流程的环境影响、碳排放、能耗及其他污染物排放均增加。采用 100% DRI 冶炼，煤制气 - 富氢竖炉 - 电炉

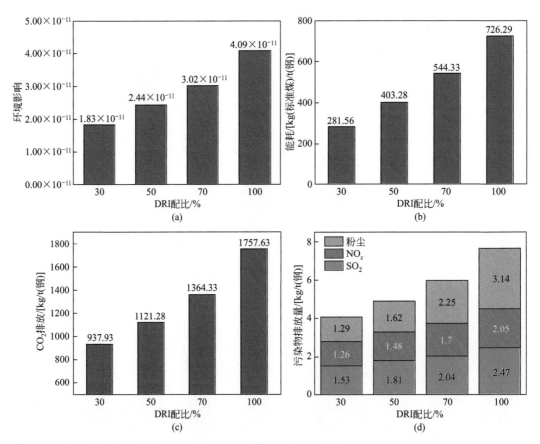

图 4.5 不同 DRI 配比下煤制气 – 富氢竖炉 – 电炉短流程的环境影响（a）、
能耗（b）；CO_2 排放（c）和主要污染物排放量（d）

流程的环境影响4.09×10⁻¹¹，吨钢碳排放1757.63kg，能耗726.29kg(标准煤)。

不同 DRI 配比下，电解水制氢 - 全氢竖炉 - 电炉短流程的环境影响、能耗和主要污染物排放情况见图 4.6。随电炉冶炼时 DRI 配比增加，煤制气 - 富氢竖炉 - 电炉流程的环境影响、碳排放、能耗及其他污染物排放均增加。采用 100% DRI 冶炼，电解水 - 全氢竖炉 - 电炉流程的环境影响仅 $1.16×10^{-11}$，吨钢碳排放 256.69kg，但能耗高达 894.34kg(标准煤)。

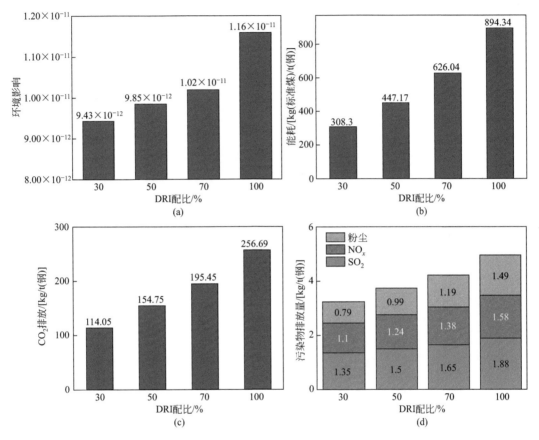

图4.6 不同 DRI 配比下电解水制氢－全氢竖炉－电炉短流程的环境影响（a）、
能耗（b）；CO_2 排放（c）和主要污染物排放（d）

图 4.7 为废钢 - 电炉短流程与采用 50% DRI+50% 废钢冶炼的氢冶金 - 电炉短流程环境影响、能耗和碳排放的对比情况。可见，全废钢冶炼比采用 50% DRI 的煤制气 - 富氢竖炉 - 电炉流程的吨钢能耗、CO_2 排放量分别低 74.40% 和 40.55%，这主要是由于 DRI 生产工序会带来一些额外的资源能源消耗和污染物排放。相比废钢 - 电炉流程，全氢竖炉 - 电炉短流程的环境影响和碳排放分别降低了 45.28% 和 76.78%。目前，电解水制氢的电耗较高 [4.6kW·h/m³(H₂)]，导致案例中全氢竖炉 - 电炉短流程的能耗高于废钢 - 电炉流程。在未来，可再生能源制氢低成本应用于钢铁行业后，全氢竖炉 - 电炉短流程的环境优势将更加明显。

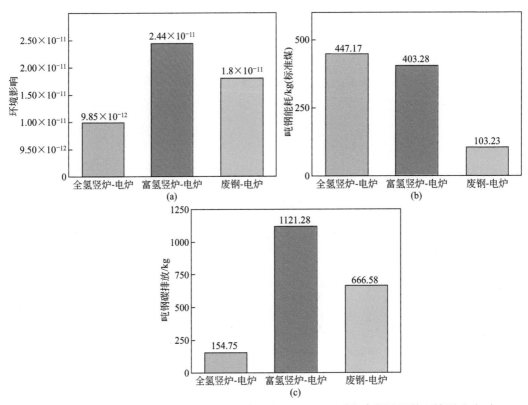

图 4.7 废钢 – 电炉短流程与氢冶金 – 电炉（50% DRI+50% 废钢）短流程的环境影响（a）、能耗（b）和碳排放（c）对比

4.1.2 钢水成分

由于 Cu、Sn、Sb、Pb、Cr、Ni 等特殊元素（见表 4.1）在废钢的循环使用中不易去除，在冶炼优质洁净钢时，经常因这些元素残留而导致含量超标，使用 DRI 可以控制和稀释钢中非铁元素的含量。某些高级钢种要求杂质元素含量较低（见表 4.2），只能使用 DRI 作为原料进行冶炼。相比废钢，DRI 碳含量高，熔池中沸腾反应强烈，N_2 将随 CO 沸腾而排出，有研究表明 DRI 加入量超过 60% 以后，钢中 N 含量可降至 0.003% ~ 0.0065%。由于残余元素含量低，钢中夹杂物数量明显降低，钢的冷轧性能和热轧性能有所提高，尤其是拉伸性能；使用 DRI 也可以明显降低钢中 S 含量，控制钢硫夹杂物形态，改变钢材的扩张性能和抗扭性能 [1]。

表4.1 废钢、DRI/HBI 中残余元素的含量 [2—15]　　　　单位：%

名称	S	Cu	Ni	Mo	Cr	Sn	总计
1 号打捆废钢	0.07	0.07	0.03	0.008	0.04	0.008	0.23
碎废钢	0.07	0.22	0.11	0.02	0.18	0.03	0.63
1 号难熔废钢	0.07	0.25	0.09	0.03	0.10	0.025	0.57
2 号打捆废钢	0.07	0.50	0.10	0.03	0.18	0.1	0.98
2 号难熔废钢	0.07	0.55	0.20	0.04	0.18	0.04	1.08
DRI/HBI	0.005	0.002	0.009	< 0.001	0.003	示踪元素	0.02

表4.2　不同钢种允许的元素最大残留量　　　单位：%

钢种名称	S	Cu	Ni	Mo	Cr	Sn	总计
螺纹钢	0.05	0.40	0.35	0.08	0.15	0.08	1.11
结构钢	0.03	0.40	0.15	0.08	0.15	0.03	0.84
电镀钢	0.03	0.20	0.10	0.02	0.10	0.02	0.47
锻造用钢	0.03	0.15	0.12	0.02	0.12	0.02	0.46
低质板材	0.03	0.15	0.08	0.02	0.08	0.02	0.38
冲压用钢	0.03	0.10	0.10	0.03	0.10	0.02	0.38
冷镦钢	0.03	0.10	0.08	0.01	0.08	0.02	0.32
细钢丝	0.03	0.10	0.08	0.02	0.08	0.02	0.33
深冲钢	0.03	0.06	0.10	0.02	0.07	0.02	0.30

　　使用氢冶金 DRI 使炼钢工序能够生产更具竞争力的增值产品。目前，DRI 和 HBI 除了可以作为高炉和转炉的含铁原料，由于氢冶金 DRI 产品比废钢中的残余杂质元素含量低得多，因此在电炉炉料中 DRI 与废钢搭配使用还可以冶炼许多种优质特种钢。国内外在电炉中使用 DRI 冶炼的高品质钢种包括石油套管、钻杆、汽车深冲板、弹簧钢、轴承钢以及航空、原子能源工业用钢。加拿大 DOFASCO 公司使用的 100% DRI 和 100% 废钢的钢成分和机械性能分别见表 4.3 和表 4.4。可见，DRI 的使用可改善电炉钢成分，提高屈服强度、应变时效和内部洁净度等机械性能，DRI 高配比使产品获得具有竞争力的深冲性能。相较废钢成分易波动，残留杂质元素含量高，DRI 成分更加稳定，残留元素和有害杂质含量更低，是理想的电炉冶炼优质钢原料，加快发展氢冶金 - 电炉工艺对我国优特钢生产具有重要意义。通过在电炉冶炼过程中利用热装 DRI 的显热，可以实质性地提高生产率，降低电能消耗。电炉冶炼过程中持续加入 DRI 的优点见表 4.5。

表4.3　DRI和废钢对电炉钢成分的影响

配料方案	钢中残留元素及氮含量 /%			
	Cu	Ni	Cr	N
100% 废钢	0.20	0.10	0.10	0.10
60% DRI+40% 废钢	0.07	0.05	0.05	0.05
100% DRI	0.08	0.05	0.05	0.05

表4.4　DRI对电炉钢机械性能的影响

配料方案	屈服强度 /MPa	抗拉强度 /MPa	延伸率 /%	加工硬化率 /%	异向性 r	晶粒粒径 /μm
60% DRI+40% 废钢	210	340	38	0.20	1.2	8.5
100% DRI	185	315	42	0.22	1.7	7.5

表4.5　电炉冶炼过程中持续加入DRI的优点[16—20]

优点	原理
贡献了化学能	Fe_3C 分解成铁和碳时为放热反应，它提高了电炉的热效率和生产率
充分利用化合碳	完全利用，使电炉消耗的石墨电极最少，降低炼钢成本
处理、运输时更稳定	Fe_3C 更稳定，储存和运输更安全
利于产生泡沫渣	高碳 DRI 与自由氧和化合氧接触并反应，泡沫渣使钢水成分更均匀
炭粉和 DRI 同时添加	同一个系统控制着金属料和炭粉的添加速度
优化氧气使用	DRI 加料速度不同，碳含量不同，使用氧气量也不同

国内某钢管公司在 150t 电炉中加入了直接还原铁生产 6 年，研究了 DRI 加入量对钢水收得率、冶炼时间、冶炼电耗、电极消耗、钢中有害元素、铸坯及钢管质量的影响。在使用 0 ~ 50% 秘鲁球团生产的直接还原铁时，钢水收得率与全废钢冶炼时收得率几乎持平，保持在 88% ~ 90% 之间；采用全废钢冶炼时，一般需要加料四次，总加料时间约 14min，配加 DRI 后可减少加料次数、加料时间，配加 12% ~ 30% DRI 时，一炉钢的冶炼时间可以缩短 3 ~ 5min；统计了 DRI 加入量对电炉电耗的影响，具体见表 4.6。结果表明，增量使用 DRI 到 50t 时，冶炼电耗反而有所上升；在 DRI 用量在 0 ~ 50% 时，电极消耗基本相同，其通电时间会随 DRI 使用比例增加而增加，但在连续加入 DRI 期间电能输入均衡稳定，减少了因塌料等原因造成的电极折断事故；随着 DRI 的加入，Ni、Mo、Cu、Sn 等有害元素也明显减少，这也使得钢种连铸时产生的纵裂纹明显减少，钢管性能指标随着 DRI 用量的增加明显提高。

表4.6　DRI加入量对电炉电耗的影响

统计炉数	每炉 DRI 加入量 /t	装料次数 / 次	冶炼电耗 /(kW·h/t)
23	20	3	502
179	30	3	495
13	40	2	480
59	50	2	495

4.1.3　生产成本

有学者以国内某电炉钢企业为参照，在现有装备条件和生产水平下，对废钢 - 电炉流程的吨钢成本进行了计算，结果见表 4.7（2017 年当年的原燃料和钢铁价格）。可知，当废钢价格为 2100 元时，全废钢电炉的吨钢生产成本为 3449.37 元，且该价格会随废钢成本波动而变化。采用煤制气 - 气基竖炉直接还原生产的金属化率 92% 的 DRI 成本估算见表 4.8。可见，DRI 成本约 1964.05 元 /t，较废钢成本有所下降。根据表 4.9，若冶炼普通钢种，采用 DRI 替代部分废钢后，电炉冶炼所消耗的资源和能源基本不变，这样不仅可提高产品质量，在成本方面也有所下降。若冶炼高端纯净钢，则需要品质更高的、金属化

率 >94% 的 DRI，虽然 DRI 成本与废钢相当，生产成本也类似，但其目标产品优质钢的市场价值远高于全废钢电炉的产品。因此，相比全废钢 - 电炉流程，氢冶金 - 电炉流程在经济性方面具有明显优势。

表4.7　废钢–电炉生产成本

明细	单价 /（元 /t）	单位消耗 /(kg/t)	单位成本 /（元 /t）
一、钢铁料消耗			2331.00
废钢	2100.00	1110.00	2331.00
二、合金			186.61
硅铁合金	6506.84	2.98	19.39
硅锰合金	7087.20	16.97	120.27
硅铝钡	8297.10	0.06	0.50
钒氮合金	244449.9	0.19	46.45
三、耐材			85.00
四、辅材			495.07
萤石	1946.77	20.00	38.94
白云石	111.26	5.00	0.56
活性石灰	427.41	30.00	12.82
炭粉等	1550.00	5.00	7.75
石墨电极	145000.0	3.00	435.00
五、能源			251.68
电	0.57 元 /(kW·h)	400.00kW·h/t	228.00
氧气	0.76 元 /m³	30.00m³/t	22.80
氩气	1.31 元 /m³	0.50m³/t	0.66
氮气	0.11 元 /m³	2.00m³/t	0.22
六、其他			100.00
成本合计 /（元 /t）			3449.37

表4.8　煤制气–气基竖炉直接还原生产DRI成本估算

序号	项目	成本 /[元 /t(DRI)]
1	氧化球团	1076.22
2	煤制气（恩德法制煤气）	702.78
3	水、电、N_2 等	55.05
4	工资福利	30.00
5	设备折旧、维修	100.00
	煤制气 - 气基竖炉 DRI 产品生产成本	1964.05

表4.9 煤制气–气基竖炉DRI–电炉钢的生产成本

明细	单价 /(元 /t)	单位消耗 /(kg/t)	单位成本 /(元 /t)
一、钢铁料消耗			2343.93
废钢	2100.00	555	1165.50
煤制气 - 竖炉 DRI	1964.05	600	1178.43
二、合金			186.61
硅铁合金	6506.84	2.98	19.39
硅锰合金	7087.20	16.97	120.27
硅铝钡	8297.10	0.06	0.50
钒氮合金	244449.9	0.19	46.45
三、耐材			85.00
四、辅材			487.70
萤石	1946.77	20.00	38.94
白云石	111.26	5.00	0.56
活性石灰	427.41	20.00	8.55
炭粉等	1550.00	3.00	4.65
石墨电极	145000.0	3.00	435.00
五、能源			240.28
电	0.57 元 /(kW · h)	380.00kW · h/t	216.6
氧气	0.76 元 /m³	30.00m³/t	22.80
氩气	1.31 元 /m³	0.50m³/t	0.66
氮气	0.11 元 /m³	2.00m³/t	0.22
六、其他			100.00
成本合计 /(元 /t)			3443.53

另有学者基于某企业自身条件，对直接还原铁在转炉应用的成本核算与实践进行了研究，以某地进口的直接还原铁（各成分含量见表4.10）为例，按照直接还原铁不同组分对转炉物料消耗、产量的影响进行了成本核算，见表4.10。可以看出，转炉每投入100kg直接还原铁，因自身材料组元的特点，可实现降本6.1元。另外，假定还原铁中纯金属铁的收得率为97%，以不含税到厂价和综合收得率进行有效成本核算，核算情况如表4.11。可以看出，除去钢筋压块，直接还原铁的成本低于其他类型的废钢，其中相对于破碎料与普通特优级废钢分别可低196元 /t与121元 /t。随后进行了生产实践，依据试验结果总结后得出，调整直接还原铁成本对比成本核算表后，相对于普通一级废钢、普通特优级、破碎料与铁水，使用直接还原铁的有效成本分别降低了4元 /t、91元 /t、166元 /t 和148元 /t。

表4.10　每投入100kg直接还原铁对转炉材料成本的影响[21—22]

分类	项目	含量/%	影响	影响量/kg	单位/(元/t)	增加成本/元
金属铁	金属铁	81.28	相当于带入部分返矿	15.0	691	−10.4
氧化铁	氧化铁	9.0	返矿减少废钢加入	30.0	42	1.3
渣杂	SiO_2	3.72	增加石灰用量	13.0	450	5.9
	Al_2O_3	0.75	含量低，忽略			
	CaO	0.56	减少石灰用量	−0.7	450	−0.3
	MgO	2.2	减少镁球用量	−2.2	900	−2.0
	V_2O_5	0.11	含量低，忽略			
	TiO_2	0.1	含量低，忽略			
常规元素	P	0.027	稀释P含量			
	Mn	0.03	含量低，忽略			
	C	0.85	增加废钢加入量	3.0	200	−0.6
	S	0.001	稀释S含量			
小计						−6.1

表4.11　直接还原铁和其他类型废钢有效成本对比

种类	不含税到厂价/(元/t)	铁元素含量/%	铁元素收得率/%	金属收得率/%	自身材料成本/(元/t)	有效成本/(元/t)	与还原铁成本差/(元/t)
直接还原铁	2163	81.28	97	78.8%	−75.4		0
普通一级	2422			90.20%		2663	17
普通特优级	2542			91.70%		2772	104
工业一级	2518			92.40%		2725	57
工业优级	2563			93.60%		2738	70
破碎料	2423			85.10%		2847	179
钢筋压块	2425			92.60%		2619	−49
钢板边（自产）	—			97.00%			
铁水	2580			91.20%		2829	161

注：氧化铁的金属收得率按90%计，DRI的铁收得率为9%×90%+81.28%×97%=86.94%。

4.2　分析比较高炉 – 转炉长流程以及氢冶金 – 电炉短流程

4.2.1　污染物排放

传统长流程中，焦化、烧结、高炉等铁前系统会产生大量烟气、粉尘及水污染，其中焦化厂的有害物质排放见表 4.12，而氢冶金 - 电炉短流程以富氢气体作为还原剂，免去了焦化、烧结等流程，减少了大量的污染物排放。

表4.12　焦化厂有害物质排放量（以1000万t焦炭产量为基础）

污染物	烟气量/×10⁶m³	CO/t	SO₂/t	NOₓ/t	烟尘/t	H₂S/t	NH₃/t	HCN/t	CₙHₓ/t	苯/t
煤干燥	41.1	4050	2850	750						
炉料预热处理	13 ～ 25	1300 ～ 2500	3800 ～ 7500	170 ～ 350	600 ～ 900					
焦炉	14 ～ 17.5	3300 ～ 19000	160 ～ 180	1120 ～ 2200						
装煤与运焦	3.75	460	630	920	11500	300	1210	11.4	2940	16
熄焦塔与推焦	6 ～ 6.75				4000	200	420	90		850
合计	77.85 ～ 94.1	9100 ～ 26010	7440 ～ 11160	2960 ～ 4220	16100 ～ 16400	500	16300	101.4	2940	866

采用上节相同方法，对烧结 - 高炉 - 转炉长流程和氢冶金 - 电炉短流程的环境影响进行评价。高炉 - 转炉长流程评价边界如图 4.8 所示，评价范围主要分为原材料获取、运输和产品生产三个阶段，选取 1t 转炉钢水为功能单位，数据主要来源为国内某大型钢铁企业实际生产数据。

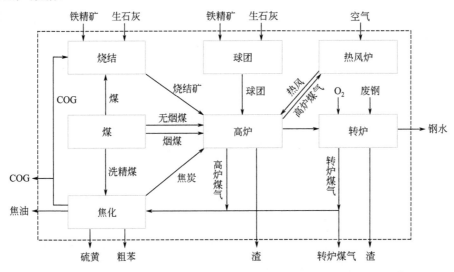

图 4.8　高炉 - 转炉长流程生命周期评价体系边界

图 4.9 为高炉 - 转炉长流程与采用 50% DRI+50% 废钢冶炼的氢冶金 - 电炉短流程环境影响、能耗和碳排放的对比情况。可见，高炉 - 转炉长流程的环境影响为 $9.31×10^{-11}$，远高于炉煤制气 - 富氢竖炉 - 电炉短流程和电解水 - 全氢竖炉 - 电炉短流程，而吨钢能耗和碳排放分别达到 669.82kg(标准煤) 和 2054.33kg。由于没有高能耗、高污染的烧结和焦化工序，氢冶金气基竖炉 - 电炉短流程的环境性能明显优于高炉 - 转炉长流程。相比高炉 -

转炉流程，当电炉采用 50% DRI+50% 废钢的炉料结构冶炼时，煤制气 - 富氢竖炉 - 电炉短流程的吨钢能耗和 CO_2 排放分别减少 39.79% 和 45.42%；而基于可再生能源制氢的纯氢竖炉 - 电炉短流程的吨钢能耗和 CO_2 排放分别减少 31.61% 和 92.47%。如前所述，当可再生能源制氢的电耗进一步降低时，该流程的节能效果将进一步提升。

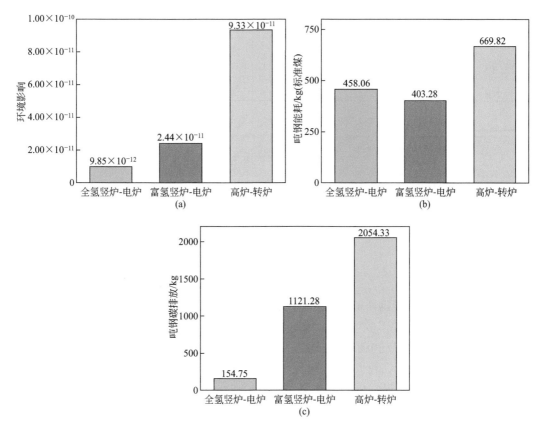

图 4.9 高炉 - 转炉长流程与氢冶金 - 电炉（50% DRI+50% 废钢）短流程的环境影响（a）、能耗（b）和碳排放（c）对比

4.2.2 钢水质量

　　采用气基竖炉生产直接还原铁与传统高炉生产铁水在工艺流程上有本质上的差别，竖炉是气固相反应，高炉是气液固相反应。高炉在生产过程中焦炭和喷吹煤粉的使用导致铁水硫磷含量要比铁矿石高几十倍，高炉气液固相反应使铁水与煤炭中的硫磷充分接触，通过造碱性渣脱除铁水中的硫磷，由于受化学反应平衡的限制，脱硫效率较低，且几乎没有脱磷的作用。而气基竖炉不直接使用煤，还原剂煤合成气中的硫和磷均在煤气净化工序被脱除，还原气中硫磷含量仅约 0.002%。使用氢冶金竖炉生产的直接还原铁作为原料生产钢材，在同样的工艺设备条件下明显具有生产低硫低磷产品的优势。氢冶金气基竖炉直接还原铁和高炉铁水的典型成分见表 4.13，直接还原铁 - 电炉钢水和转炉钢水典型成分见表 4.14。可见，相比以铁水为原料的高炉 - 转炉流程，以品质更加纯净的直接还原铁为原料的氢冶金 - 电炉流程生产的钢水杂质含量更少，更适合生产高附加值的高品质纯净钢。

表4.13 气基竖炉直接还原铁及高炉铁水的典型成分

成分	产品质量 /%		成分	产品质量 /%	
	DRI	高炉铁水		DRI	高炉铁水
TFe	90 ~ 94	≥ 94	Sn	痕量	≤ 0.01
MFe	83 ~ 90	—	Ni	≤ 0.009	≤ 0.06
C	0.5 ~ 3.0	4.0 ~ 4.7	Cr	≤ 0.003	≤ 0.05
S	0.001 ~ 0.003	0.01 ~ 0.04	Mo	痕量	—
P	0.005 ~ 0.09	0.1 ~ 0.2	Mn	0.06 ~ 0.10	0.1 ~ 0.5
Cu	≤ 0.002	≤ 0.08	脉石	2.8 ~ 6.0	—

表4.14 直接还原铁-电炉钢水和转炉钢水的典型成分

类型	成分 /%				
	P	S	Cu	Pb	As
直接还原铁 - 电炉钢水	0.011	0.01	0.01	0.014	0.015
转炉钢水	0.02	0.028	0.01	0.06	0.04

4.2.3 生产成本

近年来，随着我国废钢铁资源的逐渐累积及绿色环保要求的不断升级，电弧炉炼钢得到了迅速发展，同时也出现了多种绿色、节能的电弧炉。同时国家也出台了限制高炉 - 转炉生产的相关政策，并积极推动电炉的有序发展。然而，目前我国电炉炼钢在生产成本及生产节奏等方面均与转炉炼钢存在较大差距，有学者基于国内某钢厂实际数据计算了电炉炼钢成本，与转炉炼钢进行竞争力分析，具体结果见表 4.15。可见，电炉钢水的成本要高于转炉钢水。

表4.15 不同炼钢工艺成本比较

项目		单价 /(元 /t)	转炉炼钢		普通电炉炼钢	
			单耗 /(kg/t)	成本 /(元 /t)	单耗 /(kg/t)	成本 /(元 /t)
金属料	废钢	2500	180	450	1080	2700
	铁水	2200	900	1980	0	0
电耗	电	0.6 元 /(kW · h)	0	0	393kW · h/t	235.8
电极消耗	电极	100000	0	0	0.0013	130
耐火材料	炉衬	5.2	0.4	2.08	3	15.6
辅料	石灰	0.45	50	22.5	25	11.25
	白云石	0.25	25	6.25	8	2
	炭粉	1.5	0	0	17	25.5
燃气	氩气	2.77 元 /m³	15m³/t	41.55	0.05m³/t	0.14
	天然气	3.4 元 /m³	0	0	5m³/t	17
	氧气	0.75 元 /m³	50m³/t	37.5	34m³/t	25.5
	氮气	0.20 元 /m³	20m³/t	4	0.05m³/t	0.01
水	冷却水	0.29	3700	1.07	15000	4.35

项目		单价/(元/t)	转炉炼钢		普通电炉炼钢	
			单耗/(kg/t)	成本/(元/t)	单耗/(kg/t)	成本/(元/t)
能源回收	煤气	0.20元/m³	100m³/t	−20	0	0
	蒸汽	0.10元/m³	90m³/t	−9	80m³/t	−8
小计/(元/t)			2515.95		3159.15	

此外，还分析了 DRI 比例对电炉炼钢成本的影响，见图 4.10。可知，增加 DRI 的比例对金属料成本影响不大，在 30% 以内，金属料的成本甚至有所降低，炼钢成本也有所降低。但 DRI 会显著增加电力成本，在冷装料情况下，每增加 1% DRI，吨钢电耗增加约 1.2kW·h。随着 DRI 比例进一步提高，电耗明显增加，炼钢成本也会呈现增加趋势。单从成本方面比较，烧结-高炉-转炉流程吨钢成本要低于氢冶金-电炉流程。

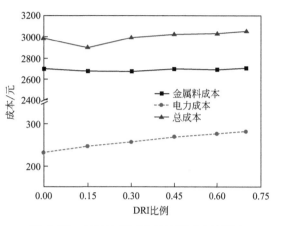

图 4.10 DRI 比例对电炉炼钢成本的影响

另有学者对煤制气气基竖炉-电炉炼钢流程与传统高炉-转炉炼钢流程工艺生铁和粗钢综合能耗进行了计算分析，其中煤制气气基竖炉-电炉炼钢流程中受我国废钢资源短缺的限制，废钢占比为 10%，直接还原铁配加量为 90%。两种工艺生产铁和粗钢的综合能耗分别见表 4.16 和表 4.17，还原铁工艺综合能耗当量值比高炉工艺低 41.78kg(标准煤)/t，等价值低 33.23kg(标准煤)/t，但两种炼铁工艺产品不同，因此能耗优势并不明显；而煤制气气基竖炉-电炉炼钢工艺的粗钢单位产品综合能耗均显著高于高炉炼铁-转炉炼钢工艺，主要原因在于电炉炼钢工艺的能耗偏大，特别是电力消耗过高，而如果增加废钢量，粗钢单位产品综合能耗会明显下降，依据计算结果，当废钢量增加到 30% 时，电炉炼钢粗钢单位产品综合能耗等价值小于转炉炼钢。

表4.16 直接还原铁和电炉炼钢工艺生产铁和粗钢综合能耗[23—28]

工序	物料	物料单耗/[t/t(铁)]	能源单耗/[kg(标准煤)/t]	电力单耗/(kW·h/t)	电力消耗/[kW·h/t(铁)]	能源消耗/[kg(标准煤)/t(铁)]	
						当量值	等价值
球团	球团矿	1.327	32.78	32.3	32.3	43.49	51.72
铁还原	DRI	1	403.94	54.3	54.3	403.94	414.37
小计					97.15	447.43	466.09

工序	物料	物料单耗/[t/t(钢)]	能源单耗/[kg(标准煤)/t]	电力单耗/(kW·h/t)	电力消耗/[kW·h/t(钢)]	能源消耗/[kg(标准煤)/t(铁)]	
						当量值	等价值
铁前工序	生铁	0.985	477.43	97.15	95.68	440.66	459.04
电炉炼钢	粗钢	1	50.62	203	203.00	50.62	89.62
合计				298.68	491.28	548.66	

表4.17 传统长流程生产铁和粗钢综合能耗

工序	物料	物料单耗 /[t/t(铁)]	能源单耗 /[kg(标准煤)/t]	电力单耗 /(kW·h/t)	电力消耗 /[kW·h/(铁)]	能源消耗 /[kg(标准煤)/t(铁)]	
						当量值	等价值
炼焦	焦炭	0.3584	99.66	−53	−19.00	35.72	32.07
球团	球团矿	0.251	27.65	22.8	5.73	6.94	8.04
烧结	烧结矿	1.256	47.2	38	47.71	59.26	68.42
炼铁	生铁	1	387.29	18.22	18.22	387.29	390.79
小计					52.66	489.21	499.32

工序	物料	物料单耗 /[t/t(钢)]	能源单耗 /[kg(标准煤)/t]	电力单耗 /(kW·h/t)	电力消耗 /[kW·h/(钢)]	能源消耗 /[kg(标准煤)/t(铁)]	
						当量值	等价值
铁前工序	生铁	0.953	489.21	52.66	50.19	466.27	475.91
电炉炼钢	粗钢	1	−11.65	12	12.00	−11.65	−9.34
合计					62.19	454.62	466.57

目前国外已有诸多钢厂将直接还原铁应用于电炉炼钢中[1,29,30]，其中阿曼电弧炉厂拥有一座150t超高功率电弧炉，所使用的原料为HDRI（成分见表4.18），入炉温度≥600℃，热装比例为100%。马来西亚 PERWAJA STEEL 公司现运行两台 DC 电炉，一台 AC 电炉，使用直接还原铁与废钢比为 7∶3。伊朗 Bardsir 钢厂的技术方案中设计了一座 140t 电弧炉，使用原料为 90% DRI 和 10% 废钢，具体技术参数见表4.19。墨西哥 TERNIUM HYLSA 薄板厂也有两台 135t 电炉，使用直接还原铁（DRI）与废钢炼钢，其中一台为达涅利电炉，设计使用 100% DRI，实际使用 78% HDRI 与 22% 废钢；另一台福克斯电炉设计使用 20% DRI，实际使用了 50% DRI 和 50% 废钢。

表4.18 某钢厂使用的HDRI成分

组成	金属化率	TFe	MFe	FeO	C	S	P	CaO	MgO	Al₂O₃	SiO₂
成分/%	92	92	84.64	9.47	1.4	0.01	0.04	0.3	0.4	1.1	< 2

表4.19 140t电弧炉主要参数

名称	单位	数值	名称	单位	数值
电弧炉(AC 公称容量)	t	140	出钢温度	℃	1610
出钢方式		EBT	通电时间	min	50
出钢量	t	约 140	断电时间	min	20(标准 12)
留钢量	t	约 25	变压器额定容量	MV·A	140
生产钢种		低、中碳钢，HSLA 钢	电能消耗	kW·h/t	约 590
冶炼周期	min	约 70	氧气消耗	m³/t	约 35
炉壳直径	mm	上炉壳 7300 下炉壳 7500	燃料消耗	m³(标)/t	约 2
			碳耗	kg/t	约 15
金属收得率	%	90	电极消耗	kg/t	约 1.9

4.3 我国氢冶金未来的发展方向

4.3.1 适合中国国情的低碳排放钢铁生产工艺

4.3.1.1 中国面临碳排放的形势非常严峻

中国的钢铁产量自 1992 年以后一直位居世界第一。根据世界钢铁协会统计的数据，2019 年，全球各国粗钢产量达到了 18.69 亿 t，我国粗钢产量达 9.96 亿 t，全球占比约为 53.29%。

2019 年世界高炉生铁产量为 12.78 亿 t。其中中国高炉生铁产量 8.09 亿 t，世界占比 63.3%。产量已超过同年全球钢产量第 2 ～第 10 位国家之和，但是中国却没有一座氢冶金生产 DRI 的竖炉。

2019 年我国的铁钢比达 0.81，是除中国以外的世界各国平均铁钢比（0.54）的 1.5 倍，说明我国钢铁生产中使用废钢的比例极低，吨钢碳排放量巨大。由于在中国钢铁业中，焦化 - 烧结 - 高炉长流程钢铁产量巨大，炼铁高炉的入炉原料平均含铁量标准较低（58% ～ 59.8%），使用废钢及直接还原铁的短流程电炉炼钢产量比例很低。我国炼铁高炉入炉原料的平均铁品位始终低于 60%，高品位球团矿生产量为空白。这是我国钢铁生产的单位钢铁产品能耗、固废、污染物、PM_{10} 及二氧化碳排放量均为世界第一的根本原因。

目前，地球大气层中 CO_2 含量过高而导致的全球气候变暖问题已受到世界广泛关注，当前大气中 CO_2 含量已突破 400ppm，并呈逐年上升趋势。2018 年中国的碳排放量达 100 亿 t，世界占比约 28%，中国钢铁工业碳排放量占全国碳排放量的 15%，其中炼铁系统能耗和排放占据钢铁全流程总能耗和总排放的 70% 左右，而全球钢铁行业的 CO_2 排放量仅占总排放量的 6.7%。钢铁生产是碳排放量最高的制造业行业，面临着节能减排的最大挑战。据不完全统计，采用高炉流程每生产 1t 钢，将排放出约 2.5t CO_2，计算得负能炼钢的转炉生产吨钢 CO_2 排放也达 2.2t 左右，即使采用废钢短流程电炉工艺也要排放 0.5t CO_2。目前，传统炼铁流程节能减排的潜力几乎达到了极限，世界各国正在逐步规划开发全新的氢冶金低碳炼铁减排新工艺方案。

4.3.1.2 三条钢铁生产工艺路线的比较分析

主要钢铁生产工艺流程的二氧化碳排放强度见图 4.11。

图中流程 A 为目前占中国 90%（占全世界的 75%）产能的烧结球团 - 焦化 - 高炉炼铁 - 碱性氧气转炉炼钢长流程。高炉每生产 1t 生铁需要消耗 1.6t 铁矿石，使用 0.33t 焦炭作为高炉内料柱支撑及透气透液的骨架，再加上喷吹 0.2t 煤粉，高炉炼铁工序的碳排放量占整个钢铁生产流程的 70% 以上，使钢铁工业成为二氧化碳排放大户。使用焦炭、煤粉等化石能源是钢铁行业环境负荷严重的主要原因。长流程中无论向高炉喷吹什么含氢燃料，其本质仍然是碳冶金流程，再加上使用传统动力电运行，其 CO_2 排放强度大于 2.1t/t(钢)。

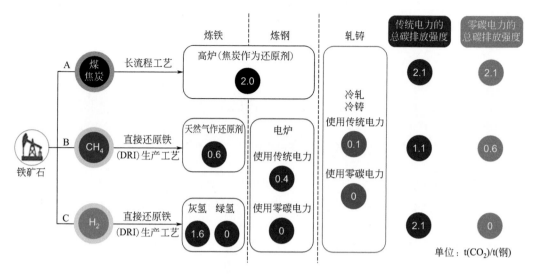

图 4.11 钢铁厂主要工艺 CO_2 排放强度

流程 B 为目前占全世界直接还原铁产能 80% 的气基竖炉工艺,包括 MIDREX、HYL-Ⅲ、PERED 等,使用天然气代替焦炭作为燃料和还原剂生产 DRI 产品。利用气体燃料天然气、焦炉煤气制备还原气的化学反应为:

$$CH_4+H_2O \Longrightarrow CO+3H_2 \qquad \Delta H=9158kJ/m^3\ CH_4 \qquad (4.1)$$

$$CH_4+CO_2 \Longrightarrow 2CO+2H_2 \qquad \Delta H=11023kJ/m^3\ CH_4 \qquad (4.2)$$

$$CO+H_2O \Longrightarrow H_2+CO_2 \qquad \Delta H=-1835kJ/m^3\ CO \qquad (4.3)$$

$$CH_4+1/2O_2 \Longrightarrow CO+2H_2 \qquad \Delta H=-1588kJ/m^3\ CH_4 \qquad (4.4)$$

虽然直接还原工艺可使用天然气代替焦炭作为还原剂来生产 DRI,然后通过电弧炉将其冶炼成钢,但竖炉气固还原法中还原气一次利用率不高,一次通过后的炉顶煤气中仍含有大量 CO 和 H_2,大部分再通过重整加热炉循环利用。考虑到使用传统电弧炉熔炼废钢、DRI 所需的电能,以及一部分炉顶煤气用作加热炉燃料,故气基竖炉直接还原工艺仍然会排放一定量的 CO_2。

流程 C 为氢能生产直接还原铁技术。用氢气作为还原剂和热载体,在低于矿石软化温度下,在反应装置内将铁矿石还原成金属铁,产品称直接还原铁。这种产品保留了失氧前的外形,因还原失氧形成大量微孔隙,显微镜下形似海绵结构。由于直接还原铁中碳、硅含量极低,成分类似钢,可代替废钢用于电炉炼钢。可用绿氢代替煤炭作为炼铁工艺的还原剂,使用非生物质绿色电力炼钢,大幅度减少乃至完全避免钢铁生产中排放二氧化碳,节能减碳效果显著。氢冶金是全新的低污染、低排放前沿技术,符合国家低碳、节能、环保、绿色产业政策。

4.3.1.3 中国面临的能源形势与制氢技术路线的选择

2019 年底,《能源统计报表制度》首次将氢气纳入 2020 年能源统计,15 部门印发《关于推动先进制造业和现代服务业深度融合发展的实施意见》,推动氢能产业创新、集聚发展。2020 年初,国家发改委、司法部发布《关于加快建立绿色生产和消费法规政策体系的意见》,于 2021 年完成研究制定氢能、海洋能等新能源发展的标准规范和支持政策。

2020 年 4 月，国家能源局发布《中华人民共和国能源法（征求意见稿）》，氢能被列为能源范畴。2020 年 6 月，氢能先后被写入《2020 年国民经济和社会发展计划》《2020 年能源工作指导意见》。

中国是世界第一产氢大国，2019 年全国氢气产量约 2500 万 t，约占世界总产量的 40%，目前主要用于工业原料用氢而非能源使用，其获得方式约 95% 依靠化石资源生产，这是目前成熟且经济上也过关的工艺，中国发展氢能产业具有较好的基础。中国在合成氨、合成甲醇、炼焦、炼油、氯碱、轻烃利用等传统石油化工行业中具有较为成熟的经验。

氢能发展将会进一步在加速传统能源产业转型升级、在钢铁冶金工艺技术进步中发挥更大推动作用。氢能发展需要正视氢能生产中的问题和短板，强化顶层设计和配套政策，探索和形成规模化发展的商业模式。

（1）制氢技术

① 天然气制氢。天然气制氢工艺流程见图 4.12。蒸汽重整天然气制氢（SMR）在制氢技术中发展较为成熟、应用较为广泛。根据天然气价格的变化，天然气制氢成本可从 7.5 元 /kg（氢）增加到 24.3 元 /kg(氢)，其中天然气原料成本的占比达 70%～90%，而我国东部、中部大多数地区的天然气价格均高于 2 元 /m³，与天然气成本低于 0.7 元 /m³ 的美国、俄罗斯、沙特、伊朗、埃及、阿联酋以及墨西哥、委内瑞拉等加勒比海国家有天壤之别。中国天然气资源供给有限，成本居高不下，导致国内天然气制氢的经济性远低于国外。由于中国"富煤、缺油、少气"的资源特点，仅有如西部盆地等天然气资源充足的区域适合探索发展 SMR 技术。

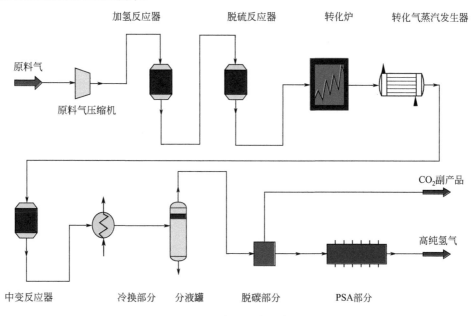

图 4.12 天然气制氢工艺流程

② 工业副产氢。工业副产氢主要是指生产化工产品的同时得到的氢气，主要有焦炉煤气、氯碱化工、轻烃利用（丙烷脱氢、乙烷裂解）、合成氨合成甲醇等工业的副产氢。焦炉煤气制氢的工艺流程见图 4.13。

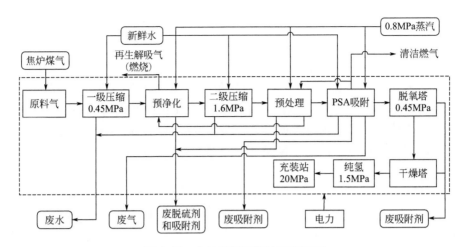

图 4.13 焦炉煤气制氢的工艺流程

图 4.14 给出了中国工业副产氢制氢综合成本。中国工业副产氢大多数已有下游应用，也存在部分放空。当前工业副产氢基本为各企业自产自用，较难统计，实际可利用情况还需与企业相互协调与平衡。2019 年我国焦炭产量达 47126 万 t，全球占比约 60%。从焦炭产量分布区域来看，华北地区焦炭产量占全国 38%，华东地区占比 21%，有利于就近供应华东和华北地区的氢冶金示范工程项目。钢铁联合企业焦化厂的焦炭产量通常在百万吨以上，可供副产氢的规模较大。生产每吨焦炭可产出焦炉煤气约 330m³，焦炉煤气含氢总量达 70%，是氢气竖炉生产直接还原铁的优质气源。我国的焦化工业每年产出的焦炉煤气总量达 1555 亿 m³，假定其中一半用于化工生产及工厂周边居民使用；除了企业生产必需的燃料消耗，如果将其中的三分之一存量焦炉煤气用于氢气竖炉，可生产 7400 万 t 直接还原铁。因此，只要政府出台具体政策支持引导，我国现有千万吨产能钢铁企业及煤化工企业就可以通过置换，将其企业自产的一小部分焦炉煤气变压吸附提取氢气，建设一座氢气竖炉生产直接还原铁（50 万～ 100 万 t/a），用于生产优质钢，对发展氢冶金工艺、培养人才、积累经验非常有利。经济核算表明，与焦炉煤气用于制造不同产品比较，焦炉煤气用于生产直接还原铁的经济效益最高（见图 4.15）。目前提纯制氢的综合工厂成本约为

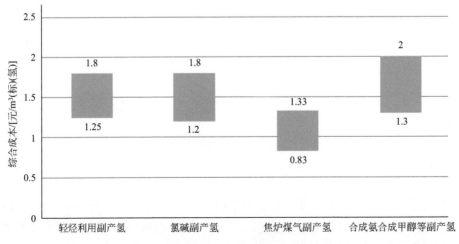

图 4.14 中国工业副产氢制氢综合成本

0.83元/m³(标)氢，但是，焦炉煤气大部分已经用作企业轧钢生产的燃料或煤化工产品的原料气。如果氢冶金项目需要利用焦炉煤气制氢，必须为提供焦炉煤气的企业建设大型煤制气装置，用气化煤制出的低成本洁净煤气置换出焦炉煤气，才能将置换出的焦炉煤气用于氢冶金项目，作为提取氢或重整制氢的原料气使用。

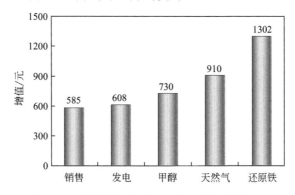

图 4.15 焦炉煤气各种利用途径的经济性对比

价格说明：（1）焦炉气：0.9 元 /m³(标)；（2）电网：0.72 元 /(kW·h)；（3）甲醇：2000 元 /t，1780m³(标)焦炉气产 1t 甲醇；（4）天然气：2.8 元 /m³(标)，2m³(标)焦炉气制 1m³(标)CH₄；（5）还原铁：废钢 3100 元 /t，650m³(标)焦炉气 +1.45t 铁矿制 1t 还原铁，铁矿价格 1240 元 /t

③ 煤制氢。煤制氢工艺流程见图 4.16。中国当前煤化工行业发展较为成熟，煤制氢的产量巨大且产能分布很广，从供应潜力看，可以基于当前的煤气化炉装置大量生产氢气，并利用变压吸附（PSA）技术将其提纯达到氢冶金用氢的要求。煤制氢产能适应性强，可以根据当地氢气消耗量的不同，设置氢气提纯规模并调节产能。一台投煤量千吨级 / 天的大型煤气化制氢设备，单位投资成本在 1 万～ 1.7 万元 /[m³(标)/h] 之间。在达到大规模生产制氢条件下，其投资与运营成本能够得到有效摊销，在煤价 200 ～ 800 元 /t 时，制氢成本约 6.77 ～ 10.80 元 /kg（氢）（25℃ 1kg 氢气的体积为 12.5m³）（见图 4.17）。煤制氢适合中央工厂集中制氢，已经具备良好的发展基础，可以作为具有突破效应的重大氢能技术给予支持。

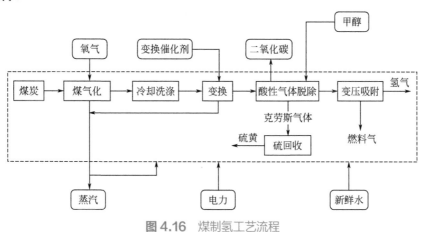

图 4.16 煤制氢工艺流程

在我国西北、华北、西南以及煤炭产地都可以采用煤制气工艺满足氢气竖炉的需要。为了节省投资，建设氢气竖炉应该尽可能充分利用周边冶金企业、化工企业副产的富余廉价的富氢尾气，或者回收余热生产的水蒸气等作为氢冶金的氢源。在西北、华北有许多生

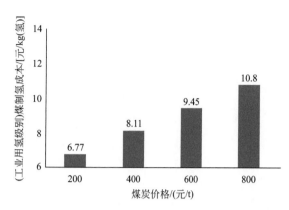

图 4.17 煤制氢成本随煤炭价格的变化趋势

产煤焦油、兰炭的煤干馏炉的副产煤气也是优质氢气来源，多余的兰炭可以就地气化制成氢气供氢冶金生产使用。如果当地有富余而且进厂价格低于 1.5 元 /m³ 的天然气供应，也可以用作氢气竖炉生产优质直接还原铁的还原气源。

④ 生物质制氢[31]。目前国内外以生物醇类[32-39]、苯酚类[40-42]、酸类[43-46] 三大主要生物质衍生物为原料进行重整制氢的研究。生物质衍生物的来源丰富且产量大，包括动植物、微生物以及这些生命体排泄及代谢的有机物质，具体以秸秆、柴薪、动物粪便、林业废弃物、废弃油脂及城市生活垃圾等形式广泛存在。中国在生物乙醇、生物柴油、生物发电、生物气化等生物质应用领域取得了显著进步，合理利用这些生物质衍生物作原料，具有非常好的应用前景。同时相较于化石能源制氢，生物质衍生物重整制氢具有绿色清洁、变废为宝以及易获取、可再生等优势。

目前，基于生物质衍生物重整制氢的方法主要有水蒸气重整（SR）、部分氧化重整（POR）、自热重整（ATR）和水相重整（APR）制氢。SR 制氢是目前广泛应用于工业制氢的基本方法，具有制氢率高、工艺相对成熟及原料来源广泛等优势；缺点是反应能耗高、在高温下易造成催化剂积炭失活、经济效益不高。POR 制氢启动速度快且反应放热、能耗低，与 SR 制氢相比较，POR 制氢减少了汽化装置，简化了操作程序；缺点是需要纯氧才能实现较高的产氢率，且对反应器材和催化剂有严格的限制。ATR 制氢是将 POR 放出的热量供给吸热的 SR，提高了体系能量利用率及产氢量，且热传递快，是一种高效且具有广阔应用前景的能源转化技术；缺点是 ATR 反应过程及操作相对较复杂。APR 制氢没有汽化步骤，反应温度低、催化剂不易失活，可通过变压吸附或膜技术提纯 H₂；缺点是副反应多、氢产率低。

生物醇类衍生物能通过生物质的化学热和生物转换等方式大量获取，其来源广泛且含氢量高，能源损耗相对较低，又能实现可持续供应，是重整制氢的理想原料之一。目前用于生物质衍生物重整制氢的生物醇类原料主要有甲醇、乙醇、乙二醇和丙三醇等，但其副产物一氧化碳和二氧化碳选择性高，会与氢气发生甲烷化反应，降低氢气浓度和产量。因此在重整制氢中要提高 H_2 的选择性，例如通过选择合适的催化剂、添加助剂改性催化剂、开发新型载体、改进重整制氢工艺。

木质素是生物质的重要分类，是典型的模型化合物，主要来源于造纸废液以及生物质发酵废渣，储量大、可再生。木质素分子质量大、结构复杂，很难用一个通式完整的表示木质素结构，使得直接用木质素来研究热裂解较为困难。而生物质衍生物苯酚也是一种模型化合物，因此采用苯酚来代替木质素研究，苯酚重整制氢最常见的方法是水蒸气重整，其中反应如下。

苯酚水蒸气重整：$C_6H_5OH+5H_2O \longrightarrow 6CO+8H_2$

CO 甲烷化：$\qquad\qquad CO+3H_2 \longrightarrow CH_4+H_2O$

CO_2 甲烷化：$\qquad\quad CO_2+4H_2 \longrightarrow CH_4+2H_2O$

水气变换：$\qquad\qquad CO+3H_2O \longrightarrow CO_2+3H_2$

但苯酚水蒸气重整制氢也存在制氢率和原料转化率不高的问题，甲烷化反应会消耗氢气，为此国内外也尝试研究应用新型催化剂载体。苯酚水蒸气重整制氢不仅是一种很有应用前景的制氢技术，还能模拟分解去除在生物质热解过程中所产生的焦油。

生物质酸类衍生物重整制氢主要研究了乙酸重整制氢，乙酸是生物质热解油的主要成分，作为生物质热裂解生物油的模型化合物代表是生物油研究的重要对象。目前研究较多的乙酸重整制氢主要有水蒸气重整（SR）和自热重整（ATR），但在其重整过程中，很容易发生乙酸丙酮化和乙酸脱水副反应，会在催化剂表面形成积炭。为了改善乙酸重整催化剂的抗积炭能力，应当合理选择助剂，通过合理选择助剂可以调节催化剂的酸碱性，增强催化金属与载体间的相互作用。

相较于煤炭、石油等化石燃料，生物质具有易获取、可再生的优点，开发利用生物质衍生物制备氢能，能够有效处理农、林等行业产生的大量生物质废料，符合中国可持续发展的方针。但目前针对生物质衍生物重整制氢的研究中，还存在反应机理不够明确，催化性能稳定、制氢率高的催化剂体系尚不完善等问题，未来仍有许多挑战，尚待深入研究。

⑤ 电解水制氢。电解水制氢基本原理是以水为原料，外部施加电压，形成完整通电回路，利用电能打破水分子内部平衡，发生裂解后的氢原子和氧原子进行重构，最终析出 H_2 和 O_2。1789 年，电解水产生气体的现象首次被发现，从此电解水制氢技术开始了两个多世纪的发展。目前电解水工业制氢[47—52]主要有三种方法，即：碱性溶液（见图4.18）、固体聚合物膜和固体氧化物电解制氢法。假设年均全负荷运行 7500h、电价 0.3 元/(kW·h)，目前国内碱性电解水的制氢成本为约 21.6 元/kg（1.7 元/m³）。碱性电解槽基本实现国产化，但单槽最高产能仅 1000m³/h。当前中国电解水制氢产能尚未达到经济规模，电解水制氢尚不经济。

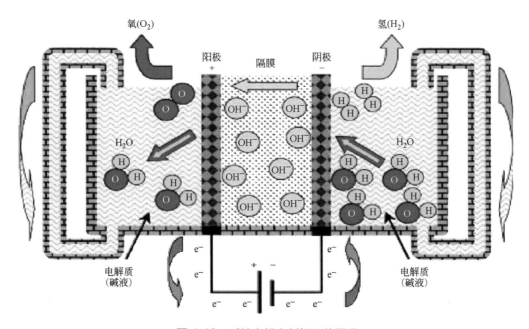

图 4.18 碱性电解水制氢工艺原理

我国非生物质能源的比例及发展趋势。我国非化石能源发展基础牢固，发展规模世界领先。可再生能源发电成本持续降低，接近平价水平。从发电量看，2018 年火电发电

图 4.19 全国电能构成

量 49231 亿 kW·h，水电发电量 12329 亿 kW·h，风电发电量 3660 亿 kW·h，太阳能发电量 1775 亿 kW·h，核电发电量 2994 亿 kW·h。2019 年，全国非化石能源发电装机达到 8.4 亿 kW·h，占全部装机的 42%。全国非化石能源发电量达 2.39 万亿 kW·h，占全部发电量比例为 32.7%（见图 4.19）。算上气电装机，我国清洁能源发电装机容量累计达 9.3 亿 kW·h，约占全部总装机容量 46.5%，我国是全球非煤清洁能源发电装机容量最多的国家。我国的水电、风电、光伏发电装机规模均居世界第一，上网电价逐年降低。

2019 年我国全面采取招标等竞争性方式配置风电和光伏资源，推进可再生能源成本和电价下降。根据 2019 年风电电价政策，2021 年新建陆上风电项目的电价补贴将全面退出。2019 年我国光伏项目竞价项目的平均补贴水平仅为 0.065 元 /(kW·h)。预计，光伏发电有望在"十四五"初期进入上网全面平价阶段。这为我国电解水制氢发展奠定了良好的基础。

（2）氢能储存

氢能全产业链包含制氢、氢能储运和氢能利用三个关键环节，在氢能源发展方面，我国面临的最主要挑战即氢能的储运。找到安全、经济、高效、可行的储运模式，是氢能全生命周期应用的关键。对储氢技术的要求是安全、大容量、低成本以及取用方便。

储氢技术作为氢气从生产到利用过程中的桥梁，也是氢能应用的主要瓶颈之一，是指将氢气以稳定形式的能量储存起来，以方便使用的技术。氢气的质量能量密度约为 120 MJ/kg，是汽油、柴油、天然气的 2.7 倍，然而，288.15K、0.101MPa 条件下，单位体积氢气的能量密度仅为 12.1MJ。因此，储氢技术的关键点在于如何提高氢气的能量密度。常以氢气的质量密度，即释放出的氢气质量与总质量之比，来衡量储氢技术的优劣。美国能源部（DOE）要求 2020 年国内车载氢能电池的氢气质量密度需达到 4.5%，2025 年达到 5.5%，最终目标是 6.5%。同时，氢气为易燃、易爆气体，当氢气浓度为 4.1% ～ 74.2% 时，遇火即爆。因此，评价储氢技术优劣时，还需考虑安全性。一项技术的使用，还需考虑经济性、能耗以及使用周期等因素。

成熟的氢气储运技术是保障氢气大规模高效利用的关键。据统计，美国能源部所有氢能研究经费中有用于研究氢气的储存。氢能工业对储氢的要求总的来说是储氢系统要安全、容量大、成本低、使用方便。目前研究和应用的氢气储存方式主要包括：高压气态储氢[53]、低温液态储氢[54]、有机液态储氢[55]、多孔材料及金属合金等物理类固态储氢[56]，其具体特点见图 4.20。

① 高压气态储氢。高压气态储氢技术比较成熟，是目前我国最常用的储氢技术。高压气态储氢即通过高压将氢气压缩到一个耐高压的容器中，高压容器内氢以气态储存，氢气的储量与储罐内的压力成正比。通常采用气罐作为容器，简便易行，其优点是存储能耗低、成本低（压力不太高时），且可通过减压阀调控氢气的释放。因此，高压气态储氢已成为较为成熟的储氢方案。高压储氢气瓶是压缩氢广泛使用的关键容器，广泛应用于加氢

高压气态储氢
- 储氢率: 1%~3% (丰田5.8%)
- 成本低, 常温可快速放氢。但储氢率低, 技术要求高, 存在隐患

低温液态储氢
- 储氢率: > 10%
- 储存容器小, 液化耗能高, 储存要求高

有机液态储氢
- 储氢率: 5%~10%
- 储存容器小, 液化耗能高, 储存要求高

固态储氢
- 储氢率: 1%~10%
- 安全、稳定、易操作, 但技术不成熟, 成本高, 金属储氢不易运输

图 4.20　各种储氢方法的比较

站及车载储氢领域。随着应用端的应用需求（尤其是车载储氢）不断提高，轻质高压是高压储氢气瓶发展的不懈追求。目前高压储氢容器已经逐渐由全金属气瓶（Ⅰ型瓶）发展到非金属内胆纤维全缠绕气瓶（Ⅳ型瓶[57]）。

目前主要有全金属储氢气瓶和纤维复合材料缠绕气瓶，金属压力容器的发展是由 19 世纪末的工业需求带动的，特别是储存二氧化碳以用于生产碳酸饮料。而早在 1880 年，锻铁容器就被报道用作氢气的储存并用于军事领域，储氢压力可达 12MPa。19 世纪 80 年代后期，随着英国和德国发明了通过拉伸和成型制造的无缝钢管制成的压力容器，金属压力容器的储气压力大大提升。到 20 世纪 60 年代，金属储氢气瓶的工作压力已经从 15MPa 增加到 30MPa[58]。全金属储氢气瓶，即Ⅰ型瓶，其制作材料一般为 Cr-Mo 钢、6061 铝合金、316L 等。由于氢气的分子渗透作用，钢制气瓶很容易被氢气腐蚀出现氢脆现象，气瓶在高压下失效，出现爆裂等风险。同时由于钢瓶质量较大，储氢密度低，质量储氢密度在 1% ～ 1.5% 左右。一般用作固定式、小储量的氢气储存。近年来，金属气瓶研究主要集中于金属的无缝加工、金属气瓶失效机制等领域，尤其是采用不同的测试方法来评估金属材料在气态氢中的断裂韧性特性。

纤维复合材料缠绕气瓶即Ⅱ型瓶、Ⅲ型瓶和Ⅳ型瓶。最早于 20 世纪 60 年代在美国推出，主要用于军事和太空领域 [59]。1963 年，Brunswick 公司研制了塑料内胆玻璃纤维全缠绕复合高压气瓶，用于美国军用的喷气式飞机的引擎重启系统。复合材料增强压力容器具有破裂前先泄漏的疲劳失效模式，可大大提高高压气瓶的安全性。其中Ⅱ型瓶采用的是环向增强，纤维并没有完全缠绕，工作压力有所增强，可达 26 ～ 30MPa。但由于其缠绕的内胆仍然是钢制内胆，并没有减轻气瓶质量，质量储氢密度和Ⅰ型瓶相当，应用场景受限。

② 低温液态储氢。低温液态[59—61]储氢是先将氢气在高压、低温条件下液化，然后储存在低温绝热真空容器中。该方式的优点是氢的体积能量很高，由于液氢的密度为 $70.78kg/m^3$，是标况下氢气密度的近 850 倍，即使将氢气压缩，气态氢单位体积的储存量也不及液态储存。低温液态储氢输送效率高于气态氢，主要应用于航天航空领域与超大功率商用车辆。目前最大的液化储氢罐是位于美国肯尼迪航天中心的储氢罐，储氢容积达 12000L。

但液氢的沸点极低（-252.78℃），与环境温差极大，对储氢容器的绝热要求很高。然而，为了保证低温、高压条件，不仅对储罐材质有要求，而且需要有配套的严格的绝热方案与冷却设备。因此，深冷液化储氢的储罐容积一般较小，氢气质量密度为 10% 左右。目前，深冷液化储氢技术还需解决以下几个问题：a. 为了提高保温效率，需增加保温层或保温设备，如何克服保温与储氢密度之间的矛盾；b. 如何减少储氢过程中，由于氢气汽化所造成的 1% 左右的损失；c. 如何降低保温过程所耗费的相当于液氢质量能量 30% 的能量。

③ 有机液态储氢。有机液态储氢[62—63]是通过加氢反应将氢气与甲苯（TOL）等芳香族有机化合物固定，形成分子内结合有氢的甲基环己烷（MCH）等饱和环状化合物，从而可在常温和常压下，以液态形式进行储存和运输，并在使用地点在催化剂作用下通过脱氢反应提取出所需量的氢气。常用的液态有机物及其性能见表 4.20。

表4.20 常用的有机液态储氢材料及其性能

介质	熔点 /K	沸点 /K	储氢密度 /%
环己烷	279.65	353.85	7.19
甲基环己烷	146.55	374.15	6.18
咔唑	517.95	628.15	6.7
乙基咔唑	341.15	563.15	5.8
反 - 十氢化萘	242.75	458.15	7.29

有机液态储氢技术具有较高储氢密度，通过加氢、脱氢过程可实现有机液体的循环利用，成本相对较低。同时，常用材料（如环己烷和甲基环己烷等）在常温常压下，即可实现储氢，安全性较高。然而，有机液体储氢也存在很多缺点，如需配备相应的加氢、脱氢装置，成本较高；脱氢反应效率较低，且易发生副反应，氢气纯度不高；脱氢反应常在高温下进行，催化剂易结焦失活等。

液态有机物储氢使得氢可在常温常压下以液态输运，储运过程安全、高效，但还存在脱氢技术复杂、脱氢能耗大、脱氢催化剂技术亟待突破等技术瓶颈。若能解决上述问题，液态有机物储氢将成为氢能储运领域最有希望取得大规模应用的技术之一。

④ 固态储氢。根据固态储氢[64]机制的差异，主要可将储氢材料分为物理吸附型储氢材料和金属氢化物基储氢合金两类。其中，金属氢化物储氢是目前最有希望且发展较快的固态储氢方式。

金属储氢是常见的固态储氢技术，是未来的重要发展方向，指利用吸氢金属 A 与对氢不吸附或吸附量较小的金属 B 制成合金晶体，在一定条件下，金属 A 作用强，氢分子被吸附进入晶体，形成金属氢化物，再通过改变条件，减弱金属 A 作用，实现氢分子的释放。常用的金属合金可分为：A_2B 型、AB 型、AB_5 型、AB_2 型与 $AB_{3.0-3.5}$ 型等。其中金属 A 一般为镁（Mg）、锆（Zr）、钛（Ti）或 I A ～ V B 族稀土元素，金属 B 一般为 Fe、Co、Ni、Cr、Cu、Al 等。各类金属合金的特点见表 4.21。金属合金储氢的特点是氢以原子状态储存于合金中，安全性较高。但这类材料的氢化物过于稳定，热交换比较困难，加 / 脱氢只能在较高温度下进行。

表4.21　常用金属合金储氢材料及其性能

类别	代表合金	优点	缺点	储氢密度 /%
A₂B	Mg₂Ni	储氢量高	条件苛刻	7.19
AB	FeTi	价格低	寿命短	6.18
AB₅	LaNi₅	压力低、反应快	价格高、储氢密度低	6.7
AB₂	Zr 基，Ti 基	无需退火除杂，适应性强	初期活化难、易腐蚀、成本高	5.8
AB₃.₀₋₃.₅	LaNi₃、Nd₂Ni₇	易活化，储氢量大	稳定性差、寿命短	7.29

金属氢化物储氢罐供氢方式具有以下特点：储氢体积密度大、操作容易、运输方便、成本低、安全性好、可逆循环好等，但是质量效率低，如果质量效率能够有效提高的话，这种储氢方式非常适合在燃料电池汽车上使用。

我国低温液态储氢技术应用较少，且该技术的成本高，长期来看，在国内商业化应用前景不如另外三种储氢技术。高压气态储氢是我国最为成熟的储氢技术，低温液态储氢和有机液态储氢综合性能好，但亟待相关技术攻关以降低其成本。目前，加氢站采用的是高压气态储氢技术。长期来看，高压气态储氢还是国内发展的主流。但由于该技术存在安全隐患和体积容量比低的问题，在氢燃料汽车上应用并不完美，因此该技术应用未来可能有下降的趋势。固态储氢材料储氢性能卓越，是四种方式中最为理想的储氢方式，也是储氢科研领域的前沿方向之一，但是现在尚处于技术攻关阶段。因此，我国可以以此技术为突破口，打破氢能储存技术壁垒，加速氢能产业发展。

今后储氢技术工作的重点将集中在以下几方面：a. 轻质、耐压、高储氢密度的新型储罐研发；b. 完善化学储氢技术中相关储氢机理，以期从理论角度找到提高储氢密度、降低放氢难度、提高氢气浓度的方法；c. 结合氢能的利用工艺、条件，合成高效的催化剂，优化配套的储氢技术，以综合提高氢能的利用效率；d. 提高各类储氢技术的效率，降低储氢过程中的成本，提高安全性，降低能耗，提高使用周期，探究兼顾安全性、高储氢密度、低成本、低能耗等需求的方法；e. 复合储氢技术的研发，综合各类储氢技术的优点，采用两种或多种储氢技术共同作用，探究复合储氢技术的结合机理，提高复合储氢技术的效率。

（3）氢能运输

氢气的运输通常因储氢状态的不同和运输量的不同而异，主要有气氢输送、液氢输送和固氢输送等三种方式 [65-71]，各种氢气输送方式的比较见图 4.21。其中，长管拖车运输较为成熟，但在长距离大容量输送时，成本较高；而管道运输是实现氢气大规模、长距离输送的重要方式；液氢输运适合远距离、大容量输送，可以采用液氢槽罐车或者专用液氢驳船运输；固氢输送通过金属氢化物存储的氢能可以采取更加丰富的运输手段，驳船、大型槽车等运输工具均可以用以运输固态氢。

气氢长管拖车

- 技术成熟，适合短距离运输
- 长距离运输成本快速上扬

液氢槽罐车

- 适合长距离大规模运输
- 能耗大，运输有损耗

管道运输

- 大规模运输具有成本优势
- 管道建设投资成本大

图 4.21 氢气的常见运输方式比较

高压氢气运输以长管拖车为主，其结构包括车头部分和拖车部分，前者提供动力，后者主要提供存储空间，由 9 个压力为 20MPa、长约 10m 的高压储氢钢瓶组成，可充装约 3500m³(标)氢气，且拖车在到达加氢站后车头和拖车可分离，运输技术成熟、规范较完善，国内的加氢站目前多采用此类方式运输。

液氢槽罐车气容量高。液氢的体积能量密度为 8.5MJ/L，是 15MPa 压力下氢气的 6.5 倍。液氢槽罐车运输是将氢气深度冷冻至 21K 液化，再装入隔温的槽罐车中运输，目前商用的槽罐车容量约为 65m³，可容纳 4000kg 氢气。国外加氢站使用该类运输略多于高压气态长管拖车运输。

管道运输分为气态管道运输和液态管道运输两类。国外气态管道运输应用相对较多，液态管道运输技术要求较高。气态管道直径约 0.25～0.3m、压力范围为 1～3MPa，每小时流量约 310～8900kg 氢气，目前该类管道总长度已超过 16000km，主要分布在美国、加拿大和欧洲等地，其投资成本较天然气管道高 50%～80%，其中大部分的成本用于搜寻合适的地质环境来布局管道线路。液态管道采用真空夹套绝热技术，由内层和外层两个等截面同心套管构成，且两个管套中间抽成真空状态，防止内管内液氢的温度扩散。

目前的技术条件下，不同的运氢方式均有一定程度的危险性。高压运输方式具有易爆的危险性；液氢运输方式在热量丢失后，会汽化使容器内压力越来越高，形成易爆的危险特征；管道运输的输氢管长期处于高压下，易产生氢脆现象，使管道断裂产生泄漏。

高压气体运输方式存在一定的危险性，但是可以通过适当的方式降低风险。在高压运输方式中，目前美国已出台了相应的设计标准，如长管拖车需符合 DOT-3AA/3AAX 压缩气体运输标准，使其安全系数达到 2.48，出台的 E-8009 标准，限定了储氢材料的钢材成分以及可承受的压力等；我国上海则通过控制运氢外部温度和时间段来提高运氢的安全性，如当户外气温大于 30℃，则仅能在夜间运输。

液氢运输安装泄压阀调节内部压力，无明火状态不构成危险。液氢运输的储氢装置不能完全隔热，会造成液氢蒸发使装置内压力增大，但可在装置上安装泄压阀，调节装置内部压力，且氢气排出后扩散迅速，在户外无明火状态不会构成危险。

管道运输的输氢管材料应选用铝制复合材料，目的是防止氢脆发生。管道使用的高强度钢如锰钢、镍钢等，若长期处于高压氢气的环境下，内部分子易受氢气分子入侵，使强度变低，但铝结构受此类影响较小，可采用铝制合金作为内层材料，减少氢脆现象的发生。

氢能应用涉及制氢、储运氢等中间环节，完整产业链过程转换效率不高，储氢使用的设备成本高，且氢能在运输过程安全风险很大。对于氢能制、储、运过程中的安全性问题，有学者提出"液态阳光"的思路，即用 CO_2 和氢气反应生成甲醇，将有效解决氢存储问题。甲醇是非常好的液体储氢、运氢载体，甲醇储氢的安全性和便捷性都是极佳的，这也将成为解决可再生资源间歇性问题的新方案，也将为边远地区难以上网的可再生能源弃风、弃光、弃水提供消纳渠道，还将成为除特高压输电之外，另一种规模化输送能源的途径。"液态阳光"的思路也拓展了碳捕获封存技术，可以把碳捕获再循环利用，形成完整的生态碳循环，有助于我国碳中和进程的推进。因此，为了助力绿色能源发展，解决弃风、弃光、弃水问题，2020 年 10 月全球首个千吨级"液态阳光加氢站"示范工程项目示范成功。液态加氢站的建成为我国氢能储运技术的进一步发展开辟了一条新的道路。

4.3.2 中国发展氢冶金含铁炉料的差距及高质量发展建议

2020 年 9 月 22 日，习近平在第七十五届联合国大会一般性辩论上提出："中国将提高国家自主贡献力度，采取更加有力的政策和措施，二氧化碳排放力争于 2030 年前达到峰值，努力争取 2060 年前实现碳中和"。我们必须深入学习和领会习近平的重要论述，立足国内，放眼全球，坚持创新引领，坚持市场主导，严格控制能源资源消耗上限、环境质量底线、生态保护红线。中共中央政治局会议指出，我国已进入高质量发展阶段。根据中央提出的"十四五"期间经济技术实施高质量发展的方针，可以把氢冶金作为高耗能、高排放的钢铁行业高质量发展的切入点。

创新是引领发展的第一动力，以创新融合发展推动氢冶金体系建设高质量发展。把新型的氢冶金工艺技术及其关联产业培育成带动钢铁冶金产业升级的新增长点。对我国从零开始的氢冶金、规模巨大的高炉炼铁工艺必须从供给侧创造优良的原料条件，使氢冶金工艺设备投产后具有强的竞争力，能迅速达到高效、优质、低耗、低成本的生产指标。

4.3.2.1 我国在使用优质炼铁原料方面与欧美先进工业国家的差距很大

北美大多数高炉一直以球团矿为主要炉料，其平均炉料组成为：92% 球团、7% 烧结矿、1% 块矿。在 29 座高炉中，17 座使用 100% 含铁大于 64% 的氧化球团，其中 60% 是碱性球团，40%是酸性球团；也有部分高炉的球团比为55%～75%。因为含锌粉尘、含锌或含油轧钢污泥不许出厂，只能厂内循环利用，北美钢铁厂一般保留一个小型烧结厂，处理球团筛下物和其他小颗粒回收含油的轧钢污泥和粉尘，进行回炉利用，还有一些高炉使用冷固结压块低碳炉料作为利用循环废料的手段。

相比烧结矿，球团矿粒度小而均匀，有利于高炉料柱透气性的改善和气流的均匀分布，球团矿的抗压和抗磨强度更高，便于运输、装卸和储存，粉末少，球团矿铁含量更高，堆密度更大，有利于增加高炉料柱的有效重量，提高产量和降低焦比；球团矿的还原性更好，有利于改善煤气化学能的利用。球团矿生产过程的能耗，排放的粉尘、NO_x、SO_2和二噁英等污染物比烧结矿生产更低。在我国目前条件下，炉料中配入30%左右含铁65%的球团矿，可提高入炉品位1.5%，降低渣量1.5%，降低焦比4%，提高产量5.5%。提高炉料结构中的球团矿比例，重视镁质酸性及熔剂型球团矿的性能改善及作用，发挥球团矿在品位、性能及节能减排方面的优势，我国球团矿生产有很大的发展空间。

早在1970年，原北京钢铁学院的杨永宜教授就在山东牟平一座$28m^3$高炉，指导完成了小高炉使用100%球团矿炼铁生产，获得利用系数3.8的优良效果。2018年，河钢唐钢结合京津冀消减雾霾科研项目，完成了中型高炉使用40%、60%和80%球团矿的高炉工业生产试验，宝武等单位炼铁专家参加了现场验收。

我国的现实情况是，近十五年来国家规定中的铁品位标准一直很低，均将"资源能源利用指标"中的"入炉铁矿品位"规定在59.8%以下，最低58%也算合格。多年来我国的钢铁生产企业对于提高精料水平没有压力和动力，甚至有的企业为了追求低成本炼铁，专门采购低品位铁矿石使用。而在钢铁冶炼过程的排放物中，约有60%的SO_x、50%的NO_x来自铁矿烧结工艺，烧结厂早已成为我国钢铁生产中SO_x、NO_x最大排放源。

扩大使用优质含铁炉料对我国钢铁工业的节能减排有巨大的推动作用，国产贫铁矿细磨深选多消耗的能量及成本，完全可以被高炉炼铁的节能补偿而且有余。因为球团矿生产的能耗仅为20～30kg(标准煤)/t，而烧结矿的能耗达55～60kg(标准煤)/t，两者相差一倍以上，而且生产球团矿对环境的污染比生产烧结矿低很多，我国迁安和鞍山的铁矿等企业已采用了磨选提铁链算机-回转窑氧化球团矿生产工艺。由于我国以贫矿居多，更需要创造条件细磨深选，获得品位达到66%～68%的精矿粉后，采用链算机-回转窑或带式焙烧机生产优质酸性球团矿或含氧化镁的优质球团矿，其中含铁65%的球团矿用于高炉配料可达30%～50%；含铁68%以上的可以用于氢气竖炉生产优质直接还原铁用于炼钢生产。

欧洲的瑞典和芬兰的钢铁企业均取消了烧结机，其炉料结构为90%球团+10%循环废料压块。律勒欧钢铁厂及劳塔鲁基钢铁厂二十年前高炉入炉铁品位就长期稳定在62%以上，欧洲钢铁厂保留部分烧结机也只是用于循环利用废料。德国高炉的炉料结构是以烧结矿为主，但是其高品位球团矿配比达30%，精块矿比例约0～10%，其烧结机均配置了高效除尘及活性炭/褐煤吸收或循环工艺处理烧结烟气。经处理后的烟气中二噁英的含量低于$0.4ng/m^3$（SPT）。欧洲的高炉焦比均降低到330kg/t以下。欧盟自认为其高炉的碳排放已达到了1300kg/t(铁)。但亚洲中、日、韩及东南亚各国钢铁厂仍以烧结矿为主要的高炉炼铁原料，入炉铁品位不高，因此碳排放量均比较高。

4.3.2.2 建议提高炼铁精料标准、制定激励政策推动我国钢铁生产工艺向低碳绿色发展

面对如此严峻的形势，如此重大的减排压力，为了大力推进减排 CO_2，必须发挥我国集中统一领导的优势，通过政府主管部门协调沟通、组织专家出谋划策，统一认识，出台一系列推进低碳冶金的标准、规则，再通过出台一些有力的财税政策激励推动，才能有效发挥促进低碳减排的效果。

建议钢铁行业的主管部门和国家生态环境局，根据炼铁行业推行多年的优质、低耗、高效、长寿方针，全面修订生态环境部炼铁清洁生产国家标准及相关标准中使用精料的要求，将所有炼铁高炉的入炉原料平均含铁量，由现行的 TFe 58% ～ 59.8%，统一修订为 TFe ≥ 67%（竖炉入炉炉料平均含铁量），TFe ≥ 65%（高炉用球团矿平均含铁量）、TFe ≥ 62%（高炉炼铁入炉炉料平均含铁量）三个等级；要求入炉炼铁原料中的球团比必须逐步达到 ≥ 30%（高炉）、≥ 60%（竖炉）；炼钢原料的废钢比不应低于 15%（转炉）和 50%（电炉），可以分阶段逐步实施。同时禁止废钢出口，对进口含铁高于 67% 的高品位铁矿石、含铁高于 90% 的优质重废钢酌情实施减税。用国家标准、法规从前端引领，用行业规则和财税政策激励推动我国钢铁生产工艺的精料技术进步，向低碳、绿色生产工艺方向高质量发展。如此才能够在有限的时间内，有效实现高效节能、大量减排 CO_2、绿色炼铁的目标。

2018 年中国的碳排放量达 100 亿 t，世界占比约 28%，中国钢铁工业碳排放量占全国的 15%。因为炼铁高炉的入炉平均品位每提高 1%，可以降低燃料比 1.5%，增产约 2.2%，燃料比下降 1.5%，CO_2 排放量下降 40kg。如果制定并实施上述炼铁精料标准，高炉入炉原料平均铁品位由目前的 58% 全部提高到 62%，按照 2018 年中国的生铁产量为 7.71 亿 t 计算，一年可减排 CO_2 1.23 亿 t，改善精料水平一项措施就有望将使一年我国钢铁工业的二氧化碳排放量减少 8.2%。

4.3.3 大力扶持氢冶金有关高品位铁精矿及氧化球团生产新工艺

国家政府部门出台优惠激励政策，对氢冶金关键技术创新、技改项目给予全力支持，尤其是高品位铁精矿生产技术产业化项目、大型优质氧化球团矿生产工艺设备推广应用等精料生产产业链建设，甚至氢冶金配套的煤制气设备的生产建设等，上述支持是氢冶金技术进步和成功推广应用的依靠和保障。世界高炉炼铁的最先进指标是由使用 50% ～ 100% 球团矿的高炉实现的，从先进的精料和合理炉料结构的发展趋势看，我国应大力发展高品位球团生产，并全面提高球团的生产技术和质量水平，进一步提高球团矿在炼铁炉中的用量比例。

要实现高质量发展，钢铁企业应就近建设高品位磁化焙烧生产高品位铁精矿的生产线，充分利用钢铁企业现有铁粉矿资源（包括目前大量进口供烧结矿生产使用的含 TFe 60% ～ 63% 粉矿）建设高品位铁精矿的生产基地、大型优质球团矿生产工艺设施，建设氢冶金产业化技术研发、生产线示范基地的工程项目等。这些项目涉及与工程有关的土

地、交通、能源、水源、环保等一系列都需要政府的支持、协调、审批程序，需要政府保驾护航。

4.3.4 我国选矿及优质氧化球团矿产业有良好的基础和发展潜力

我国已经具备了年产 2 亿 t 氧化球团矿的总产能，已建设投产了 90 多条链箅机 - 回转窑球团生产线。我国众多冶金设计院具备产能为 500 ~ 200 万 t/a 的氧化球团矿链箅机 - 回转窑设计资质和工程承包的业绩。而生产球团矿的设备制造大部分可以国产化解决，少部分需要进口的部件可以逐步消化吸收，逐步实现国产化。

磁化焙烧 - 磁选是指将铁矿石在一定温度和气氛条件下焙烧，使矿石中弱磁性铁矿物转变为强磁性铁矿物，再利用铁矿物与脉石矿物之间的磁性差异进行磁选获得铁精矿。磁化焙烧 - 磁选是一种从复杂难选铁矿石中回收铁矿物行之有效的方法。中国科学院过程工程研究所在复杂难选铁矿石流态化焙烧动力学，及循环流化床反应器优化设计等方面开展了工作，并结合研究成果形成了复杂难选铁矿流态化磁化焙烧工艺，建成年处理量 10 万 t 的难选铁矿流态化焙烧示范工程，2012 年底进行调试，实现了稳定运行。东北大学提出了复杂难选铁矿悬浮焙烧技术，并设计出实验室型间歇式悬浮焙烧炉。利用设计的悬浮焙烧炉对鞍钢东鞍山烧结厂正浮选尾矿和鲕状赤铁矿，进行了给矿粒度、气流速度、还原气体浓度、焙烧温度、焙烧时间条件试验，在最佳的试验条件下，获得了精矿铁品位 56% ~ 61%、回收率 78% ~ 84% 的理想指标。采用电子探针、穆斯堡尔谱、Fluent 软件等检测技术，对细粒难选铁矿石悬浮焙烧过程中矿物的物相转化、矿石微观结构变化、颗粒的运动状态、悬浮炉内热量的传输等开展研究工作，形成了悬浮焙烧铁矿物物相转化控制、颗粒悬浮态控制、余热回收等核心技术。根据基础研究成果，东北大学与中国地质科学院矿产综合利用研究所和沈阳鑫博工业设计有限公司合作，在峨眉山市设计建成了 150kg/h 的复杂难选铁矿悬浮焙烧中试系统。另外，马鞍山矿山研究院针对吉林某铁矿共伴生硫、磷、钴和钒等元素的性质，采用浮硫 - 浮磷 - 磁选联合工艺流程，在原矿各品位均较低的情况下，通过条件试验，确定最佳工艺条件，并在条件试验基础上进行了闭路试验，获得了硫精矿品位 39.57%、回收率 91.72%，磷精矿品位 33.16%、回收率 86.09%，铁精矿全铁品位高达 68.36%，有益元素钴和钒得到有效富集。长沙矿冶研究院、北京矿冶研究总院也有红矿磁化焙烧选别获得 TFe ≥ 68% 以上铁精矿的业绩，但需要积累更多的大规模赤铁矿磁化焙烧、精选 TFe ≥ 68% 高品位铁精矿选矿生产线建设的生产实践经验和开拓能力。

武汉理工大学研发 GE 系列阳离子捕收剂和 MG 系列阴离子捕收剂。GE 阳离子捕收剂浮选试验表明，该系列捕收剂克服了泡沫黏、难以消泡的缺点，在常温条件下进一步提高了铁精矿品位。MG 阴离子捕收剂耐低温性能明显提高，对某磁选铁精矿进行常温反浮选处理，铁精矿品位提高约 6 个百分点（达到 68.55%），回收率为 94.7%。如果国家能够在研发攻关、技改投资方面对我国各个地区精料生产技术 - 技术装备攻关 - 氢冶金示范推广培训中心建设大力扶持，将推动我国优质铁精矿及高品位球团矿的生产能力大幅度提高，有效促进我国球团矿生产高质量发展。

4.3.5 提高 DRI 使用比例，研发我国空白优质钢材产品

我国有充足的废钢供应，目前我国钢铁累积量已经达到 100 亿 t，近年来我国钢企每年使用的废钢量已达 2 亿 t 左右。如果电炉炼钢流程的炉料结构全部按 50%～70% 废钢配加 30%～50% 直接还原铁，我国的直接还原铁需求量将超过 5000 万 t，2020 年我国电炉产能达 1.11 亿 t 左右，占粗钢整体产能的 10.4%，但是与欧美国家相比，我国电炉使用直接还原铁的总量和比例差距都很大。今后应适宜发展废钢 +DRI- 电炉短流程代替一部分高炉 - 转炉长流程。

我国已经掌握了高品位铁精矿粉和回转窑氧化球团生产技术。朝阳东大矿冶研究院、马鞍山矿山研究院、北京矿冶研究总院等单位，已经可以将全国各地的铁矿石选别获得 68%～71% 铁品位的精矿粉，大中型回转窑氧化球团生产技术已经普及，国内可以保障供应竖炉生产的原料。

中国钢铁产品品种质量急需升级，亟需发展废钢 +DRI- 电炉短流程，提高钢铁产品的价值，弥补国内需求。国内外有成熟的大型电炉冶炼技术可以选用。我国高端精品特钢需求量较大，纯净钢铸锻件生产能力远不能满足国民经济发展需要。以纯净天然矿石为原料生产的 DRI 是生产高品质高纯净钢的最佳材料。

我国氢冶金应从源头入手，大力度支持发展高品位铁精矿及优质氧化球团矿生产，提高高炉入炉原料的铁品位；以氢代碳炼铁方面，重点鼓励有焦化厂的钢铁企业发展煤制气，置换出焦炉煤气制氢，用于氢冶金竖炉生产 DRI+ 废钢 - 电炉短流程炼钢，增加高附加值钢材产品比例；在现有钢铁企业生产线中，尽快建设首座氢气竖炉，逐步增加氢冶金短流程炼钢，以及提高使用绿电、绿氢的比例。重点推动在华东、华北、华南、华中各建成一座规模年产百万吨左右、以氢代碳炼铁的短流程炼钢示范工程，作为研发氢冶金关键技术、推广应用、培养人才的基地。

氢冶金工艺技术的发展将会加速推动冶金工业原燃料工艺技术进步，加快钢铁工业减排二氧化碳的步伐，在钢铁产业转型升级走上高质量发展过程中发挥重大推动作用。

参考文献

[1] 唐恩，李森蓉，李建涛，等.直接还原铁与电弧炉炼钢的关联性综述[C].第十一届中国钢铁年会.北京：中国金属学会，2017：1-5.

[2] 肖玉光，阎立懿，张光德.废钢中有害元素的去除技术[J].钢铁研究，2001（4）：1-4.

[3] 阎立懿.电炉炼钢学[M].沈阳：东北大学出版社，2000.

[4] 周传典，陶晋.废钢铁和海绵铁产业的建设对电炉钢发展的影响[J].特殊钢，1997（2）：1.

[5] 于广石，俞景禄.废钢脱铜技术[J].钢铁研究，1998（5）：56.

[6] 王仪康，刘文礼，韩元琦.用工业废钢冶炼优质合金钢应注意的杂质元素问题[J].兵器材料科学与工程，1985（2）：3-11.

[7] 殷瑞钰.钢的质量现代进展[M].北京：冶金工业出版社，1995.

[8] 刘浏.纯净钢生产的现状及今后的发展[A].纯净钢质量与控制研讨会[C].北京：中国金属学会，1999：74-75.

[9] 赵秉军，王继尧，杨树桂，等.钢中残存有害元素的影响与控制[J].特殊钢，1994，15（3）：17-20.

[10] 肖爱达，李云. 残余有害元素对 TSCR 板卷质量的影响[J]. 湖南冶金，2005（增刊）：36-40.

[11] 肖爱达，李光强，温德智. 残余元素对某钢厂CSP热、冷轧卷质量的影响[J]. 世界钢铁，2009（1）：41-42.

[12] Noro K，Takeuchi M，Mizukami Y. Necessity of Scrap Reclamation Technologies and Present Conditions of Technical Development[J]. ISIJ International，1997，37（3）：198-204.

[13] Pioter W，Van Rij，Campenon B，et al. Dezincing of Steel Scrap[J]. Iron and Steel Engineer，1997（4）：32-34.

[14] Cramb A W，Fruehan R J. New Low Temperature Process for Copper Removal from Ferrous Scrap[J]. Iron & Steel Maker，1991（11）：61.

[15] 项长详，潘贻芳. 反过滤法钢液脱铜机理分析[J]. 东北大学学报，1998（1）：25-27.

[16] 朱荣，刘会林. 电弧炉炼钢技术及装备[M]. 北京：冶金工业出版社，2018.

[17] 傅杰，王新江. 现代电炉炼钢生产技术手册[M]. 北京：冶金工业出版社，2009.

[18] 杨雄飞. Energiron直接还原炼铁工艺介绍[N]. 世界金属导报，2012（3），20：B02.

[19] 黄慧琴. 全装 DRI 电弧炉产量提高试验研究[N]. 世界金属导报，2019（12），17：B03.

[20] 卢中强，杨永青. 用直接还原铁炼钢的工艺和能耗分析[J]. 中国金属通报，2016（11）：60.

[21] 赵湖，张帅，李博. 直接还原铁在转炉炼钢应用的成本核算与实践[J]. 冶金与材料，2019，39（5）：135-136.

[22] 王建昌，王彦平，张永亮. 直接还原铁在转炉的应用效果分析[J]. 炼钢，2008，24（9）：19-21.

[23] 邹安华，王利. 150t超高功率电炉直接还原铁炼钢工艺分析［J］. 南方钢铁，1999（002）：8-10.

[24] 赵庆杰，魏国，沈峰满. 直接还原技术进展及其在中国的发展[J]. 鞍钢技术，2014，14（4）：1-6.

[25] 齐渊洪，钱晖，周渝生，等. 中国直接还原铁技术发展的现状及方向[J].中国冶金，2013，23（1）：9-14.

[26] 杨若仪，王正宇，金明芳. 煤气化竖炉生产直接还原铁在节能减排与低碳上的优势[J]. 钢铁技术，2010，5（5）：1-4.

[27] 王维兴. 高炉炼铁与非高炉炼铁的能耗比较[J]. 钢铁，2011，30（1）：59-61.

[28] 刘树洲，张建涛. 中国废钢铁的应用现状及发展趋势[J]. 钢铁，2016，21（6）：1-9.

[29] Abel M. The use of OBM's in the EAF[C]. 2016 DRI UPDATE. India：Sponge Iron Manufactures Assoiation，2016：12-23.

[30] 张文怡，计宏，花皑. 适合熔炼直接还原铁的新型电弧炉[J]. 工业加热，2013（3）：20-23.

[31] 李亮荣，付兵，刘艳，等. 生物质衍生物重整制氢研究进展[J]. 无机盐工业，2021，53（9）：12-17.

[32] Liu D，Men Y，Wang J，et al. Highly active and durable Pt/In$_2$O$_3$/Al$_2$O$_3$ catalysts in methanol steam reforming[J]. International Journal of Hydrogen Energy，2016，41（47）：21990-21999.

[33] Nielsen M，Alberico E，Baumann W，et al. Low-temperature aqueous-phase methanol dehydrogenation to hydrogen and carbon dioxide[J]. Nature，2013，495：85-89.

[34] Lin L，Zhou W，Gao R，et al. Low-temperature hydrogen production from water and methanol using Pt/α-MoC catalysts[J]. Nature，2017，544：80-83.

[35] 郭芳林. 反应与吸附耦合的乙醇水蒸气重整制氢[D]. 北京：北京化工大学，2008.

[36] Kim H D，Park H J，Kim T W，et al. Hydrogen production through the aqueous phase reforming of ethylene glycol over supported Ptbased bimetallic catalysts[J]. International Journal of Hydrogen Energy，2012，37（10）：8310-8317.

[37] Zhang J，Xu N. Hydrogen production from ethyleneglycol aqueous phase reforming over Ni -Al layered hydrotalcite derived catalysts[J]. Catalysts，2020，10（1）：54.

[38] Chen D，Wang W，Liu C. Hydrogen production through glycerol steam reforming over beehive-biomimetic graphene encapsulated nickel catalysts[J]. Renewable Energy，2020，145：2647-2657.

[39] 王瑞义，刘欢，郑占丰，等. 低温下Pt/Al$_2$O$_3$和Pd/Al$_2$O$_3$光辅助乙二醇水相重整制氢研究[J]. 燃料化学学报，2019，47（12）：1486-1494.

[40] 贺仪平，邓梦婷，朱阁，等. 双功能钙基催化剂催化苯酚重整制氢实验研究[J]. 环境科学与技术，2019，42（8）：40-46.

[41] Abbas T，Tahir M，Saidina Amin N A. Enhanced metal-support interaction in Ni/Co$_3$O$_4$/TiO$_2$ nanorods toward stable and dynamic hydrogen production from phenol steam reforming[J]. Industrial &Engineering Chemistry Research，2018，58（2）：517-530.

[42] Liu C，Chen D，Cao Y，et al. Catalytic steam reforming of in-situ tar from rice husk over MCM -41 supported LaNiO$_3$o produce hydrogen rich syngas[J]. Renewable Energy，2020，161：408-418.

[43] Choi I H，Hwang K R，Lee K Y，et al. Catalytic steam reforming of biomass-derived acetic acid over modified Ni/γ -Al$_2$O$_3$ for sustainable hydrogen production[J]. International Journal of Hydrogen Energy，2019，44（1）：180-190.

[44] Zhou Q，Zhong X，Xie X，et al. Auto-thermal reforming of acetic acid for hydrogen production by ordered mesoporous Ni-xSm-Al-O catalysts：Effect of samarium promotion[J]. Renewable Energy，2020，145：2316-2326.

[45] 杨浩，李辉谷，谢星月，等. 乙酸自热重整制氢用类水滑石衍生Zn-Ni-Al-Fe-O催化剂研究[J]. 燃料化学学报，2018，46（11）：1352-1358.

[46] Kumar A，Sinha A S K. Comparative study of hydrogen production from steam reforming of acetic acid over synthesized catalysts via MOF and wet impregnation methods[J]. International Journal of Hydrogen Energy，2020，45（20）：11512-11526.

[47] Van Troostwijk A P，Deiman J. Sur une manière de decomposer l'Eau en Air inflammable et en Air vital[J]. Obs Phys，1789，35：369.

[48] Kreuter W，Hofmann H. Electrolysis：the important energy transformer in a world of sustainable energy[J]. International Journal of Hydrogen Energy，1998，23（8）：661-666.

[49] 陈良木. 水电解析氢电极的制备工艺及性能研究[D]. 长沙：湖南大学，2010.

[50] 马刚. 金属杂质离子对电解水制氢的影响研究[J]. 科技展望，2015，75（13）：75.

[51] 宋宝峰. 铁掺杂硫化钼与硫化铁-硫化钼复合物的制备及其电解水制氢催化性能研究[D]. 长春：吉林大学，2010.

[52] 杨辉. SPE水电解用Nafion/PTFE复合膜和CCM的制备及工艺优化[D]. 大连：辽宁师范大学，2006.

[53] Zheng J，Liu X，Xu P，et al. Development of high pressure gaseous hydrogen storage technologies[J]. International Journal of Hydrogen Energy，2012，37（1）：1048-1057.

[54] Preuster P，Alekseev A，Wasserscheid P. Hydrogen storage technologies for future energy systems[J]. Annual Review of Chemical and Biomolecular Engineering，2017（8）：445-471.

[55] Kubas G，Kluwer J. Metal dihydrogen and Ó-bond complexes：Structure，theory and reactivity[M]. New York：Springer Science & Business Media，2001.

[56] Kalamse V，Wadnerkar N，Chaudhari A. Multi-functionalized naphthalene complexes for hydrogen storage[J]. Energy，2013，49：469-474.

[57] Li M，Bai Y，Zhang C，et al. Review on the research of hydrogen storage system fast refueling in fuel

cell vehicle[J]. International Journal of Hydrogen Energy, 2019, 44 (21): 10677-10693.

[58] Staykov A, Yamabe J, Somerday B P. Effect of hydrogen gas impurities on the hydrogen dissociation on iron surface[J]. International Journal of Quantum Chemistry, 2014, 114 (10): 626-635.

[59] 李建林, 李光辉, 马速良, 等. 氢能储运技术现状及其在电力系统中的典型应用[J]. 现代电力, 2021, 38 (5): 535-545.

[60] 高金良, 袁泽明, 尚宏伟, 等. 氢储存技术及其储能应用研究进展[J]. 金属功能材料, 2016, 23 (1): 1-11.

[61] 徐丽, 马光, 盛鹏, 等. 储氢技术综述及在氢储能中的应用展望[J]. 智能电网, 2016, 4 (2): 60-65.

[62] Kwak Y, Moon S, Ahn C, et al. Effect of the support properties in dehydrogenation of biphenyl-based eutectic mixture as liquid organic hydrogen carrier (LOHC) over Pt/Al$_2$O$_3$ catalysts[J]. Fuel, 2021, 284: 119285.

[63] 梁焱, 王焱, 郭有仪, 等. 氢动力车用液氢贮罐的发展现状及展望[J]. 低温工程, 2001 (5): 31-36.

[64] 陈思安, 彭恩高, 范晶. 固体储氢材料的研究进展[J]. 船电技术, 2019, 39 (9): 31-35, 39.

[65] 中国氢能联盟. 中国氢能源及燃料电池产业白皮书[R/OL]. (2019-06-29) [2020-05-23]. http://www.h2cn.org/publicati/215.html.

[66] 黄明, 吴勇, 文习之, 等. 利用天然气管道掺混输送氢气的可行性分析[J]. 煤气与热力, 2013, 33 (4): 39-42.

[67] 衣宝廉. 解决氢能长距离输送难题[N]. 人民政协报, 2020-08-04 (007).

[68] 日本千代田开发新颖的氢发电技术[J]. 中外能源, 2015, 20 (1): 102-103.

[69] 刘科, 张婷, 任志霞, 闫杰. 氢能与甲醇经济 山西能源革命的重要组成部分[N]. 山西日报, 2020-10-23 (006).

[70] Puranen P, Kosonen A, Ahola J. Technical feasibility evaluation of a solar PV based off-grid domestic energy system with battery and hydrogen energy storage in northern climates[J]. Solar Energy, 2020, 213: 246-259.

[71] 范舒睿, 武艺超, 李小年, 等. 甲醇-H$_2$能源体系的催化研究: 进展与挑战[J]. 化学通报, 2021, 84 (1): 21-30.

第 5 章
我国发展氢冶金技术路径

5.1 我国氢冶金与国际存在的差距以及技术瓶颈

5.1.1 我国氢冶金技术方面与国际存在的差距

2019 年，我国粗钢产量达到 996.3Mt，占全球粗钢产量的 53.1%[1—2]，其中，89.4% 是通过高能耗、高排放的高炉 - 转炉流程生产的，远高于世界平均水平的 71.6%。我国的铁钢比仅 0.81，是除中国以外的其他各国平均铁钢比（0.54）的 1.5 倍[3]，这表明了我国钢铁生产中废钢的使用比例偏低。吨钢 CO_2 排放量达 2.03t[4]。为解决 CO_2 排放量大的问题，我国进行了长期不懈的尝试与努力。早在 2009 年 12 月哥本哈根世界气候大会上，我国向世界承诺"到 2020 年单位国内生产总值 CO_2 排放量比 2005 年下降 40%～45%"。2016 年，国家发布的《国民经济和社会发展第十三个五年规划纲要》（以下简称"十三五规划"）指出，要有效控制电力、钢铁、建材、化工等重点行业碳排放，推进工业、能源、建筑、交通等重点领域低碳发展。钢铁行业减排 CO_2 已成为我国政府承诺的政治任务，政府正在通过制定碳税等政策和经济手段进一步控制工业企业的 CO_2 排放量。氢冶金工艺是一种理想的绿色冶金模式，发展氢冶金工艺是 21 世纪世界钢铁工业减排 CO_2 工艺选择的必然趋势，而我国钢铁工业的产能占世界的一半，对于氢冶金的需求比其他国家更为迫切[5—6]。20 世纪 40 年代，通过建成世界上最早的富氢 HYL 固定床还原装置，氢冶金气基竖炉工艺已在美国研发与应用。从 20 世纪末起，我国陆续开展了气基竖炉直接还原技术的开发和研究[7]，如宝钢煤制气 - 竖炉直接还原的 BL 法工业性试验、陕西恒迪公司煤制气 - 竖炉直接还原生产直接还原铁的半工业化试验、山西含碳球团焦炉煤气竖炉生产直接还原铁的试验、中晋矿业焦炉煤气 - 气基竖炉等。近年来我国钢铁企业，尤其是特大型钢铁企业为了响应国家战略部署，也开始积极参与氢能利用项目。2019 年 1 月，宝武集团与中核集团、清华大学签订《核能 - 制氢 - 冶金耦合技术战略合作框架协议》，三方强强联合，资源共享，共同打造核冶金产业联盟。2019 年 3 月，河钢与中国工程院战略咨询中心、中国钢研集团、东北大学联合组建氢能技术与产业创新中心，共同推进氢能技术创新与产业发展。尽管如此，我国在低碳钢铁生产工艺技术方面还处于初级阶段，缺乏全面、系统、应用性的研究，很大程度上处于宏观模式、政策导向层面的探讨，且相关的排放计算还没有形成统一标准。与国外氢冶金发展相比，仍存在较大的差距。

MIDREX 公司 2019 年世界直接还原铁报告指出，2019 年全年世界直接还原铁产量已达 1.08 亿 t（见图 5.1），相较于 2000 年产量提高了 251%，较 2018 年增长 7.3%，并呈持续增长趋势。印度和伊朗占了 2019 年直接还原铁总产量的 50% 以上，但印度的直接还原铁是煤基回转窑生产，伊朗则是现有与新建的气基直接还原铁，产能利用率较高和工厂扩建等因素提高了产量。2019 年，在南美地区阿根廷直接还原铁产量受到当地市场状况不佳和天然气短缺的影响出现下降，而由于铁矿石供应有限，委内瑞拉直接还原铁产能利用率仍低于 15%。目前世界上气基竖炉直接还原设备许多都建在中东及北非等地区，这些地区天然气资源丰富，还原气成本低，适合直接还原铁的生产。据 MIDREX 官网发布的 2019 年世界直接还原铁报告，中国直接还原铁产量为 25 万 t，年进口量在（130～150）万 t[8]。可见，我国目前直接还原铁几乎依赖于进口，是世界上最大的直接还原铁进口国之一。

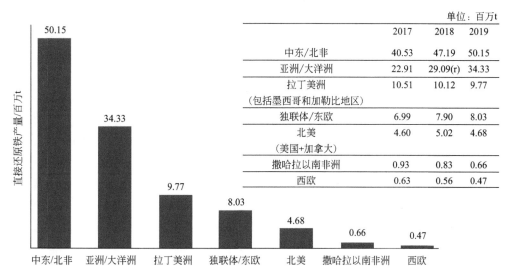

		单位：百万t	
	2017	2018	2019
中东/北非	40.53	47.19	50.15
亚洲/大洋洲	22.91	29.09(r)	34.33
拉丁美洲（包括墨西哥和加勒比地区）	10.51	10.12	9.77
独联体/东欧	6.99	7.90	8.03
北美（美国+加拿大）	4.60	5.02	4.68
撒哈拉以南非洲	0.93	0.83	0.66
西欧	0.63	0.56	0.47

图5.1 2019年世界各地区直接还原铁产量

目前世界上的氢冶金气基竖炉工艺主要为 MIDREX、HYL 与 PERED 工艺[9]。MIDREX 工艺因为其技术成熟、生产率高等优点，近些年在中东及北非设计建成了数座竖炉来生产直接还原铁，依托丰富的天然气资源，其年产能普遍可达到百万吨级，大幅提高了世界直接还原铁产量[10—13]。HYL 工艺最早应用于直接还原铁生产设施，随着技术的不断改进，目前世界上采用 HYL-III 工艺生产海绵铁或热压铁块的工业装置，2019 年总产量达到 1426 万 t，工艺能耗也降低到约 9.74 ～ 10.46GJ/t(DRI)，并且 HYL-III 工艺目前单台年产能达到 250 万 t，技术成熟，但生产压力高、操作复杂[8]。在 MIDREX 工艺的基础上，伊朗开发了 PERED 直接还原铁生产工艺，在竖炉高径比、还原气入口结构、炉内物料分布均匀性、耐火材料、炉顶气洗涤及压缩等方面进行了多项工艺改进创新，具有能耗低、投资省、运行费用低等优势。从 2017 年开始投产，三年间陆续建成了四座年产能 80 万 t 的竖炉，其自动化程度高，直接还原铁产品金属化率高，我国也与其开展了合作。氢基竖炉直接还原工艺在生产上已经相当成熟，在钢铁行业碳减排方向做出了重大贡献。

我国关于氢基竖炉的探索始于 20 世纪 70 年代。1975 年，广东韶关钢铁厂（简称韶钢）建成了规模为 5t/d 的气基竖炉工业化试验生产线，进行了长达 3 年的试生产。该工艺采用固定床间歇式煤气发生炉制备还原气，试验用矿为广东当地产的磁铁矿和褐铁矿，其主要的技术参数如下：金属化率 90%、煤耗 2.58t/t(DRI)、矿石消耗 1.57t/t(DRI)。韶钢水煤气竖炉法存在的问题主要有：①限于当时的客观条件，落后的固定床间歇式水煤气发生装置不仅需要质量较好的块状无烟煤，而且能耗很高，有效气含量低（CO+H₂ 约 85%）；②采用氨水中和法脱除煤气中的 H₂S，脱硫效率仅 56% 左右，导致 DRI 硫含量偏高，平均达到 0.07%；③能耗高，竖炉内煤气利用率低，说明试验流程和竖炉工艺参数仍存在待优化的地方。在进行了 DRI 生产以及电炉炼钢试生产后，因缺乏高品位铁矿石、水煤气制气单机生产能力过小等原因，该工艺未实现工业化生产。

1979 年，我国在成都自行设计、建设了处理钒钛磁铁矿球团的 5m³ 气基竖炉试验装置。根据攀枝花钒钛磁铁矿氧化球团特点，还原气由天然气与水蒸气重整获得，试验顺利成功，但因天然气资源问题终止。

1996 年，宝钢开展了 BL 法煤制气 - 竖炉生产直接还原铁半工业化试验研究。主体工艺流程为：Texaco 水煤浆加压气化制取还原气、NHD 法气体净化、石球式加热炉加热还原气、竖炉还原。经过技术攻关，建成了一套产能为 5t(DRI)/d 的半工业试验装置，1998年进行了两次共 33 天连续生产，顺利用兖州高硫煤作为原料生产了 132t(DRI)，平均金属化率 93.04%、硫含量 0.014%，吨铁煤耗为 482kg(标准煤)、成本 1000 元。可见，BL 法试验是成功的，但受限于高品位铁原料、制气成本以及制气工艺的环保问题，该工艺未能进一步实现工业化生产。

随着碳减排压力增大，我国近些年加快了氢冶金技术的研究与应用。山西中晋冶金与伊朗 MMA 公司合作，于 2020 年 12 月建成并投产了年产 30 万 t DRI 的焦炉煤气 - 竖炉直接还原设备，标志着国内首台氢基竖炉正式投入生产，对国内氢冶金技术发展有着巨大的推动作用。虽然我国氢冶金技术的研发起步晚于国外，但随着科技的进步以及国家的倡导，越来越多的冶金工作者正致力于氢冶金技术的发展，为我国钢铁行业的低碳绿色转型增添动力 [7]。

根据国内外氢冶金技术的发展情况，我国与世界钢铁强国在氢冶金技术的研发与应用方面存在较大差距 [14—16]，造成差距的主要原因有以下两个方面。

第一，资源禀赋的差距。中国资源禀赋的特点是富煤、缺油、少气，天然气与煤相比具有非常好的环保优势和能效优势，可以大大改善环境，减少温室气体排放。目前全球能源结构中油气的占比超过 50%。中国和全球的差别在于煤炭的占比至今仍高达近 60%，而油和气的占比较低，且对外依存度较高。中国天然气储量相对不足，产量也低。天然气当前主要满足民用和化工需要，价格较贵，若用于生产直接还原铁不仅气源不足，而且成本也高。如果生产的直接还原铁价格超过废钢或生铁很多，则很难找到市场，无法生存。目前直接还原铁的生产主要采用气基竖炉法，而这些气基竖炉直接还原铁厂均建在天然气资源丰富且廉价的地区，如中东、拉丁美洲、北美等。近年来，页岩气生产技术已从根本上改变了北美地区的天然气供需关系，使美国摆脱了对中东石油天然气的依赖，美国、加拿大的能源成本大幅度降低。目前大量使用天然气生产 DRI 的伊朗、美国、埃及的天然气市场价格仅为约 0.1 美元 /m³(标)。

在没有低成本天然气的地区，也在探索其他替代能源技术。在过去 20 年间，煤气化技术的产业化取得了极大发展，已经有一大批煤气化技术的生产装置在中国运行。但煤制气技术能否用于生产直接还原铁，关键问题之一是煤制合成气的投资、能耗、成本能否大幅度降低。另一个问题是采用现有成熟的煤气化工艺技术，如何与十分成熟的 MIDREX、HYL- Ⅲ、PERED 竖炉直接还原技术经济合理地匹配，形成有市场竞争力的煤制气生产直接还原铁的联合工艺。虽然在天然气资源方面存在差距，但煤制气技术的成熟为我国发展大型气基竖炉直接还原技术奠定了基础条件。

第二，精料技术的差距。作为氢冶金工艺发展的主要方向，气基竖炉直接还原工艺要求入炉球团矿铁品位达到 67% 以上，以保证其产品 DRI 的质量。而我国的现实情况是《钢铁行业（高炉炼铁）清洁生产评价指标体系》将"资源能源利用指标"中的"入炉铁矿品位"保持在 59.8% 以下，最低 58% 也算合格。因此，大部分钢铁企业对于提高精料水平失去了压力和动力，甚至有的企业为了追求低铁水成本，专门采购低品位铁矿石炼铁。目前，我国高炉的入炉原料平均铁品位标准低（58% ～ 59.8%）。而在北美，大多数高炉一直以球团矿这种优质原料为主要炉料，其平均炉料组成为：92% 球团、7% 烧结矿、1% 块矿。在大湖区 29 座高炉中，17 座使用 100% 球团，其余高炉的球团比均可达到为 55% ～ 75%。精料技术的发展，是我国氢冶金工艺的发展与国外存在差距的一个主要原因。因此，扩大使用精料将对我国氢冶金工艺的发展产生巨大的推动作用，由于我国以贫矿居多，更需要创造条件细磨深选，获得品位达到 66% ～ 68% 精矿粉后，采用链箅机 - 回转窑或带式焙烧机生产优质酸性球团矿或含氧化镁的优质球团矿，含铁 68% 以上的球团即可用于氢冶金气基竖炉生产优质直接还原铁，进一步用于炼钢生产。

5.1.2 我国发展氢冶金的技术瓶颈

国家政府部门出台政策对具有突破效应的氢冶金关键技术给予全力支持，包括高品位铁精矿技术产业化、大型球团矿生产工艺设备的推广应用等精料生产产业链建设，甚至为煤制气设备的建设生产、氢气竖炉的产能报备等开绿灯，这些是氢冶金技术进步和成功推广应用的依靠和保障。

我国不缺乏生产高品位铁精矿原料的矿山和技术，所拥有的铁矿资源和选矿技术可以满足高炉炼铁及直接还原铁竖炉冶炼球团矿生产发展的需要。钢铁企业需要的是对粉矿磁化焙烧 - 选矿、生产高品位铁精矿生产线、大型优质球团矿生产线、氢冶金生产线创新项目的大力支持和护航。

与国外工业国家大力资助、推进氢冶金关键技术的新工艺流程、技术创新、产业创新相比，在推动传统氢能源产业转型升级中，我国的政府主管部门和地方政府一直在大力资助燃料电池、新能源电池汽车、小规模制氢站、储氢等相关技术研究、企业的技术开发项目，对于以发展氢冶金工艺技术产业化为目标相关的研究、开发示范工程等的扶持相对较少。

中国钢铁协会可以积极地与国家生态环境部、国家发改委、工信部等主管部门协调，出台政策文件，全力支持建设若干个产、学、研、政联合组成的高品位铁精矿球团生产技术研究开发 - 产业化、大型球团矿生产工艺设备、氢冶金竖炉的研发、示范工程及开放性推广应用基地。

目前我国华北、华东、华南沿海的钢铁企业，可以依靠从国内外购买的数十种粉矿、铁精矿、球团矿、精块矿生产钢铁产品。现在要实现高品位精料生产，可能少部分是从外地购买高品位球团矿、精块矿产品直接入炉，但是从长远考虑，为了保证精料产品的质量、数量，必须策划就近建设高品位磁化焙烧铁精矿生产线、大型球团矿生产工艺设备等精料生产产业链等建设项目，这就涉及与工程有关的土地、交通、能源、水源、等一系列需要政府协调、审批的项目，建设精料技术科研成果产业化示范工程项目也需要政府审批与护航。企业为了将已经用于轧钢生产的焦炉煤气置换出来供应氢气竖炉，需要建设煤气化炉生产清洁煤气用于置换，每年需要购买几十万吨气化用煤的指标，也需要政府审批才能保证供应。如果企业钢铁生产产能不足，氢冶金示范工程竖炉（50 ～ 120）万 t/a 直接还原铁产能也需要政府审批或备案。由于这些问题的复杂性，即便对于宝武集团这样的大型国有企业，这些问题如果解决不好，钢铁企业发展氢冶金，大幅度减排 CO_2，为实现国家"碳中和"做贡献都是不能顺利落实的空话。

5.1.2.1 我国氢冶金能源的潜力

我国有巨大的焦炉煤气产能，政府应制定优惠政策，鼓励企业优先利用存量煤气产能适度发展直接还原铁——用于生产优质钢。企业发展氢冶金，气源是基本条件，我国富煤但缺乏廉价的天然气资源，在煤炭到厂价格低于 500 元 /t 的地区，可以采用煤制气工艺满足氢气竖炉的需要，煤制气还需要空分设备提供氧气，因此包括煤制气的氢气竖炉投资，比起直接使用天然气的竖炉会多一倍。为了节省投资，建设氢气竖炉应该尽可能利用冶金企业、化工企业的副产煤气，或者流程尾气、回收余热生产的水蒸气等作为氢冶金的气源生产氢气。在华北、西北有许多生产煤焦油、兰炭的煤干馏炉的副产煤气，以及用副产兰炭气化生产的煤气也是优质氢气来源。如果氢冶金生产的直接还原铁直接用于生产高附加值钢铁产品，投资煤制气用于氢基竖炉也是值得的。我国钢铁企业建设了大量焦化厂，副产的焦炉煤气属于存量资产，其主要成本、排放、收益已经由主要产品焦炭承担，因此可以用变压吸附法（VPSA）从焦炉煤气中提取氢气。

2019 年我国焦炭产量达 47126 万 t，全球占比约 60%。生产每吨焦炭可产出焦炉煤气 $300 \sim 330 m^3$，焦炉煤气（COG）含氢量达 70%，是氢气竖炉生产直接还原铁的优质气源。

我国的焦化工业每年产出的焦炉煤气总量达（1414 ~ 1555）亿 m^3，假定其中一半用于化工生产及周边居民使用；除了企业生产必需的燃料消耗，如果将其中的三分之一存量焦炉煤气用于氢气竖炉，可生产（6900 ~ 7600）万 t 直接还原铁（生产 1t DRI 约需消耗 $680 m^3$ COG）。因此，只要政府出台具体政策支持引导，我国现有千万吨产能钢铁企业及煤化工企业就可以通过置换，将其一小部分焦炉煤气制成氢气，建设一座氢基竖炉生产直接还原铁（50 万~ 120 万 t/a），对发展氢冶金工艺、培养人才、积累经验非常有利，对我国钢铁生产减排 CO_2 具有较大推动潜力。经济核算表明，与焦炉煤气用于制造不同的产品相比较，焦炉煤气用于生产直接还原铁的经济效益最高。

除"灰氢"外，我国"绿氢"同样有巨大潜力，我国风能资源理论蕴藏量为 32.26 亿 kW，主要分布在三北（东北、西北、华北北部）和东部沿海陆地、岛屿及近岸海域，可开发利用的地表风电资源约为 10 亿 kW，其中陆地 2.5 亿 kW、海上 7.5 亿 kW，如果扩展到 50 ~ 60m 以上高空，风力资源将有望扩展到（20 ~ 25）亿 kW，居世界首位。2015 年我国风电装机达到 1.2 亿 kW，2016 年达 1.46 亿 kW，风电在我国得到了迅猛发展，我国已成为风电增长最快的国家。根据国家中长期发展规划，到 2050 年底，风电总装机容量将超过 10 亿 kW[17-18]。

我国有着十分丰富的太阳能资源。三北地区、云南中西部、广东东南部、福建东南部、海南东西部以及台湾地区西南部等广大地区的太阳辐射总量很大，四川、贵州等地辐射量最小。据统计，2015 年太阳能光伏发电装机达到 4300 万 kW，2016 年达 7800 万 kW。截至 2019 年第三季度，我国共有 9 个地区光伏发电累计装机容量超过 1000 万 kW，见图 5.2。其中山东以 1541 万 kW 排名第一，占全国总装机容量的 8.1%；江苏和河北紧随其后，分别以 1445 万 kW 和 1363 万 kW 占全国总装机容量的 7.6% 及 7.2%[19-20]。

我国风能、太阳能资源主要在三北地区，工业基础薄弱，电力消纳能力有限，导致三北地区的弃风、弃光等现象十分严重。2016 年全国弃风电量达到 497 亿 kW·h，按每立方米氢气耗电 5kW·h 计，换算为制氢能力约 100 亿 m^3（合 89 万 t）。光伏发电的情况也不容乐观，2016 年弃光电量制氢潜力约 14 万 t。由于这些可再生能源受制于风或光等外部资源变化，波动性较大，需要传统能源（如火电、水电）进行调峰以确保电网的稳定性，因此可再生能源发电上网比例取决于传统能源发电的调峰能力[21]。

为解决这些问题，积极探索能源转换方式，将风能、太阳能转化为氢能源加以利用成为当前研究的重点方向，在有效解决风电和光伏发电消纳问题的同时降低制氢用电成本。2014 年，李克强总理考察德国氢能混合发电项目后，指示国内相关部门组织实施氢能利用示范项目。国家能源局指示河北、吉林省加快可再生能源制氢示范工作，将氢储能作为解决弃风、弃光问题的新思路。

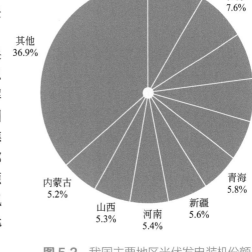

图 5.2　我国主要地区光伏发电装机份额

"化风为氢"是风电消纳的新思路，主要分为广义风电制氢与狭义风电制氢两种商业模式。广义风电制氢即通过开发尚未利用的风能资源，将风电全部用于制氢，然后供氢给下游产业，从而挖掘风电增量建设空间，扩大氢气的供应量。狭义风电制氢为针对已投运的风电项目，利用弃风制氢再供给下游产业，解决弃风消纳问题，进一步提高收益，充分挖掘存量的消纳空间，延伸绿色产业链条。以东北地区为例，东北地区用于广义风电制氢的风能资源可开发量保守估计可达 3.27 亿 kW，而狭义风电制氢年可利用的弃风等效电量达 15.1 亿 kW·h[18]（见表 5.1）。

表5.1　东北地区风电制氢可开发等效电量

	广义风电制氢	狭义风电制氢				
省份	可开发容量/万 kW	累计并网容量/万 kW	发电量/(亿 kW·h)	弃风电量/(亿 kW·h)	弃风率/%	利用时间/h
黑龙江	19849	598	125	5.8	4.40	2144
吉林	7357	514	105	7.7	6.80	2057
辽宁	5449	761	165	1.6	1.00	2265
总计	32655	1873	395	15.1	12.2	6466

与传统制氢方式相比，风电制氢的核心关键是电价。电解水制氢成本的 70% 来源于电价，每生产 1m³ 氢约耗电 4～5kW·h，耗水 0.8kg[17]。电解水制氢可同时按照 2∶1 副产氧气，可将氧气售卖平衡一部分制氢成本。若采用市售电制氢，则电解水制氢成本远超其余制氢手段，完全不具备经济可行性。这也是电解水制氢未规模化发展的一个重要原因[22-23]。随着风电开发建设成本的降低和发电效率的提高，以及结合风电在超过盈亏平衡点发电利用时长后边际成本为零的优势，风电制氢具备了经济可行性。当电价成本控制在 0.25 元/(kW·h) 就可与传统手段制氢成本持平，电价低于这个水平则具备价格优势。2018 年东北地区弃风电量达 15.1 亿 kW·h，若利用零边际成本的弃风制氢，可制得约 3.7 亿 m³(标) 氢气。

狭义风电制氢的成本主要来源于风电场及制氢生产线投资，区别于广义风电制氢的是投资中需要考虑升压站等并网投资。由于是利用弃风发电的零边际成本提高收益，需要对弃风电力进行精准计算，从而通过优化配置制氢设备容量最大化制氢收益，售电收益这一部分则取决于全生命周期度电成本。以东北地区某200MW风电项目为例，采用风力发电、优先并网、弃风制氢的运营模式。其风电场规模为200MW，电价按0.58元/(kW·h)考虑。经评估当地资源禀赋及弃风情况，设计4套400m³(标)/h的制氢装置作为配套，其最大用电负荷为10MW。考虑风电制氢，年等效利用时间按照2316h计算（弃风电量全部用来制氢），所得税后全部投资内部收益率（IRR）10.66%。

广义风电制氢的成本主要是风电场及制氢生产线投资，无需进行并网投资，收益全部来源于制氢所得氢氧收入，最终收益率取决于全生命周期度电成本的有效控制。考虑东北白城区域，风力发电全部用于制氢，假设建设一个200MW风电场，配置53台600m³(标)/h电解槽，根据年产氢氧量，可等效电价为0.5445元，全投资IRR计算结果为14.09%。以狭义风电制氢中的东北地区某200MW风电项目为例，年等效利用小时数按照1800h计算，直接弃风，电价按0.58元/(kW·h)考虑，所得税后全部投资内部收益率7.22%。

自2013年我国实行度电补贴政策以来，国内光伏行业便逐渐进入高速发展期，截至2021年12月底，我国光伏发电累计装机量已达到3.06亿kW·h，其中，国家电力投资集团有限公司致力于建设装机规模最大、核心技术突出、行业全面引领的"世界一流光伏产业"，光伏装机容量达2219万kW·h，稳居全球第一。同时，我国光伏技术不断提升，成本加速下降，发展模式逐渐呈现多样化，多种"光伏⁺"新业态快速涌现，光伏行业已经迎来平价时代的曙光。随着光伏发电成本的持续下降，氢能产业发展逐渐步入快车道，光伏制氢的竞争力也将逐渐增强，为我国构建清洁低碳、安全高效的能源体系做出贡献，太阳能光伏制氢未来可期。

以1000m³(标)/h水电解制氢为例，总投资约1400万元，按照1m³(标)氢气消耗5kW·h电能计算，不同电价测算制氢成本分析见表5.2。由此分析，光伏发电制氢电价控制在0.3元/(kW·h)以下时，制氢成本才具有竞争力。按照目前市场价格进行测算，以100MW光伏发电直流系统造价见表5.3。

表5.2 光伏发电制氢成本

电价/[元/(kW·h)]	0.24	0.34	0.44	0.54	0.74
制氢成本/[元/m³(标)]	1.5	2	2.5	3	4

表5.3 光伏发电直流系统造价

设备设施	光伏组件	光伏支架	汇流箱	线缆	基础	合计
造价/万元	17000	3000	500	500	2000	23000

以一类资源区域为例，首年光伏利用小时数以1700h计算，其他参数为：装机容量100MW，建设期1年，资本金投资比例20%，流动资金10元/kW，借款期限10年，还本付息方式为等额本息，长期贷款利率4.90%，折旧年限20年，残值率5%，维修费率0.5%，人员数量5，人工年平均工资7万元，福利费及其他70%，保险费率0.23%，材料

费 3 元 /kW，其他费用 10 元 /kW。按照全部投资内部收益率满足 8% 反算电价，并分别分析计算造价为 2.3 亿、2 亿、1.8 亿、1.6 亿元时的电价。通过计算，在满足全部投资内部收益率为 8% 时，不同造价下的电价见表 5.4。

表5.4　不同造价反算电价

造价 / 亿元	1.6	1.8	2.0	2.3
电价 /[元 /(kW · h)]	0.1895	0.211	0.233	0.266

光伏发电制氢在资源一类区域已具备经济可行性，较天然气制氢、甲醇制氢成本较低，随着光伏组件价格下降，光伏发电成本的持续下降，部分二类资源区光伏发电制氢将具有竞争力，光伏发电制氢竞争力将增强 [24]。光伏发电制氢工艺简单、运维难度低，制氢规模可根据场地和需求进行模块化组合，随着燃料电池技术的进步，分布式可再生能源制氢供应燃料电池也将是未来重要发展趋势。

综上所述，采用可再生能源制氢，辅以氢储能技术，能有效地削峰调谷、平滑出力，将有助于实现中国《能源生产和消费革命战略（2016 ~ 2030）》目标，即 2030 年实现非化石能源发电量占比达到 50%。

5.1.2.2　产业现状

众所周知，高炉炼铁是整体依靠碳为还原剂的冶炼技术。全世界高炉炼铁的年产能已达 78 亿 t，而且向上发展趋势较大，这必须提供大量高质量的碳还原剂（焦炭）。由于焦炭资源短缺，焦炭的价格居高不下，这种局面使得业内人士担忧。另外，高质量焦炭是靠黏结性炼焦煤炼制而成的，全世界的炼焦煤只占总煤炭储量的 8% ~ 10%，高炉炼铁如此高速发展，有耗尽炼焦煤的可能。炼焦会伴随着含有 55% ~ 60% H_2 的焦炉煤气产生，产生的焦炉煤气有一半用于回炉助燃，在本行业内部消耗，其余的会进入化工等行业，国内泰钢、鞍钢等集团利用焦炉煤气通过变压吸附制备纯净的 H_2，成本为 1 元 /m³。由于氢的还原潜能大大高于碳，因此还原效率高、还原速率高，还可以大大降低碳还原剂的消耗，保证炼铁工业的可持续发展。

长期以来，大容量氢制取原料的限制，制约了氢冶金技术的发展。在 20 世纪 70 年代，美国地质工作者在海洋中勘探时发现可燃冰，可燃冰被称为"21 世纪能源"或"未来新能源" [25]。经过世界各国长期的地质勘探，迄今为止在世界各地的海洋及大陆地层中，已探明的可燃冰储量据最保守的统计，全世界海底天然气水合物中储存的甲烷总量约为 1.8 亿 m³，约合 1.1 万亿 t，相当于全球传统化石能源（煤、石油、天然气、油页岩等）储量的 2 倍以上 [26]。2005 年我国在东海和南海发现了可燃冰资源 [27]，2009 年 12 月我国在青海发现可燃冰，是世界上第 3 个发现陆域可燃冰的国家。我国 215 万 km² 的冻土区下，可燃冰的远景资源量可达 350 亿 t 油当量。虽然目前还存在开采上的困难，预计在未来 5 ~ 10 年，在对可燃冰全面了解的基础上，将会跟开采其他碳氢化合物一样开采 [28-29]。

世界各地加大力度发展氢冶金，其中以南北美洲、非洲和中东发展最快，亚洲和东南亚紧随其后。天然气资源丰富的国家均采用天然气经热裂解生产还原性气体（含 H_2 70%、CO 30%），在还原反应器中进行还原反应。如委内瑞拉、墨西哥等国均采用此法获取氢源。而中东一些天然气资源丰富的国家，如伊朗和埃及，亦采用天然气热裂解获取氢。因此，能够为钢铁企业提供大量氢资源[15]。

近年来，高炉流程最突出的技术进步是高炉喷吹技术[30—32]。通过高炉富氧大喷吹，使高炉利用系数大大提高，燃料消耗大大降低。各项技术指标用碳还原剂的热平衡和物料平衡式是难以解读的。以宝钢4350m³高炉为例，各项操作指标已达到国际一流水平。1号高炉利用系数为2.27t/(m³·d)，三年平均喷煤水平223kg/t，高炉的焦比下降到265.6kg/t，燃料比为499.5kg/t；如武钢五高炉的富氧率已达到6%以上，煤比也保持在180kg/t(铁)的水平。由于煤粉中的氢含量较高，随着煤比的提高，煤气中的H_2含量也随之增大。另外，由于高富氧率降低了煤气中的N_2含量，使得富氧喷吹高炉煤气中的N_2含量降低，H_2含量增加。煤气成分的变化，对高炉内的还原过程会产生较大的影响。

十多年前我国已经先后在宝武大冶、宝武湛江分公司建成并投产了3台年产500万t优质氧化球团矿的链算机-回转窑生产线，我国中冶长天、鞍山矿冶、中钢国际等都有建设年产能500万t链算机-回转窑、年产能250万t带式焙烧机的工程设计建设总承包的业绩以及设备配套供应能力。中冶京诚、中冶赛迪、中冶华天、中冶北方、中冶南方等，都有总承包建设（200～300）万t氧化球团矿链算机-回转窑工程的业绩，但是都较缺乏与大型磁化焙烧、高品位铁精矿选矿生产线组合建设的实践经验。而球团矿生产的设备制造大部分可以国产化解决，少部分需要进口的部件可以通过逐步消化吸收和再开发研究，逐步实现全部国产化。

我国年产9亿t的烧结矿，生产1t生铁所需的烧结矿需排出高温废气量达6500m³以上，烧结烟粉尘PM_{10}、SO_2、NO_x、二噁英的排放量占钢铁联合企业排放总量的6成以上。精料高标准的制定及执行，以及国家对精料-氢冶金示范推广咨询培训中心建设的大力扶持，将推动我国优质球团矿的生产能力大幅度提高，可以帮助高炉炼铁企业逐步提高使用含铁品位达65%的高炉球团矿比例，减少烧结矿产量，相应减少烧结机带来的严重大气污染。氢冶金的发展将带动我国钢铁工业高质量、低碳绿色水平迈上一个更高的新台阶。因此，着力研究开发与发展氢冶金技术，是炼铁技术的一场革命，将大大推动钢铁工业的发展。

5.2 我国发展氢冶金所面临的挑战及机遇

5.2.1 制氢技术的未来发展

经济性和低碳性是制约选择制氢技术路线的关键因素。氢能市场前景广阔，当前制氢方式主要有四种：化石燃料制氢、工业副产物制氢、电解水制氢、生物质制氢及其他，电解水制氢是未来发展重点[33—37]。虽然制氢方法多样，但各存优劣，天然气制氢虽然适用范围广，但是原料利用率低、工艺复杂、操作难度高，并且生成物中的二氧化碳等温室气体使之环保性降低；工业尾气制氢利用工业产品副产物，成本较低[38]。但是以焦炉气制氢为例，不仅受制于原料的供应，建设地点需依靠焦化企业，而且原料具有污染性；电解水制氢虽然产品纯度高、无污染，但是高成本了限制其推广；光解水与生物质制氢技术尚未成熟，实现商业化还需一定的时间[39]。化石燃料制氢与工业副产物制氢凭借较低的成本占据世界氢气生产总量的95%以上。我国由于气少煤多的资源特点，主要制氢工艺为煤制氢，随着 CCUS 技术的不断发展和进步，煤制富氢合成气技术将为煤炭资源尤其是廉价低阶煤炭资源的高效清洁利用提供新途径，这也是近期我国煤制氢的主要发展方向[40—41]。然而随着化石燃料产量下降、可持续发展理念的深化，氢能市场在远期（2050年左右）将形成以可再生能源为主体，煤制氢 +CCS（碳捕获）与生物质制氢为补充的多元供氢格局。图 5.3 给出了目前主要制氢技术比例。从全球看，天然气、烃醇制氢分别占48%、30%，电解水仅占 4%；日本主要是电解水制氢，占 63%；我国主要是煤炭制氢，占 62%。

图 5.3　目前主要制氢技术比例

　　针对我国制氢现状，制氢发展应充分利用工业副产氢气，立足以存量煤制氢满足大规模工业氢气需求，注重制氢降成本和清洁降排高效利用技术的开发。图 5.4 为我国现有各类工业制氢路线发展趋势。

图 5.4　各类工业制氢路线的发展趋势

　　我国制氢发展阶段预测见图 5.5。在氢能发展初期（非绿 / 浅绿制氢阶段），应当充分利用工业副产氢气，适当发展煤制富氢合成气，少开发石油、天然气裂解制氢，在合适的地区发展电解水制氢；在氢能发展中期（浅绿 / 深绿制氢阶段），适当发展以生物质资源为代表的可再生资源制氢和低碳煤基制氢技术，形成多元化制氢体系；从氢能长期发展考虑（深绿制氢阶段），应着重关注以风能、海洋能、水能等为基础的低碳绿色制氢技术，形成绿色氢能供应体系，但目前这类技术转化率较低，还未能大规模化。总体而言，低碳排放的煤制氢和规模化的可再生能源制氢将成为我国主要氢源。

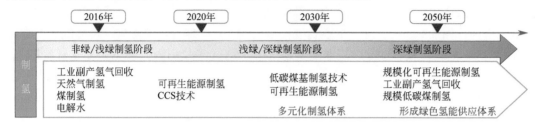

图 5.5 我国制氢发展阶段预测

5.2.2 全氢竖炉存在的问题

（1）全氢竖炉的强吸热效应

全氢竖炉或流化床直接还原早在 20 世纪 80 年代就在西欧国家有过工业生产实践。因此，使用 100% 纯氢气大型竖炉生产直接还原铁在技术上不存在太大问题。但是，自欧洲几座全氢气竖炉及特立尼达和多巴哥的 CIRCORED 流化床直接还原炼铁生产装置停产后，40 多年来未建成一座竖炉或流化床采用纯氢气生产直接还原铁。国内权威的冶金专家曾在多次会议上强调氢冶金的诸多好处，但目前使用 100% 纯氢炼铁的技术合理性及其存在的问题，仍需认真研究和思考。

采用全氢还原的竖炉中没有碳源，还原气全为 H_2，系统内部无法实现热量互补、变换和物质的循环。在全氢竖炉中，将发生强吸热反应（见图 5.6）。因此，纯氢气还原铁矿石过程会大量吸热，竖炉中散料层内的温度场急剧向凉，延缓了需要消耗大量热量的后续氢气还原氧化铁反应，煤气利用率大幅下降（见图 5.7）。

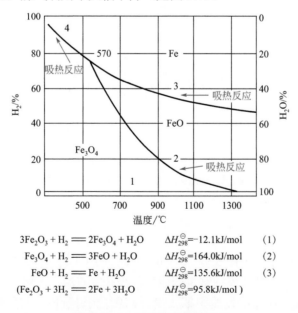

$$3Fe_2O_3 + H_2 = 2Fe_3O_4 + H_2O \qquad \Delta H_{298}^{\ominus}=-12.1\text{kJ/mol} \qquad (1)$$
$$Fe_3O_4 + H_2 = 3FeO + H_2O \qquad \Delta H_{298}^{\ominus}=164.0\text{kJ/mol} \qquad (2)$$
$$FeO + H_2 = Fe + H_2O \qquad \Delta H_{298}^{\ominus}=135.6\text{kJ/mol} \qquad (3)$$
$$(Fe_2O_3 + 3H_2 = 2Fe + 3H_2O \qquad \Delta H_{298}^{\ominus}=95.8\text{kJ/mol})$$

图 5.6 H_2 还原的吸热效应 [7]

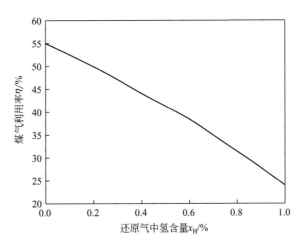

图 5.7 竖炉煤气利用率与入炉还原气含氢量的关系

在温度和压力不变的条件下，若要维持预定的竖炉生产率，必须增加作为载热体的入炉氢气量。如图 5.8 所示，在 0.4MPa、900℃下，全氢竖炉入炉还原气理论需求量 2201.5m³(标)/t(DRI)，才能满足竖炉还原热量需求；当入炉还原气 H_2/CO 比为 1.5 时的富氢竖炉入炉还原气理论需求量仅为 1326m³(标)/t(DRI)[全氢流化床还原的入炉氢气量高达 4000m³/t(DRI)]。如果氢气供应量不变，与目前生产的竖炉相比，全氢竖炉的 DRI 产量将减少 1/3，竖炉的生产率降低 1/3，造成还原铁的成本大幅提高，导致亏损。

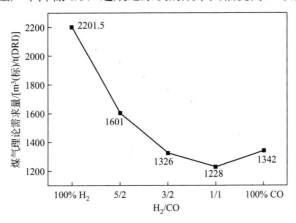

图 5.8 入炉还原气含氢量变化时维持竖炉相同生产率的入炉还原气量

（2）氢气密度过低，加热难度大

氢气的体积密度仅为 CO、CO_2、H_2O 的 1/20，进入竖炉后会急剧向炉顶逃逸，与混合气体相比，氢气在炉内的路径、方向迅速改变，不能很好地停留在竖炉下部的高温带完成还原铁矿球团的任务。理论上讲，若提高操作压力和温度，可达生产率的设计指标，如采用 1MPa 以上的入炉氢气压力，氢气加热到 1000℃以上入炉，也可以使全氢竖炉生产率达到设计指标。还原气压力和入口温度对竖炉生产率影响的相关统计结果见图 5.9。

但氢气是一种极其易燃易爆的气体，受限于加热炉炉管材质的耐高温氢蚀性能；氢气极易泄漏，易燃易爆，对反应器及管道防泄漏能力要求极高；氢气逃逸速度快，加热炉设计难度增加。纯氢气的安全加热是亟待研究解决的重要问题。尽管加热炉炉管内避免了

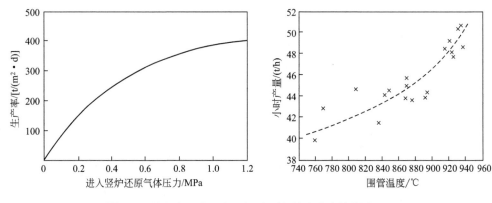

图 5.9 还原气压力和入口温度对竖炉生产率的影响 [7]

CH₄、CO 的析碳、渗碳问题，但合金炉管材料的抗高温、氢脆失效问题变得突出，需要在材料设计、冶炼上进行突破。生产应用上，需要解决竖炉本体设备的密封安全和炉内耐材的氢还原破坏等问题。竖炉的装料和排料机构必须对使用的高H₂比例煤气具有高的密封性，操作安全可靠。全氢竖炉高压操作尽管可以降低煤气流速、适当提高H₂的利用率，但增加了竖炉操作的安全风险。而且，加热炉炉管内的氢气压力过高，也将增大氢脆的影响。

竖炉需要高效率长期地稳定生产，如果让竖炉反应器系统在高温、高压极限条件下长期工作，则不能保障反应器设备和员工的安全，高温高压不符合冶金工艺设计的目标。

（3）氢气价格昂贵

目前氢是成本较高的二次能源，全氢竖炉生产 DRI 很难盈利，也难以商业化。即使采用成本最低的制氢方式，包括设备投资维护等，全氢竖炉还原的运行成本也比目前的富氢竖炉高出近一倍。在目前实际生产的 MIDREX、HYL-Ⅲ、PERED 等竖炉中，由于煤气中除了含氢气，还含有 20% ~ 35% CO，因此，反应器中除了氢还原吸热反应，还有一氧化碳还原放热反应。放热反应与吸热反应同时进行，使得料层中不同部位均发生热交换并进行复杂的物质、元素循环变换，大大改善了竖炉内涉及供热、传热及传质等方面的还原热力学和动力学条件。

（4）全氢竖炉 DRI 产品无渗碳、反应活性高、极易氧化、难以钝化，无法安全储存、运输和使用；熔点高，电炉电耗增加。

影响竖炉直接还原的速度和生产效率的因素有很多，例如入炉还原气的氢气比例、温度、压力、煤气利用率，铁矿石停留时间，气体传热、传质动力学条件，竖炉设计等。基于国内丰富的煤炭资源、成熟的煤制氢技术以及尚待完善的电解水制氢与储氢技术，若按照逆流还原竖炉的规律，在安全可靠、稳定顺行、高效节能的操作方针指导下，充分发挥氢气高温还原反应速度及传质速度快的优势，充分利用现有工业化竖炉的成熟设计和生产操作经验，适度改进完善竖炉的关键工艺设备，综合运用、优化选择竖炉还原的各种工艺参数，发挥富氢竖炉的优势，使竖炉直接还原达到最佳的产能和最低的能耗，相较于纯氢竖炉直接还原面临的困难要小得多。而发展并实践以太阳能、风能、水能、海洋能和地热能为基础的零排放经济制氢技术，研发并应用大规模产业化的储氢装置与技术，将有助于实现全氢冶金。

5.3 我国氢冶金工艺发展路径建议

5.3.1 我国氢能发展方向建议

氢能发展需要正视氢能生产中的问题和短板，强化顶层设计和配套政策，探索和形成规模化发展的商业模式[42~44]。

（1）大规模廉价的氢气来源

氢能作为清洁低碳能源，未能大规模应用，成本高是问题所在，现在绿氢制备价格在5元/m^3左右，是天然气的2倍以上，需要从源头上降低氢气价格。核能蒸汽热化学循环是未来制氢发展的方向，只有保证稳定、充足的来源才能为下游终端用户创造良好环境。

（2）以自然垄断促进氢气基础设施建设

要让氢能发展成未来社会的必需品，可以参考水、电、天然气、通信的发展模式，大规模建造氢气运输、储存网络来降低成本。

（3）氢能发展应先粗后精

目前备受关注的燃料电池技术虽然成果较大，极大提升了氢能利用效率，但是对于氢气纯度要求太苛刻，一般要达到99.99%以上。如能开发出纯度要求不高的混合气体燃料电池，或者是直接开发高效率的内燃式氢气发动机，或许更能促进氢能产业的发展。在初期发展阶段，建议可考虑用氢气替代一部分天然气，让氢能先应用于生活、生产能源，改变社会能源结构，先达到减排作用。

（4）加大氢能产业的扶持力度

新兴产业的发展初期阶段都离不开政府政策的支持，政府资金政策扶持可降低投资者初期风险。可采取合作的方式有投资建设加氢站，补贴氢气运输管道建设，奖励储氢材料、氢能技术开发研究等。

5.3.2 我国氢冶金工艺发展方向建议

氢气具有高能量密度、高还原性以及清洁的特点，因此氢能拥有极其广泛的应用场景。在全球环保趋严的大背景下，氢冶金在未来必会占据一席之地。近年来，我国氢能产业相关政策陆续发布，氢能产业呈现加速发展态势。目前氢能产业投资大、周期长，短期内难以盈利。针对氢冶金工艺，我国仍存在诸多问题尚未解决，如高炉喷吹富氢气体量、低成本制氢气、氢气存储、氢基竖炉氢冶金技术等。相较于国外，我国氢冶金发展起步较晚，整个产业链尚不健全。因此，针对我国氢冶金工艺发展路径提出如下建议[16,45~47]。

（1）从传统钢铁流程开始着手，降低长流程炼钢碳排放

我国提出"2060年碳中和"目标，既体现了我国在环境保护和应对气候变化问题上的责任和担当，也有利于我国推进生态文明建设、绿色低碳发展和提升国际影响力，是一项重大的战略决策，影响巨大。我国钢铁行业碳排放管理标准化工作尚处于起步阶段，降低钢铁企业碳排放任务重、时间紧、压力大，而目前氢冶金工艺在我国规模较小，暂不宜将重心导向氢冶金工艺建设，而是需要从我国传统高炉-转炉流程着手，逐渐降低长流程

钢铁生产的碳排放，力争我国二氧化碳排放于 2030 年前尽早达到峰值。

以提高长流程炼铁精料标准指标为例，全面修订炼铁清洁生产国家标准及相关标准中使用精料的要求，将所有炼铁炉的入炉原料平均含铁量，统一定为大于 66%、64% ～ 66%、62% ～ 64% 三个等级；同时要求入炉炼铁原料中的球团比必须达到 30%（高炉）、60%（竖炉）以上；炼钢原料的废钢比不低于 15%（转炉）和 60%（电炉）；禁止废钢出口，对进口的高品位铁矿石（含铁高于 66%）的原料、优质废钢（含铁高于 90%）实施减税；开始对生产每吨产品 CO_2 排放量超过 3t 的任何产品分级分期增税；用国家标准、行业规则和财税政策，从前端引领并大力推动我国钢铁生产工艺向低碳、绿色生产工艺方向高质量发展。

（2）发展非高炉炼铁技术，推进我国由"传统长流程炼钢模式"向"直接还原铁 + 废钢 - 电炉炼钢短流程炼钢模式"转型

以电炉为标志的短流程炼钢具有低排放、低投资、废钢循环利用等诸多特点，相比于"高炉 - 转炉"长流程炼钢，电弧炉短流程炼钢以废钢为主要原料，具有工序短、投资省、建设快、节能环保等突出优势，是降低行业排放、减少污染、置换长流程产能的有效途径。而更适用于短流程炼钢的 COREX、FINEX 等非高炉炼铁技术，相比于传统高炉炼铁方法，更加节能减排、高效环保，但目前这些熔融还原炼铁工艺仍存在诸如作业率偏低、投资大、燃料比较高、成本无优势等问题。随着相关技术和工业实践的发展，这些问题或将得到有效解决。

目前，焦煤资源呈现世界性短缺，供应紧张和价格高涨已成制约传统钢铁工业发展的重要因素，而且传统钢铁生产对环境污染严重，钢铁工业的发展承受环境保护的压力增大，环保政策严苛，环保投资高。我国钢铁工业未来钢铁流程的优化和高质量发展，需发挥国内煤炭、焦炉煤气等丰富的能源优势，在煤制气或焦炉煤气生产直接还原铁方面创新突破；扶持非高炉炼铁产业，大力发展"直接还原铁 + 废钢 - 电炉炼钢"等生产模式，推进我国由传统长流程炼钢向短流程炼钢模式转型。

（3）加大对氢冶金有关高品位铁精矿及氧化球团生产新工艺的扶持力度

希望国家政府部门出台优惠激励政策，对氢冶金关键技术创新、技改项目给予全力支持，尤其是高品位铁精矿生产技术产业化项目、大型优质氧化球团矿生产工艺设备推广应用等精料生产产业链建设，以及氢冶金配套的煤制气设备的生产建设、煤气化用煤指标、氢气竖炉的产能报备等，这些是氢冶金技术进步和成功推广应用的依靠和保障。世界高炉炼铁的最先进指标是由使用 50% ～ 100% 球团矿的高炉实现的，从先进的精料和合理炉料结构的发展趋势看，我国应大力发展高品位球团生产，并全面提高球团的生产技术和质量水平，进一步提高球团矿在炼铁炉中的用量比例。要实现高质量发展，钢铁企业最缺少的是在现有钢铁生产基地附近，就近建设高品位磁化焙烧生产高品位铁精矿的生产线，以及充分利用企业现有铁粉矿资源（包括目前大量进口供烧结矿生产使用的含 TFe 60% ～ 63% 粉矿）通过磁化焙烧等选矿技术，选别出 TFe ≥ 66% ～ 68% 的高品位铁精矿的生产基地、大型优质球团矿生产工艺设施，建设氢冶金产业化技术研发、生产线示范基地的工程项目等。这些项目涉及与工程有关的土地、交通、能源、水源、环保等一系列程序，需要政府审批、支持和协调。

我国氢冶金应从源头入手，大力度支持发展高品位铁精矿及优质氧化球团矿生产，提高高炉入炉原料的铁品位；以氢代碳炼铁方面，重点鼓励有焦化厂的企业发展煤制气，置

换出焦炉煤气制氢，用于氢冶金竖炉生产 DRI+ 废钢短流程炼钢，增加高附加值钢材产品比例；在现有钢铁企业生产线中，尽快建设首座氢气竖炉，逐步增加氢冶金短流程炼钢，以及提高使用绿电、绿氢的比例。重点推动在华东、华北、华南、华中各建成一座规模年产百万吨左右，以氢代碳炼铁的短流程炼钢示范工程，作为研发氢冶金关键技术、推广应用、培养人才的基地。

（4）逐步开展大规模氢冶金工艺

未来随着我国氢能产业的发展，低成本制取"绿氢"、储氢和加氢等关键技术必将有所突破，氢能将逐渐在我国能源生产中占有一席之地，氢新能源的大规模使用以及成本的快速下降，将会是我国大规模发展氢冶金工艺的最佳时期。从长远发展角度考虑，在水电、风电资源丰富的地区优先推进氢冶金，使用清洁电力资源制氢，减少电力运输的消耗，降低氢冶金工艺成本，实现低碳甚至零碳排放目标。

（5）加强核心技术知识产权保护和全球化布局

据不完全统计，全球主要国家氢能源和燃料电池产业发明专利持有情况如下，日本占 56.32%、美国占 13.63%、中国占 8.92%、韩国占 8.28%、德国占 5.57%、其他国家占 7.27%。中国虽然跻身前三名，但是与日本、美国的差距较大，与后来者韩国和德国相比，领先优势不明显。建议相关的行业和企业加强氢能产业和氢冶金关键技术和装备国产化、知识产权自主化建设，企业在关键技术及装备方面的成果要及时申请专利，同时进行全球化专利布局。

氢冶金工艺发展是长远目标，近二三十年内并不会大规模实施和发展，但在未来，随着双碳政策的实施，氢冶金工艺必将在钢铁生产中占有其一席之地。未来碳排放权交易的实施将会使得碳冶金的成本提高，而氢冶金的成本相对下降，届时氢冶金会比碳冶金更有竞争力。

5.4 我国氢冶金发展政策建议

5.4.1 国家氢冶金产业链进行顶层设计

在我国 2030 年碳达峰、2060 年碳中和的大背景下，氢能源利用是未来投资的重点领域。"十四五"期间我国将迎来氢冶金投资项目的发展热潮，但如果方向不明、定位不清，将会造成盲目投资，项目投入成本过高。国家需要尽早制定氢冶金的技术路线图、编制氢冶金战略和规划、做好顶层设计、统筹我国氢能及氢冶金产业发展、构建有序高效发展环境，为制定和优化相关政策提供可靠支撑。

建议氢冶金发展要分阶段、有序进行，现阶段主要发展高炉喷吹氢气富氢还原及氢冶金 - 电炉短流程，以期在 2030 年前钢铁行业实现碳达峰。在我国焦炉煤气 / 煤制气 - 富氢竖炉形成一定规模后，逐渐过渡至风能制氢、太阳能制氢及核能制氢等以 100% 绿氢为还原气的全氢竖炉氢冶金技术，进而在 2060 年前使钢铁行业碳排放达到最低值，为国家实现碳中和贡献行业力量。

5.4.2 建立完善氢冶金的相关标准规范

针对氢能产业和氢冶金领域，除做好高质量的统筹规划外，标准引领同样不可或缺。为此，建议成立氢能产业及氢冶金标准化工作组，尽快立项制定相关标准，通过高质量的标准引领，合理引导和促进氢能产业和氢冶金工艺健康发展。

5.4.3 知识产权保护及全球布局

中国氢能源专利主要集中在氢燃料电池，与氢冶金相关专利数量有限，且中国在氢冶金关键设备，特别是气基竖炉方面授权的发明专利仅有十余篇。建议相关的行业和企业加强氢能产业和氢冶金关键技术和核心装备国产化、知识产权自主化建设，企业在关键技术及装备方面的成果要及时申请专利，同时进行全球化专利布局。中国需要在未来全球氢冶金产业发展中具有技术输出的能力。

5.4.4 氢冶金示范工程的政策支持和经济补贴

我国氢冶金发展缓慢的最主要原因为氢气或富氢还原气难以大规模廉价获得，因此氢冶金成本居高不下，企业缺乏发展氢冶金的动力。建议国家层面可以对建设氢冶金的企业通过直接或者降低碳税的方式，进行一定的经济补贴，以此降低氢冶金的成本门槛。煤制氢技术作为碳达峰前氢冶金发展的重要过渡阶段，建议对相关示范企业的煤炭使用给予宽松的政策支持。

此外，氢冶金的研究要实现重大突破，需要大量的启动和研发资金，国家资金的投入将会大幅提高技术攻关速度，建议将氢冶金列入国家重大专项、科技攻关等项目申报指南，作为国家重大战略方向予以专项经费。

参考文献

[1] Fact sheet：Climate change mitigation[EB/OL]. WSA，2020.

[2] Global crude steel output increases by 3.4% in 2019[EB/OL]. WSA，2020.

[3] 谢安国，陆钟武. 降低铁钢比的途径和节能效果分析[J]. 冶金能源，1996（1）：11-13.

[4] Lin B，Wu R. Designing energy policy based on dynamic change in energy and carbon dioxide emission performance of China's iron and steel industry[J]. Journal of Cleaner Production，2020，256：1-14.

[5] Dawood F，Anda M，Shafiullah G.M. Hydrogen production for energy：An overview[J]. International Journal of Hydrogen Energy，2020，45（7）：3847-3869.

[6] 王太炎，王少立，高成亮. 试论氢冶金工程学[J]. 鞍钢技术，2005（1）：4-8.

[7] 唐珏，储满生，李峰，等. 我国氢冶金发展现状及未来趋势[J]. 河北冶金，2020（8）：1-6，51.

[8] 石禹. 世界直接还原铁产量首次超过亿吨[J]. 冶金管理，2020（18）：30-32.

[9] 胡俊鸽，吴美庆，毛艳丽. 直接还原炼铁技术的最新发展[J]. 钢铁研究，2006（2）：53-57.

[10] 易凌云. 铁矿球团混合气体气基直接还原基础研究[D]. 长沙：中南大学，2013.

[11] 王兆才. 氧化球团气基竖炉直接还原的基础研究[D]. 沈阳：东北大学，2009.

[12] 张福明，曹朝真，徐辉. 气基竖炉直接还原技术的发展现状与展望[J]. 钢铁，2014，49（3）：1-10.

[13] 刘龙.氢气直接还原竖炉还原段内温度场及流场研究[D].秦皇岛：燕山大学，2016.

[14] 珊克瑞，斯里尼瓦桑，周希舟，等.欧洲氢能发展现状前景及对中国的启示[J].国际石油经济，2019，27（4）：18-23.

[15] 张龙强，于治民.国外氢冶金发展现状分析[N].世界金属导报，2020-06-14.

[16] 张龙强，于治民.我国氢冶金工艺发展分析与建议[N].世界金属导报，2020-06-11.

[17] 张丽，陈硕翼.风电制氢技术国内外发展现状及对策建议[J].科技中国，2020（1）：13-16.

[18] 郝世超，梁鹏飞，吴伟.可再生能源制氢技术及应用综述[J].上海节能，2019（5）：325-328.

[19] 鲍君香.太阳能制氢技术进展[J].能源与节能，2018（11）：61-63.

[20] 陈宏善，魏花花.利用太阳能制氢的方法及发展现状[J].材料导报，2015，29（11）：36-40.

[21] 黄格省，阎捷，师晓玉，等.新能源制氢技术发展现状及前景分析[J].石化技术与应用，2019，37（5）：289-296.

[22] 杜迎晨，雷浩，钱余海.电解水制氢技术概述及发展现状[J].上海节能，2021（8）：824-831.

[23] 李静.电解水制氢的影响因素研究[D].北京：北京建筑大学，2020.

[24] 刘庆超，杨畅，周正华.光伏发电制氢技术经济可行性研究[J].电力设备管理，2019（11）：92-93.

[25] 黄河.美国可燃冰研究及开采技术发展现状[J].全球科技经济瞭望，2017，32（9）：60-64.

[26] 王九荣.探析可燃冰发展的前景及如何更好的开发利用[J].化工管理，2020（3）：4-5.

[27] 朱丹亚.南海可燃冰开采环境保护的法律保障[J].河北环境工程学院学报，2021，31（4）：21-25，31.

[28] 胡杨，郑剑，王晓宁.国内外可燃冰研究发展现状及前景展望[J].科技风，2016（11）：190.

[29] 王智明，曲海乐，菅志军.中国可燃冰开发现状及应用前景[J].节能，2010，29（5）：2，4-6.

[30] 高建军，齐渊洪，严定鎏，等.中国低碳炼铁技术的发展路径与关键技术问题[J].中国冶金，2021，31（9）：64-72.

[31] 蔡坤龙.高炉炼铁节能降耗及资源合理利用技术研究[J].科技创新导报，2020，17（16）：90，92.

[32] 王朋.浅议高炉喷吹煤粉技术发展[J].冶金管理，2020（16）：56-57.

[33] Charles W F. Future hydrogen markets for large-scale hydrogen production systems[J]. International Journal of Hydrogen Energy, 2006, 32（4）：431-439.

[34] Chai S, Zhang G, Li G, et al. Industrial hydrogen production technology and development status in China：a review[J]. Clean Technologies and Environmental Policy, 2021, 23（7）：1931-1946.

[35] 李子烨，劳力云，王谦.制氢技术发展现状及新技术的应用进展[J].现代化工，2021，41（7）：86-89，94.

[36] 王涵，李世安，杨发财，等.氢气制取技术应用现状及发展趋势分析[J].现代化工，2021，41（2）：23-27.

[37] 崔卫玉.几种制氢技术的研究综述[J].江西冶金，2021，41（3）：56-61，70.

[38] 常宏岗.天然气制氢技术及经济性分析[J].石油与天然气化工，2021，50（4）：53-57.

[39] 伍赛特.生物制氢技术的未来前景展望[J].能源与环境，2019（3）：83-84，87.

[40] 韩大明，刘莹，孙小会.煤制氢气工艺路线技术经济性探讨[J].河南化工，2017，34（2）：41-42.

[41] 殷雨田，刘颖，章刚，等.煤制氢在氢能产业中的地位及其低碳化道路[J].煤炭加工与综合利用，2020（12）：5，56-58.

[42] 马国云.我国氢能产业发展现状、挑战及对策[J].石油化工管理干部学院学报，2021，23（2）：67-70.

[43] 杨艳，高慧.中国氢能产业发展的认识与建议[J].世界石油工业，2020，27（6）：13-19.

[44] 刘群，张红林，官思发，等.发展氢能产业的调研与思考[J].高科技与产业化，2020（10）：59-63.

[45] 潘聪超，庞建明.氢冶金技术的发展溯源与应用前景[J].中国冶金，2021，31（9）：73-77，129.

[46] 苏亚红.我国钢铁行业氢冶金发展现状及建议[N].中国冶金报，2021-09-15.

[47] 宋超，谢淑贤，徐瑞峰.氢能产业发展前景及其在中国的发展路径[J].化工管理，2021（4）：7-8.